天下文化
BELIEVE IN READING

÷ 攸關 ×

{ 貧富 與 生死 }

THE MATHS OF LIFE AND DEATH
WHY MATH IS (ALMOST) EVERYTHING

的 數學

葉茲 Kit Yates 著

林俊宏 譯

目
錄 } Contents

THE MATHS OF LIFE AND DEATH
WHY MATH IS (ALMOST) EVERYTHING

引言 萬事萬物都是數學   5

1} **從指數的角度來思考**
探討「指數行為」的威力與限制   13

2} **敏感性、專一性、第二意見**
數學對醫學有多重要   51

3} **數學法則**
瞭解數學對法律的重要性   99

4} **不要相信真相**
揭露媒體的數據假象   141

5} **錯的地方、錯的時間**
數字系統如何演變、又如何讓我們失望   185

6} **永不停歇的改善**
從演化到電子商務，展現演算法的無限潛力   225

7} **易感者、感染者、排除者**
將疾病控制在我們手中   271

結語 數學帶來的解放   311
致謝   315

參考文獻   319

獻給我的父母：提姆、南西和瑪莉，
他們教了我如何閱讀；
以及獻給我的姐姐露西，她教了我
如何寫作。

引言

萬事萬物都是數學

　　我兒子四歲，喜歡在花園裡玩，挖出各種噁心的爬行動物來瞧瞧，蝸牛更是最愛。在他夠有耐心的時候，會等到蝸牛從被抓的震驚中恢復、小心翼翼的從殼裡探出頭來，開始滑過他的小手，留下黏黏的爬痕。最後等到他覺得無聊，就會有點無情的把蝸牛丟到堆肥堆，或是置物棚後面的柴堆上。

　　去年9月底，他有一次特別勤奮，抓了五六隻很大的蝸牛。他在我鋸柴火的時候跑來問我：「爸比，花園裡到底有幾隻蝸牛？」這個問題乍看之下很簡單，但我卻沒有一個好答案。這數字可能是100，也可能是1,000。而且老實說，他大概也分不出來這兩個數字有什麼不一樣。但這個問題還是引起了我的興趣。我們父子倆要怎樣才能一起找出答案？

　　我們決定做實驗。隔週的週六早上，我們一起去抓蝸牛。十分鐘內，我們總共抓到了23隻。我從褲子後面口袋拿出一支麥克筆，在每隻蝸牛的殼上都打了一個小小的叉叉，接著把桶子裡所有蝸牛放回花園裡。

　　一週後，我們又回去再抓了一次，一樣花了十分鐘，這次只抓到18隻。但檢查之後，發現只有3隻的殼上有叉叉，其他15隻沒有任何標記。這樣一來，我們就得到了足以用來計算的資訊。

　　概念是這樣：第一次抓到的蝸牛共有23隻，占了整個花園總蝸牛數的一定比例。只要算出這個比例，就能用來擴大推估整個花園的總蝸牛數。於是，我們又做了一次抽樣（也就是隔週那次）。第二次抽樣時，有標記個體所占的比例（3/18），應該就代表有標記個體在整個花園裡所占的比例。經過約分，

可以知道有標記蝸牛應該是占了總蝸牛數的 1/6（請見圖 1），
所以把第一次抓到的有標記個體數（23）乘以 6，就能推算花
園裡蝸牛總數的估計值，也就是 138。

　　我在心裡完成計算之後，轉向一路上一直「照顧」著我們
抓到的蝸牛的兒子，告訴他花園裡大約有 138 隻蝸牛，問他有
什麼想法？他說：「爸比」，然後看著手指上還黏著的蝸牛殼
碎片，「有一隻被我弄死了。」這下大約只剩 137 隻了。

　　這種簡單的數學方法出自生態學領域，稱為「重複捕取」
（capture–recapture），用來估算動物族群的大小。讀者也可以
自己嘗試看看，只要做兩次獨立抽樣，再比較之間重疊的情形
就能推估。如果你想估算園遊會賣了幾張抽獎券，又或者想知
道足球賽的觀眾人數，不想大費周章逐一計算，就可以採用這
種「重複捕取」的方式。

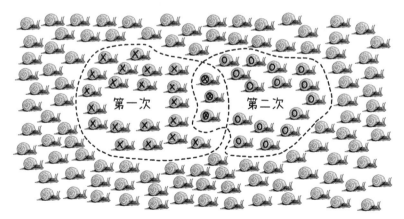

圖 1：被抓到兩次的蝸牛（標記為 ⊗），與第二次所抓蝸牛（標記為 O）的
比（3：18），應該等於第一次所抓蝸牛（標記為 X）與整個花園蝸牛總數（包
含標記與未標記）的比。

　　即使是嚴謹的科學專案，也能運用重複捕取的概念，例如用來瞭解某些瀕臨絕種的物種數量是否有所波動。如果能估算某座湖裡還有多少魚，[1] 就能讓漁業部門判斷還能發出幾張捕魚許可。正因這種方式簡單有效，目前的應用已經不僅限於生態學領域，能夠精確估算人口中究竟有多少毒癮患者，[2] 或是科索沃有多少人死於戰爭等等。[3] 一個簡單的數學概念，卻能有極為實用的效果。我身為數學生物學者，平常就應用著這樣的各種概念，而這些概念也正是本書想談的主題。

數學生物學是什麼？

　　每次說到我是個數學生物學者，對方的反應通常就是禮貌的點點頭，接著陷入一陣尷尬的沉默，就好像我馬上會考考他們還記不記得二次方程式怎麼解、畢式定理又是什麼。大家不但對相關話題退避三舍，也覺得數學是個抽象、單純、空靈的學科，想不透要怎樣才會和他們覺得實際、複雜、務實的生物學扯上關係。

　　會有這樣二分法的概念，多半是從學校時代培養出來的：如果你當時覺得自己喜歡科學，但算數實在不行，大概就會被勸去選生科領域。如果你像我這樣，喜歡科學，但實在不想去切屍體（上解剖課的時候，我有一次光是走進實驗室、看到桌上有個魚頭，就昏倒了），大概就會被勸去選物理科學領域。數學和生物學就像兩條平行線。

　　不過，這兩個領域在我身上出現了交叉點。我在第六學級（sixth-form）放棄了生物，只修了數學、高等數學、物理，以

及化學。等到大學，還得再進一步精簡能修的科目，以為自己永遠告別生物學，十分難過。在我心裡，一直覺得生物學擁有偉大的力量，能夠讓所有生命過得更好。雖然對於自己能有機會一頭栽進數學的世界裡也很開心，但還是忍不住擔心自己似乎選了一個沒什麼實際應用的學科。事實證明，我可說是大錯特錯。

在大學裡，系上有一部分教的是純粹數學，需要背誦中間值定理（intermediate value theorem）的證明，或是向量空間的定義，令人十分痛苦；但相較之下，應用數學的課程就讓我如魚得水。我聽著教授告訴我們，工程師用了哪些數學來造橋，好讓橋不會被風吹得產生共振而垮掉；又用了哪些數學來設計機翼，才讓飛機不會從天上掉下來。

我也學到物理學家如何使用量子力學來理解次原子尺度上的種種奇異現象，又如何用狹義相對論來理解光速不變所造成的奇怪結果。

我修的某些課裡，解釋了我們如何把數學應用在化學、金融與經濟學。我還讀到能夠如何將數學應用到運動領域，提升頂尖運動員的表現，以及如何把數學應用到電影中，用電腦模擬產生現實不可能存在的場景。簡單來說，我學到了幾乎可以用數學來描述所有事物。

等到了大三，我很幸運的選上了一門數學生物學的課，教師是來自北愛爾蘭的麥尼（Philip Maini），四十多歲，魅力十足。他不僅是所屬領域的佼佼者（後來還獲選英國皇家學院院士），對這個學科顯然充滿熱愛，更能讓課堂整個演講廳的學

生都感受到他的熱情。

　　麥尼不只教了我數學生物學，更讓我知道數學家也是有血有肉的人類，而不是一般人所描繪的無趣機器人。像是研究機率的匈牙利學者雷尼（Alfréd Rényi）就曾說，數學家不只是「把咖啡變成定理的機器」。當時，我坐在麥尼的研究室裡，等著進行申請讀博士的面試，看到牆上掛滿各個英超聯賽球隊寄來的拒絕信，全都是因為他覺得好玩，就寫信去申請應徵管理職務。結果，那場面試我們談足球談得比數學還多。

　　這是我學術研究的重要時刻，麥尼協助我重新認識了生物學。我在他的指導下讀博士，幾乎一切都是我研究的對象，從瞭解蝗蟲如何成群、又該如何去阻止，到預測哺乳動物胚胎的發育如何像是複雜的舞步，步伐踏錯又可能造成怎樣的毀滅性後果。我建起各種模型，解釋鳥蛋如何產生那些美麗的斑紋，也寫出各種演算法，追蹤細菌如何自由游動。我還模擬了寄生蟲如何逃避人體免疫系統，以及建模顯示致命的疾病如何在人群中傳播。在我讀博士期間所開始的研究，後來就成了我整個職涯的基石。目前，我已經在巴斯大學擔任應用數學系的副教授，但仍然帶著自己的博士生，一起研究著這些精采萬分的生物學課題。

建立模型能帶來優勢

　　身為應用數學家，在我看來，數學就是一項實用的工具，能讓我們用來瞭解這個複雜的世界。運用數學建模，就能為我們在日常生活中帶來優勢，而且這可不需要什麼幾百條繁瑣的

方程式或電腦程式碼。追根究柢，數學也就是模式，當你探究世界，每次都是在為自己所觀察到的模式找出模型。

如果你曾經留意到樹枝分支的樣貌，或是觀察到雪花的多重對稱，可以說你當時看到的就是數學。如果你曾經隨著音樂用腳打拍子，或是在洗澡的時候讓歌聲迴盪共鳴，可以說你就正在聽著數學。如果你曾經踢出香蕉球射門入網，或在打板球的時候逮住一記曲球回擊，可以說你就在實踐數學。

隨著你的每項新體驗、每條感官資訊，你對環境所建的模型都會逐漸改進、重新配置，變得更加詳盡、也更加複雜。如果想瞭解支配著我們周遭世界的種種規則，至今最好的辦法，就是建立數學模型，用來顯示這錯綜複雜的現實。

我相信，最簡單、也最重要的模型，正是「故事」和「類推」。數學推動著一股暗流，而想要看到這股暗流的威力，關鍵在於點出它如何影響大眾的生活，從特殊事件到日常生活，無所不包。只要有正確的觀點，就能看穿各種日常體驗，梳理出那些隱藏的數學規則。

本書共有七章，探討的真實事件正是因為使用（或誤用）數學，而使他們的人生大為不同：病患因基因錯誤而癱瘓，企業家因演算法錯誤而破產；有人因司法誤判而無辜受害，也有人因軟體故障而妄受災殃。我們看到有投資者血本無歸，也看到有父母痛失子女，原因歸根究柢都是誤判數學。我們會看到諸多道德上的難題，從篩選的進行到各種統計伎倆無所不包；此外，各種社會議題也總揮之不去，例如政治公投、疾病預防、刑事司法，與人工智慧。本書將會指出，對於這一切，甚至還

有更多主題，數學都扮演著深遠、重要的角色。

　　本書中，我除了會指出在哪些地方可能會突然出現數學問題，還會提出一些能在日常生活派上用場的簡單數學法則及工具：怎麼在火車上搶到最棒的位子，或是在醫師突然宣布壞消息時保持冷靜。我也會提出一些簡單的辦法，讓人不要犯下數字錯誤，還要談談該怎樣洞悉新聞標題上的數字陷阱。此外，我們還會仔細解析消費性遺傳學產品背後的數學，以及瞭解在有致命疾病傳播的時候，如何運用數學來加以扼止。

　　我希望讀者已經發現，這其實不是一本「數學書」，也不是專為數學家所寫。整本書裡沒有任何方程式。本書的重點，並不是讓你想起那些可能早在不知道幾年前就忘記的學校數學課。情況正相反。如果你以前就覺得自己和數學無緣，沒有那種數學頭腦、碰到數學就頭痛，這本書或許能讓你從中解脫。

　　我真心相信人人都可以懂數學，而且我們也可以看穿每天面對的複雜現象，感受到那背後數學的精妙。

　　以下各章會讓我們看到，數學就是在我們腦海裡的假警報，是讓我們得以在夜晚入眠的假信心；是社群媒體上向我們推播的報導，也是社群媒體上無所不在的迷因。數學是法律上的破洞，也是縫合破洞的針線；是挽救生命的科技，也是讓生命落入險境的誤解；是致命疾病爆發的起因，卻也是控制疾病的生機。無論是面對宇宙之謎、或是人類物種的奧祕，數學都是最有可能解開這些謎團的工具。數學帶著我們踏上人生無窮的道路，接著就像是隔著一層紗，靜靜陪著、看著，等待我們呼出最後的一口氣。

從指數的角度來思考

探討「指數行為」的威力與限制

卡迪克（Darren Caddick）住在英國南威爾斯的小鎮卡迪科特（Caldicot），是一位駕駛教練。2009年，一個朋友說要介紹他一筆好康的投資：只要向當地投資集團出資三千英鎊，再找兩個人加入、做一樣的事，短短幾週就能賺進兩萬三千英鎊。

卡迪克一開始也覺得天下哪有這種好事，努力抗拒著這份誘惑，但朋友告訴他「不會有人吃虧啦，整個生意一定會愈做愈大！」於是他決定加入。他最後血本無歸，十年後還沒走出這場慘劇。

卡迪克就這樣在不知不覺中，成了金字塔型騙局（pyramid scheme，又譯「老鼠會」）的底層。當時那場挖東牆補西牆的金字塔型騙局始於2008年，才花不到一年的時間，就無法再吸收到新的投資人，最後倒閉收場。但此時已經在全英國吸金兩千一百萬英鎊，受騙人數達到一萬人，其中90%都損失了他們投入的三千英鎊。這種必須不斷拉更多下線來養活上線的投資方案，原本就注定會失敗。

每提高一層，需要再吸收的人數都會依現有人數成比例增加。在拉了十五層的成員之後，這種金字塔型騙局的成員人數就超過一萬人。雖然聽起來人數很多，但每個人只需要拉兩個下線，其實很容易達成。

然而，如果還要再推高十五層，將會代表地球上每七個人就要有一個人加入這項方案，才能讓這項騙局繼續下去。像這樣快速成長，肯定只能迎向再也找不到新成員的窘境，最後讓整項騙局崩潰；這就稱為「指數成長」。

─── 別為壞掉的牛奶哭泣 ───

所謂指數成長，指的是某事物會依據其當下的規模、呈現等比例成長。例如假設你早上打開一大瓶牛奶，而有一個糞鏈球菌（*Streptococcus faecalis*）在你蓋上蓋子之前溜進了瓶子裡。

糞鏈球菌是一種會讓牛奶變酸凝固的細菌，但也就一個細胞，應該沒什麼大不了的吧？[4] 或許聽完以下資訊之後，你就會比較擔心了：在牛奶裡，糞鏈球菌每一小時就能分裂產生兩個子細胞。[5] 每過一代，增加的細胞數量與當下的細胞數量成正比，所以總數會呈指數成長。

用來描繪指數成長的圖表，會讓人想起滑板選手與 BMX 選手使用的四分之一管坡面。坡面的斜度一開始很低，弧面很淺、高度也只是逐漸增加（例如圖 2 的第一條曲線）。經過兩小時，那瓶牛奶裡只有四個糞鏈球菌；過了四小時，也不過就是十六個，聽起來似乎沒有太大問題。

然而，正如四分之一管坡面，指數成長的曲線高度與陡度會迅速增加。數量呈指數成長的時候，初期乍看之下似乎成長緩慢，後期卻可能出乎意料的一飛衝天。

如果你把牛奶放著四十八小時，而糞鏈球菌數量持續指數成長，等到你下一次把牛奶倒進麥片的時候，那瓶牛奶裡大約會有一兆個糞鏈球菌，別說牛奶了，就連你的血液都有可能凝結住。到這個時候，牛奶瓶裡的細菌數已經是全地球人口的四萬倍。

指數曲線有時稱為「J 形」，就是因為陡峭上升的走勢幾

乎和字母「J」一模一樣。當然，隨著細菌耗盡牛奶裡的營養
成分、讓酸鹼值有所改變、生長條件惡化，指數成長的趨勢其
實只能維持一段相對較短的時間。

　　現實世界中幾乎所有情境都是如此，長期指數成長的趨勢
並不可能永續。而且因為這些成長的主體是以無法維繫的方式
在消耗資源，很多時候根本可說是種病態。舉例來說，癌症的
典型特徵，就正是人體細胞持續以指數成長。

　　另一種指數曲線則是「自由落體滑水道」，一開始十分陡
峭，會讓滑水的人有種自由落體的感覺。在這種曲線上行進，
所經歷的是衰減曲線，而非成長曲線（圖 2 的右圖就是這樣的
例子）。指數衰減的時候，數量會依照當下的規模、呈現等比
例減少。

　　想像我們打開了一大袋的 M&Ms 巧克力，倒到桌上，把

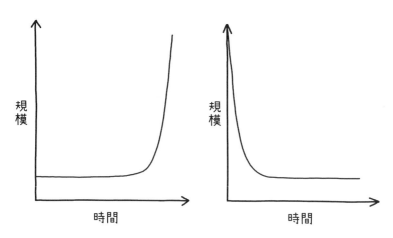

圖 2：J 型指數成長（左圖）與衰減（右圖）

所有 M 朝上的巧克力都吃掉。剩下的則放回袋子裡，等明天再說。等到第二天，一樣把袋子搖一搖、把巧克力倒出來。接著，一樣把所有 M 朝上的吃掉、剩下的放回袋子。

這樣一來，無論剩下多少，每次你把巧克力從袋子裡倒出來的時候，都會吃掉大概一半。巧克力數量減少的程度，會與袋中剩餘的數量成比例，於是巧克力的數量呈現指數衰減。

正如指數滑水道是從高處出發、呈現近乎垂直，所以選手在一開始的高度降低也極為迅速；同樣的，一開始有很多巧克力的時候，我們能吃的數量也很多。

然而，這條曲線會愈來愈不那麼陡峭，等到滑水道接近結尾的時候，更幾乎呈現水平；也就是如果剩下的糖果愈少，每天能吃到的數量也愈少。雖然每顆巧克力落下的時候哪面朝上都屬於隨機、無法預測，但隨著時間過去，依據所剩的巧克力數量，就會出現可預期的指數衰減滑水道曲線。

本章將會揭露指數行為與日常現象之間隱藏的連結：疾病如何在人群中傳播，迷因又如何在網路上傳播；胚胎如何成長得如此迅速，銀行帳戶裡的資金又如何成長得如此緩慢；我們又是如何感知時間、甚至是感知核彈如何爆炸。

我們將會按部就班，仔細揭露這種挖東牆補西牆的金字塔型騙局全貌。那些本錢被吃乾抹淨的人，他們的故事正能說明「能夠以指數方式思考」有多麼重要，而這也能夠回過頭來，協助我們預測現代世界有時快到令人咋舌的變化步調。

──────── 跟錢有關的大事 ────────

我進銀行存錢的時候，總有件事讓我感到安慰：不管存款數字看來多可憐，總是能呈現指數成長。實際上來看，銀行帳戶是個真正能夠無限制指數成長的地方。如果以複利計息（也就是利息會加回到本金繼續計息），那麼帳戶裡的總金額就會依據目前的規模成比例增加（正是指數成長的特色）。

富蘭克林（Benjamin Franklin）就說：「錢能賺錢，而那筆錢賺來的錢，還能賺到更多錢。」只要你等得夠久，就算只是最小的一筆投資，最後也能變成一筆財富。然而，也先別急著去把應急資金都拿去投資。如果你每年投資一百英鎊、年利率1%，得花上九百多年才能成為百萬英鎊富翁。雖然講到指數成長常常會讓人想到「快速增加」，但如果成長率不高、初始投資也不夠大，就會讓人覺得指數成長實在非常緩慢。

反過來說，如果今天是你欠了卡債，每月要被扣一筆固定利率的利息（而且通常這個利率還很高），卡債也可能呈現指數成長。這就像是房貸，如果你能愈早付掉卡債，或是頭幾期能還得愈多，避免讓指數成長進入起飛期，你最後需要付的總金額就會愈少。

金字塔型騙局

在剛剛提到的金字塔型騙局裡，受騙上當的受害者說起自己加入的一大原因，都是希望能夠還清房貸或其他債務。像這樣可以輕鬆、快速賺到錢的誘惑，雖然心裡總會覺得似乎有什

麼不對勁，但對許多人來說實在是難以抗拒。卡迪克也承認：
「有句老話說『如果某件事看起來好得不像真的，大概就不是
真的』，在這裡實在說得太對了。」

那場騙局的兩位發起人福克絲（Laura Fox）和查默絲（Carol
Chalmers）都已經退休，兩人從讀天主教教會學校以來就是好
朋友。她們是當地社群的重要人物，一位是當地扶輪社的副社
長，另一位則是很受人尊敬的老奶奶；她們策劃騙局的時候完
全知道自己在做什麼。這種挖東牆補西牆的騙局設計巧妙，能
夠一方面引誘新投資客，一方面隱藏住其中的陷阱。

傳統的金字塔型騙局只有兩層，上層會直接從他們招募的
投資客者那裡拿到錢；而「挖東牆補西牆」的運作模式，則是
一種分成四層的「飛機」騙局。在飛機騙局中，詐騙鏈頂端的
人稱為「機師」。機師會招募兩名「副機師」，每位副機師再
招募兩名「機組人員」，每位機組人員再招募兩名「乘客」。

在福克絲與查默絲的騙局中，等到完成這種編制為十五人
的階層，八位乘客都交出了三千英鎊，總額兩萬四千英鎊扣除
一千英鎊的處理費，帶頭的機師就能得到兩萬三千英鎊巨款。
至於扣除的一千英鎊，部分會捐贈給慈善機構，取得例如英國
兒童防虐協會（NSPCC）頒發的感謝狀，整場騙局看起來也更
正義凜然；至於福克絲和查默絲也會保留部分款項，用來維持
整場騙局繼續下去。

收到錢之後，機師退出騙局，而兩位副機師晉升為機師，
等待自己的支線也招收到八位新的乘客。這種飛機騙局對投資
人來說相當具有吸引力：新人只要拉進兩個人，就能讓自己的

資金變成八倍（當然，是在自己拉的兩個人也能再拉兩個人的前提下；以此類推）。如果是其他組織比較扁平的騙局，想得到一樣的報酬，要付出的心力必須高得多。

　　相較之下，「挖東牆補西牆」騙局的結構高達四層，代表機組人員永遠不會直接從他們找來的乘客那裡收錢。而因為這些多半就是機組人員的親朋好友，也就確保這些熟人之間並不會有直接的金錢流動。至於乘客與機師（也就是真正從乘客那裡拿到錢的人）之間，則沒有直接關係，於是要拉下線就比較容易，被人報復的可能性也比較小。這樣一來，整個騙局看來更具吸引力，騙到了數以千計的投資人。

　　正因為投資人會聽說、甚至是親眼見到過往的成功案例，「挖東牆補西牆」金字塔型騙局也就讓許多人信心滿滿的投下資金。騙局的首腦福克絲與查默絲，會在查默絲位於薩默塞特的飯店舉辦奢華的私人派對，派對上分發的傳單印有騙局成員的照片，他們有的躺在灑滿現金的床上，有的抓著一把五十英鎊的鈔票，向鏡頭揮舞。

　　在每次派對上，兩位首腦會邀請這場騙局的「新娘」（主要是女性）參加，也就是已經升上「機師」等級、即將得到報酬的人。派對上會有大約兩百到三百名可能加入投資的來賓，而新娘們要在眾人面前回答一系列四個簡單的測驗問題，像是「小木偶皮諾丘說謊的時候，什麼地方會變長？」

　　騙局安排這種小測驗環節，是為了鑽一項法律漏洞：福克絲與查默絲相信，只要必須通過測驗才能拿到錢，就能讓這項投資成為合法行為。在一部這種派對的手機影片裡，也可以聽

到福克絲大喊「我們只是在自家裡賭博，所以一切合法。」但她錯了。負責該案訴訟的律師班奈特（Miles Bennet）解釋道：「那些測驗太簡單了，從來沒有人拿不到錢。他們甚至還能找朋友或小組成員來幫忙解答，而小組成員根本就知道答案！」

但福克絲與查默絲仍然繼續舉辦這些頒獎派對，做為她們低科技的病毒式行銷活動。許多受邀賓客親眼看到新娘們得到了兩萬三千英鎊的支票，於是不僅自己加入投資，還會再找親友加入，好讓自己站上金字塔頂端。只要每位新投資人都能把棒子交給其他兩位、甚至更多位投資人，整個騙局就能無止盡繼續下去。

福克絲與查默絲在 2008 年春天開始這場騙局的時候，她們是唯二的機師。她們找了朋友來投資，而這些朋友也確實出力來組織推廣這項騙局，很快就讓四個人再加入。這四個人再找了八個人、再找了十六個人，就這樣繼續下去。整件騙局裡新投資人的人數就這樣倍數成長，就像是在成長中的胚胎裡，細胞的數量也是成倍成長。

指數成長的胚胎

太太懷上我們第一個孩子的時候，我們就像許多初為父母的人，一直很想知道那肚子裡到底是什麼情況。我們借來超音波心臟監視器，想聽到寶寶的心跳；我們簽了各種臨床試驗同意書，好接受更多掃描檢查；我們還上了一個又一個的網站，想瞭解咱們寶貝怎麼長大，又怎麼會讓我太太每天都覺得噁心

不舒服。

　　我們會把「你的寶貝多大了？」這種網站設成最愛；這種網站會根據懷孕週數，把還沒出生的嬰兒大小與各種常見的水果、蔬菜或其他食物大小做比較。這些網站向準爸媽介紹這些胚胎的方式，包括：「大約重 1.5 盎司，長 3.5 英寸，您的小天使現在大概跟檸檬一樣大」，或是「您的寶貝小蘿蔔現在大約重 5 盎司，從頭到腳有 5 英寸長」。

　　在這些比較當中，真正讓我意想不到的是每週大小的變化有多快。在第四週，你的寶寶還只有大約一粒罌粟子那麼大，但到第五週，就已經變成了一粒芝麻大小！這可代表著短短一週就讓體積增加了大約十六倍。

　　但也或許，大小增加得如此迅速並沒那麼令人意外。卵子受精之後，受精卵會開始一輪又一輪的細胞分裂，讓發育中胚胎的細胞數迅速增加。先是一個變兩個，再過八小時，兩個變四個；再過八小時，四個變八個，再很快變成十六個，就這樣下去。這就像是金字塔型騙局裡面新投資人的數量。接下來，幾乎是每八小時就會分裂一次。因此，長出的細胞數會與特定時刻構成胚胎的細胞數成比例：當時的細胞愈多，接下來分裂時產生的新細胞就愈多。在這種情況下，由於每個細胞分裂後都會產生出一個子細胞，胚胎細胞數就是以兩倍增加；也就是說，胚胎的大小每過一代就會加倍。

　　幸好，人類胚胎在懷孕期間呈指數成長的時間相對來說並不長。要是整個懷孕期間，胚胎都呈現同樣的指數成長，經過八百四十次細胞分裂，這個超級嬰兒將會有 10^{253} 個細胞。打

個比方，要是現在宇宙裡的每個原子都是一個現在宇宙的複製品，把這所有宇宙裡的所有原子數加起來，才大約等於這個超級嬰兒的細胞數。可想而知，隨著胚胎的成長走到比較複雜的階段，細胞分裂的速度也會趨緩。現實中，新生兒平均的細胞數量大約「只有」兩兆個。只要不到四十一次分裂，就能達到這個數目。

——————— 世界的毀滅者 ———————

為了創造新生命，必須要讓細胞數量迅速增加，而指數成長在此至關重要。但是，指數成長也有著駭人的威力，才會讓歐本海默（J. Robert Oppenheimer）說出：「現在我成了死神，世界的毀滅者。」這裡談到的成長並不是細胞的成長，甚至不是單一生物的成長，而是原子核分裂產生能量的成長。

第二次世界大戰期間，歐本海默是羅沙拉摩斯實驗室（Los Alamos laboratory）的負責人，這裡正是曼哈頓計畫（Manhattan Project，研發原子彈）的基地。1938 年，德國化學家找出方法，能讓重原子的原子核（有一群緊密結合的質子和中子）產生分裂。這件事稱為「核分裂」，就像是發育中的胚胎所產生的重要作用：使一個活體細胞分裂成兩個。

核分裂有的是自然產生，例如不穩定的化學同位素會有放射性衰變；也有的是人工引發分裂，像是在所謂的「核反應」（nuclear reaction）裡，是用次原子粒子來撞擊原子的原子核。無論哪種，都會讓原子核分裂，分裂產物（fission product）則

是兩個較小的核，過程中同時以電磁輻射的形式釋放大量的能量，而且分裂產物的運動也會放出能量。

　　大家很快就發現，第一次核反應產生的分裂產物可以用來撞擊更多的核、讓更多原子分裂、釋放更多能量；這正是所謂的「核鏈反應」（nuclear chain reaction）。如果平均下來，每次核分裂能產出超過一個可用於繼續分裂其他原子的產物，那麼理論上每次分裂都會繼續引發後續的分裂。假使這個過程不斷繼續，反應事件的數量就會指數成長，產生規模前所未見的能量。

　　如果能找出某種物質，允許這樣無限制的核鏈反應，在短時間內放出的能量以指數成長，這種可供核分裂的物質就有可能製作成武器。

　　等到 1939 年 4 月，歐洲點起戰火的前夕，法國物理學家菲特列・約里歐－居禮（Frédéric Joliot-Curie，居禮夫婦的女婿，也和妻子合作，共獲諾貝爾獎）有了重大發現。他在《自然》（*Nature*）期刊提出證據：如果是鈾的同位素鈾 235，只要有 1 個中子引發分裂，就能讓鈾 235 的原子放出平均 3.5 個高能量中子（後來修正為 2.5 個）。[6] 這正是要引發核鏈反應指數成長所需的物質。「炸彈研發競賽」正式開跑。

　　此時，諾貝爾獎得主海森堡（Werner Heisenberg）與其他知名德國物理學家也正在為納粹研發原子彈，歐本海默知道自己在羅沙拉摩斯的工作有多艱巨。他最大的挑戰是要找出必要的條件，讓核鏈反應得以指數成長，才能在幾乎瞬間釋放出足以做為原子彈的大量能量。

　　為了產生這種能夠自我維繫、速度也夠迅速的核鏈反應，歐本海默必須確保分裂的鈾 235 原子所放出的中子能夠再由其他鈾 235 原子的核吸收、造成分裂。他發現，天然鈾放出的中子有太多會被鈾 238 吸收（鈾 238 是另一種重要的同位素，占了天然鈾的 99.3%）[7]，代表任何連鎖反應會呈現的是指數衰減、而非成長。想要引發指數成長的核鏈反應，歐本海默就必須盡可能除去鈾礦當中的鈾 238，得到精純的鈾 235。

　　種種考量，引出了所謂分裂物質的「臨界質量」（critical mass）概念。例如鈾的臨界質量，指的是一旦達到這個量，就足以引發能夠自我維繫的核鏈反應。臨界質量要取決於許多因素，其中最關鍵的一項，或許就在於鈾 235 的濃度。即使鈾 235 的濃度達到 20%（自然狀況只有 0.7%），所需的臨界質量仍然超過四百公斤；如果想製作出真正實用的原子彈，就需要更高的濃度。

　　而且，就算等到他真的濃縮出濃度夠高的鈾，達到超臨界狀態，歐本海默還得面對如何投擲引爆原子彈的挑戰。顯然，他不能就隨便把達到臨界質量的鈾裝進一顆炸彈，然後希望它不要不小心就爆了。這項物質本來就會自然衰變，但這樣就可能引發核鏈反應、造成指數爆炸。

　　由於納粹的炸彈研發人員像幽靈一樣，在背後步步進逼，歐本海默等人倉促想出了一種引爆原子彈的辦法，也就是「槍式」（gun-type）設計。這種核武運用常規炸藥，將一份次臨界（subcritical）質量的鈾射進另一份鈾當中，創造出單一份達到超臨界質量的鈾，於是引起自發分裂（spontaneous fission），

放出中子，開始整個核鏈反應。一開始先讓兩份鈾以次臨界質量互相分開，就能避免原子彈提前爆炸。此時，由於鈾濃縮的濃度夠高（大約 80%），只需要二十公斤至二十五公斤就足以達到臨界質量。然而，歐本海默並不想冒險使計畫失敗、勝利拱手讓給德國競爭對手，堅持必須使用遠超於此的量。

從空中掉下來的「小男孩」

到頭來，等到終於準備了足夠的濃縮鈾，歐洲戰場的戰事卻早已結束，但太平洋地區依然戰火猛烈，日本的軍力雖然明顯居於劣勢，卻幾乎沒什麼投降的跡象。曼哈頓計畫的負責人格羅夫斯（Leslie Groves）將軍意識到，如果對日本發動陸戰，將會讓美國已然慘重的傷亡繼續大幅增加，於是下令授權，只要天氣許可，就在日本投下原子彈。

1945 年 8 月 6 日，颱風對天氣的影響終於逐漸散去，廣島晴空萬里、豔陽高照。早上七點零九分，有人發現廣島上空出現一架美國飛機，整座城市也響起了空襲警報。當時，十七歲的高藏信子才剛剛當上銀行行員，警報響起時正要去上班，於是與其他通勤民眾一起躲進了廣島周邊策略性設置的公共防空洞。

廣島一方面是個戰略軍事基地，一方面也是日本第二總軍司令部，對空襲警報已經習以為常。雖然日本許多其他城市之前都曾遭到燃燒彈攻擊，但廣島目前大致上沒什麼事。信子和其他通勤民眾並不知道，廣島其實是被刻意保留下來，好讓美國人得以評估自己這項新武器能夠造成多大規模的破壞。

七點半，空襲警報的解除聲響起。頭頂上飛過的 B-29 轟炸機，看起來就像氣象飛機同樣無害。信子與其他躲空襲的人一起走出防空洞，鬆了一口氣，覺得那天早上不會有空襲了。

信子與其他廣島民眾並不知道，在他們繼續上班的時候，那架 B-29 把廣島上空一片晴朗的資訊，用無線電報告給艾諾拉蓋號（Enola Gay），也就是裝載槍式原子彈「小男孩」（Little Boy）的轟炸機。孩子繼續上學，民眾回復日常行程，前往辦公室與工廠，信子也來到她所任職位於廣島市中心的銀行。在公司裡，女職員必須比男職員早三十分上班，把辦公室打掃乾淨，準備拉開一天的序幕。所以在八點十分的時候，信子已經走進這棟幾乎空無一人的大樓，開始努力工作。

八點十四分，艾諾拉蓋號駕駛蒂貝茨（Paul Tibbets）中校的十字瞄準線上，已經可以看到 T 形的相生橋；四千四百公斤重的「小男孩」投下，開始往廣島下降九公里。自由落體的過程大約四十五秒，接著原子彈在離地大約六百公尺的高度引爆：一份次臨界質量的鈾射向另一份鈾，達到足以引爆的超臨界質量。幾乎在一瞬間，就有原子開始自發分裂，釋放出中子，而其中又有至少一個中子被另一個鈾 235 原子吸收。這個原子再分裂、再釋放出更多中子、再被更多原子吸收。整個過程迅速加速，形成指數成長的核鏈反應，同時釋放出大量能量。

信子當時正在擦著男同事的桌面，忽然看到窗外有一道明亮的白色閃光，就像燃燒的鎂帶。她當時並不知道，這顆原子彈因為指數成長所能夠放出的能量，相當於同時引爆了三千萬支的炸藥。原子彈的溫度上升到攝氏數百萬度，比太陽表面的

溫度還要高。十分之一秒後，游離輻射到達地面，對所有暴露在輻射中的生物造成毀滅性的放射性傷害。再過一秒，廣島上空出現了直徑三百公尺的火球，溫度高達攝氏數千度。

目擊者表示，那就像是廣島當天又見到一次日出。爆炸波以音速前進，將整個廣島的建築物夷為平地，信子被拋向辦公室另一邊，不省人事。在幾公里內，紅外線輻射向四面八方射去，讓所有裸露的皮膚燃燒了起來。在靠近原爆核心的地方，地面人員瞬間氣化、或是燒成了煤渣。

由於銀行採用防震建築，讓信子躲過原爆最嚴重的震波。恢復意識後，她搖搖晃晃走上大街，發現已經看不到那片晴朗的藍天。廣島上空的第二個太陽，日落就像日升一樣迅速。此時街道一片黑暗，煙塵瀰漫。舉目遠眺，見到的是一具具倒地的屍體。信子距離原爆點僅僅兩百六十公尺，是距離這場指數爆炸最近而又得以存活的極少數之一。

據估計，原爆本身，以及後續引發在全廣島市肆虐的大火，總共造成約七萬人喪生，其中五萬人為平民。廣島市建築多半遭到完全摧毀，歐本海默預言成真。直至今日，究竟是否因為廣島原爆與三日後的長崎原爆，才讓第二次世界大戰畫下句點，仍然是個爭論不休的話題。

───── 核子選擇 ─────

無論原子彈本身是對或錯，曼哈頓計畫不僅讓我們更瞭解核分裂的指數核鏈反應，也讓我們得以研發出相關科技，產生

乾淨、安全、低碳的核能。一公斤鈾 235 所釋放的能量，大約是燃燒等量煤炭的三百萬倍。[8] 雖然有著諸多證據支持核能，但核能在安全和環境影響方面的名聲還是不好，其中有一部分原因就在於指數成長。

1986 年 4 月 25 日的晚間，阿基莫夫（Alexander Akimov）打卡上班，擔任電廠夜班的值班主任。再過幾小時，就會開始一場針對冷卻泵系統的壓力測試實驗。在實驗開始的當下，他可能還會覺得自己真是個幸運兒，能在車諾比核電站有一份穩定的工作（畢竟當時蘇聯正在解體，國民有 20% 活在貧困當中）。

約莫晚上十一點，為了進行測試，需要將輸出功率降到正常運轉容量的 20% 左右，於是阿基莫夫從遠端控制，將許多控制棒插進反應爐心的鈾燃料棒之間。控制棒可以吸收掉原子分裂所釋放出的部分中子，就能避免這些中子繼續導致太多其他原子產生分裂。這樣一來就能阻止核鏈反應快速成長，不會像核彈那樣呈現指數成長而失控。

然而，阿基莫夫不小心將太多控制棒插進爐心，使得電廠的輸出功率大幅下降。他知道這樣會造成反應爐中毒（reactor poisoning）：產生像控制棒一樣的物質，而使得反應爐運作進一步趨緩、溫度降低，於是造成中毒更加嚴重、進一步降溫，形成惡性循環。驚慌失措的阿基莫夫趕緊將安全系統改為人工操作，將 90% 以上的控制棒改為人工控制、從爐心抽出，希望避免反應爐完全停機。

阿基莫夫看著儀表板指針顯示功率輸出緩慢上升，心跳也

終於逐漸恢復正常。避免這項危機之後，他繼續進行測試的下一個階段，將冷卻泵關閉。但他不知道，這時的備用系統抽送冷卻水的速度並未達到正常標準。雖然一開始沒有發現，但這些流動過慢的冷卻水已經汽化，於是減弱了吸收中子、降低爐心溫度的能力。溫度升高、輸出功率也提升，造成更多冷卻水瞬間汽化成蒸汽，於是又產生更多功率：這又是另一個更為致命的惡性循環。

此時，少數未受阿基莫夫控制的控制棒已經自動重新插入爐心，希望能夠減少熱量產生，但數量並不夠。等到阿基莫夫意識到輸出功率成長過快，他按下了緊急停機按鈕，理論上會插入所有控制棒、將爐心電源關閉，但為時已晚。在控制棒插入反應爐的瞬間，輸出功率在短時間內飆高，於是爐心過熱，某些燃料棒破碎，阻擋控制棒進一步插入。熱能指數成長，輸出功率來到平常運轉的十倍以上。冷卻水迅速變成蒸汽，壓力引發兩次巨大爆炸，破壞爐心，並使核分裂的放射性物質傳得既廣又遠。

阿基莫夫拒絕相信爐心爆炸的所有報告，還向上呈報反應爐狀態的錯誤資訊，於是延誤了重要的後續應變。等到真正意識到災情全貌，他在沒有任何保護措施的情況下，與組員一起將水打進已經支離破碎的反應爐。過程中，這些機組人員每小時承受的輻射劑量高達兩百戈雷（gray）。一般來說，大約十戈雷就已經達到致命劑量，這代表未經保護的工人只要不到五分鐘，就已經承受了致命劑量。事故兩週後，阿基莫夫死於急性輻射中毒。

在蘇聯官方數字裡，車諾比核災中的死亡人數只有三十一人，但有些估計數字納入了參與大規模清理的人員，於是數字遠高於此。而且，這還沒有包括放射性物質散播到電廠鄰近地區所造成的死亡。在炸毀的反應爐心，大火足足燒了九天，向大氣所投射出的放射性物質，要比廣島原爆釋放的放射性物質多出數百倍，影響了幾乎全歐洲的環境。9

例如 1986 年 5 月 2 日那個週末，英國高地區就降下不合時節的大雨，雨點裡充滿車諾比核災的放射性產物：鍶 90、銫 137、碘 131。總計，車諾比反應爐放出的放射性物質約有 1% 落向英國土地，這些放射性同位素會被土壤吸收、進入生長的草裡，再由放牧在這片土地上的綿羊吃掉。結果就是成了帶著放射性的肉品。

英國農業部立刻禁止販售與運輸核汙染地區的綿羊，影響將近九千座農場、超過四百萬頭綿羊。在湖區的牧羊人艾爾伍德（David Elwood）根本難以相信究竟發生了什麼事。光是說天上的雲帶有看不見、也幾乎無法探測到的放射性同位素，就給他的生計蒙上一層陰影。每次他想賣羊，都得先把羊群隔離，再請政府檢查員檢測輻射量。但每次檢查員來的時候，都是說只要再一年就可以解禁。艾爾伍德就這樣在這片烏雲陰影下生活了二十五年，直到 2012 年，禁令才終於解除。

然而，英國政府本來應該要能更輕鬆就讓艾爾伍德和其他農民知道，究竟要過多久，輻射量才會降到安全水準，讓他們得以自由販售羊群。畢竟，輻射量呈現的是指數衰減，而這是一種非常容易預測的現象。

──────── 定年法的科學 ────────

指數衰減就像是指數成長，指的是數量會依照當下的價值而成比例減少。還記得前面 M&Ms 數量減少的例子，以及那條呈現指數衰減的滑水道曲線嗎？符合指數衰減的現象有很多，像是人體排除藥物，[10] 還有一大杯啤酒對腦袋的影響愈來愈低。[11] 特別是談到放射性物質放出輻射的強度如何隨時間而減少，就適用指數衰退的概念。[12]

在放射性物質當中，即使不穩定的原子未受到外界觸發，也會自發的以放射線形式釋出能量，這種過程稱為放射性衰變（radioactive decay）。就單一原子而言，衰變過程是隨機的，每個原子都是獨立於其他原子而衰變；根據量子理論，我們並無法預測特定的某顆原子究竟何時會衰變。然而，如果談的是某塊具有大量原子的物質，放射性的降低就會呈現可預測的指數衰減趨勢。原子所減少的數量，會與剩餘的原子數量成比例。

我們會用半衰期來描述物質的衰變速率。半衰期是讓不穩定原子達到半數衰變所需的時間，由於這裡是指數衰減，所以半衰期是固定的，也就是不論初始的放射性物質有多少，放射性降到剩下一半的時間始終都會相同。就像是每天把 M&Ms 倒在桌上，再把 M 朝上的都吃掉，這正代表半衰期是一天：每次倒出袋子的時候，都有一半的巧克力被吃掉。

根據放射性原子的指數衰減現象，科學家還發展出放射性定年（radiometric dating）的技術，可以依據物質現存的放射性，判斷物質已經存在多久。只要測量物質現存仍帶有放射性的原

子含量，再與已知衰變產品的原子含量做比較，理論上就能為所有會放出原子輻射的物質加以定年。

放射性定年有些廣為人知的功用，像是估計地球的年齡，以及確認像是《死海古卷》（*Dead Sea Scrolls*）這些古代文物的年紀。[13] 如果你也曾經百思不解，搞不懂大家怎麼知道始祖鳥出現在一億五千萬年前、[14] 又怎麼知道冰人奧茨（Ötzi）在五千三百年前過世，[15] 這些多半正是靠著放射性定年的技術。

量測技術近年來更為精確，促進了放射性定年在「法醫考古學」（forensic archaeology）的運用，也就是運用放射性同位素的指數衰減（以及其他考古技術）來偵辦犯罪案件。像是在 2017 年 11 月，就曾用放射性碳定年法（radio-carbon dating）揭露了一起詐欺案件：史上最貴的威士忌是假貨。

當時有一瓶麥卡倫單一純麥威士忌，據酒標顯示，足足有一百三十年歷史，但證實只是用 1970 年代的調和威士忌來造假的廉價品，這可讓一家瑞士飯店十分懊惱，因為他們正以一小口（shot）就要一萬美元的價格做著生意。

同一個實驗室在 2018 年 12 月的後續調查中，還發現他們所檢驗的「年份」（vintage）蘇格蘭威士忌有超過三分之一也都是假貨。然而，放射性定年最著名的用途，或許是用於檢驗年代久遠的藝術作品。

失意畫家凡・米格倫

在第二次世界大戰之前，荷蘭古典畫作大師（Old Master）維米爾（Johannes Vermeer）只有三十五幅已知畫作傳世，到了

1937 年，卻在法國發現一幅不得了的新作品。因為藝術評論家將這幅《以馬忤斯的晚餐》（*The Supper at Emmaus*）譽為維米爾最優秀的畫作，所以鹿特丹的博伊曼斯·范伯寧恩美術館（Museum Boijmans Van Beuningen）很快就耗費巨資購入。

接下來幾年間，又出現了許多幅前所未知的維米爾畫作。富裕的荷蘭人迅速購入這些畫作，部分原因也在於不想讓重要的文化資產落入納粹手中。然而，其中一幅《耶穌與女罪人》（*Christ with the Adulteress*）還是落入了戈林（Hermann Göring）手裡，而他正是希特勒指定的接班人。

戰後，在奧地利的一處鹽礦當中，找到了這幅流落敵手的維米爾畫作與納粹掠奪的絕大多數藝術品，於是開始進行大規模追查，想知道究竟是誰將這些畫作賣給敵方。線索最後追查到了凡·米格倫（Han van Meegeren）身上，他是個失意的畫家，許多藝評家譏嘲他的作品只是在模仿古典畫作。

不難想見，在凡·米格倫被捕之後，荷蘭民眾對他可說是嗤之以鼻，認為他不僅涉嫌將荷蘭的文化財產出售給納粹（最高可處死刑），還靠這件事賺了一大筆錢，在阿姆斯特丹過著豪奢的生活，但許多市民正因戰食不果腹。凡·米格倫為了自保，逼不得已承認，賣給戈林的畫作並不是維米爾真跡，而是他本人的偽作。他還承認，就是自己偽造了所有其他新發現的「維米爾」畫作，以及那些號稱新發現的哈爾斯（Frans Hals）及霍赫（Pieter de Hooch）等等名家畫作。

此時成立了一個特別調查委員會，檢驗那些可能有問題的畫作，以確認凡·米格倫的說法是否屬實。做為調查的一部分，

委員會還要凡‧米格倫再畫出一幅新的偽作《基督與文士》（*Christ and the Doctors*）。等到凡‧米格倫的審判在 1947 年開庭，他已經成了一位民族英雄，人們認為他不但瞞過了那些對他多有譏嘲的藝評精英，還騙到納粹最高統帥，買下毫無價值的假貨。於是，他通敵納粹的罪名宣判無罪，只因偽造和欺詐罪被判一年徒刑；但他在服刑前就心臟病發而去世。就算在判決出爐後，仍然有許多人（特別是買了「凡‧米格倫‧維米爾」畫作的人）一心相信那些畫是真跡，不斷反駁後續的發現。

1967 年，《以馬忤斯的晚餐》運用了鉛 210 放射性定年，重新檢驗。雖然凡‧米格倫在偽造的時候已經十分仔細，用的都是許多維米爾當初使用的材料，但仍然無法控制這些材料的製造方式。像他為了以假亂真，用了真正的十七世紀油畫布，也依原始配方調製油畫顏料，但他調製鉛白顏料的時候，用到的鉛才剛剛從礦石中提煉出來。

在天然的鉛裡，有放射性同位素鉛 210 與放射性母體鐳 226（衰變後就會產生鉛）。從礦石裡提煉鉛的過程中，大部分的鐳 226 會遭到去除、只遺留極少部分，於是在提煉而成的物質中，會再衰變而產生的新鉛 210 就相對較少。

由於我們已知鉛 210 呈指數衰減的半衰期，所以只要抽樣比較含鉛顏料當中鉛 210 和鐳 226 的濃度，就能為含鉛顏料定年。比起真正已有三百年歷史的油畫畫作，《以馬忤斯的晚餐》找到鉛 210 的比例要高得多，於是也就能夠確認，凡‧米格倫的那些偽造畫作不可能是十七世紀的維米爾所繪：因為那些畫作顏料用的鉛，在十七世紀時根本就還沒開採出來。[16]

———— 冰桶流感 ————

　　如果凡‧米格倫是當代人士，很有可能那些畫作就會被好好整理成一篇文章，再加上內容農場式的標題，像是「九幅你不會相信竟是偽造的畫作」，在網路上瘋傳。現今有各種造假產物，像是億萬富翁總統候選人羅姆尼（Mitt Romney）的假照片，是他邀請六位支持者穿著字母 T 恤排成「ROMNEY」、卻排成了「RMONEY」。又或有一張經過修圖的照片，是一位遊客在世貿中心南塔的觀景台擺著拍照姿勢，似乎完全不知道背景有一架飛機已經低飛而來。然而，這些造假產品得到的全球曝光度正是病毒式行銷人士所夢寐以求。

　　病毒式行銷（viral marketing）所指的現象，是透過類似自我複製的過程，用像是病毒傳播的手段來達成廣告目標（其中的數學將在第 7 章深入討論）。只要網路中有一個人感染，就會再傳染給其他人。只要每個新感染的個體再感染至少一個人，病毒訊息就能指數成長。病毒式行銷是迷因學（memetics）的子領域，指的是某個「迷因」（meme，一種風格、行為，或者最重要的是指一種想法，又譯為「瀰」）如何透過社交網路，像病毒一樣在人與人之間傳播。

　　道金斯（Richard Dawkins）在 1976 年的著作《自私的基因》（The Selfish Gene）創造「迷因」一詞，用來解釋文化資訊的傳播方式。在他的定義中，迷因就是一種文化傳播的單位。道金斯認為，迷因就像「基因」這種遺傳單位一樣，可以自我複製與突變。他所舉的迷因例子包括有曲調、流行語，以及製作罐

子或建造拱門的方式（在他寫書的時候，一切聽起來還十分天真無邪不帶惡意）。

當然，道金斯在 1976 年還不可能接觸到現在這樣的網際網路。在網際網路上，許多當時無法想像（而且可以說是毫無意義）的迷因得以傳播，像是 #thedress（猜猜洋裝究竟是藍黑條紋或白金條紋）、瑞克搖（rickrolling），以及大笑貓（Lolcat，貓圖片搭配幽默文字）。

在所有病毒式行銷活動當中，最成功、或許也真正達到有機的例子，就是 ALS（amyotrophic lateral sclerosis，肌萎縮性脊髓側索硬化症，又稱漸凍人）冰桶挑戰。挑戰者朝自己頭上淋下一桶冰水，接著點名其他人照著做，同時也可以捐款到相關慈善機構。這件事在 2014 年夏天風行整個北半球，連我都被捲進去。

當時我是遵照最經典的冰桶挑戰規則，把自己搞得徹底濕透之後，在影片裡又點名另外兩個人、加上標籤，上傳到社群媒體。在每支上傳的影片裡，平均都會再點名至少一個人接受挑戰，於是這個迷因就像核能反應爐裡的中子一樣，能夠自我維繫，進而引發指數成長的連鎖反應。

這項迷因也有某些調整版本，點到名的人可以選擇接受挑戰、再捐一小筆錢給 ALS 協會或自選的其他慈善機構，又或者是完全跳過挑戰，但把捐款金額大幅提高。這一切從慈善出發，除了會讓被點名的人感受壓力、增加參與迷因的動機，還能提升對相關議題的意識，令人覺得自己真是個好人，有一種在做善事的正面形象。這種讓人自鳴得意的特色，使這項迷因的傳染力更強。

　　根據 ALS 協會的報告，在 2014 年 9 月初的時候捐款人數已經超過三百萬，捐款則比一般時期高出一億美元。研究人員使用冰桶挑戰期間所取得的資金，更找出了第三個造成 ALS 的基因，可見這項病毒式行銷運動的影響有多麼深遠。[17]

　　冰桶挑戰就像是一些傳染力極高的病毒（例如流感），有著高度季節性的特色（這是一種很重要的現象，指的是疾病的傳播速度在不同季節有所不同；我們將在第 7 章再次討論）。隨著秋季來臨、北半球天氣轉冷，再往自己倒上一頭冰水似乎變得不再那麼有趣，就算動機再好也沒用。時至 9 月，這股熱潮基本上已然退散。但也就像季節性流感一樣，在隔年與再隔年的夏天，冰桶挑戰又曾以類似的形式捲土重來，但此時的群眾大致都已經濕過一次了。

　　在 2015 年，這項挑戰為 ALS 協會募到的款項還不及前一年總額的 1%。只要是曾在 2014 年接觸這個病毒的群眾，通常就已經具備很強的免疫力，即使菌株稍有突變（像是桶子裡裝了不一樣的東西），也難再有影響。此時，群眾已經出現了「冷漠」這種抗體，所以就算新的病毒再爆發，每個新的參與者平均而言並無法再把病毒傳播給至少另一個人，疫情也就迅速消散。

───── 未來呈現指數發展嗎？ ─────

　　法國小孩都聽過一個關於指數成長的寓言，讓他們知道拖延有多危險。故事是這樣的：在一座湖上，長了一片很小的藻

類。而在接下來幾天，這片藻類每天覆蓋的湖面面積都是翻倍成長，除非有人採取行動，否則藻類就會一直這樣長下去，直到把整個湖面蓋滿為止。在不受影響的情況下，過了六十天，湖面就會被蓋滿，使水質遭到破壞。由於藻類覆蓋的範圍一開始還很小，沒有立即的威脅，所以當地民眾決定，不如等到藻類長到覆蓋一半湖面的時候再來清，比較有效率。故事接著問了一個問題：「藻類會在哪一天覆蓋一半的湖面？」

很多人不加思索就回答「三十天」。然而，由於覆蓋的面積是每天加倍，如果某天有一半的面積被蓋住，代表隔天就會遭到完全覆蓋。所以，答案或許讓人意外：要到第五十九天，藻類才會覆蓋一半的湖面，此時民眾只剩一天的時間來拯救這座湖。

在第三十天的時候，藻類所覆蓋的面積還不到整個湖面的十億分之一。如果你是湖裡的藻類細胞，那麼要到什麼時候，你才會覺得自己沒有成長空間了？如果你不瞭解指數成長，而有人在第五十五天（藻類只覆蓋了 3% 的湖面）時告訴你，整座湖再過五天就會被藻類覆蓋、窒息而亡，你會相信嗎？或許不會。

從這個例子，可以看出人類的思維方式其實很受到制約。一般來說，對我們的前輩而言，某代人的經歷會與上一代非常類似：從事和祖先相同的工作、用相同的工具、也住在相同的地方。大家也覺得後代會和自己差不多。然而，科技發展與社會變革的速度如此迅速，每過一代，就已經出現明顯差異。有些理論家相信，科技進展的速度本身就呈現指數成長。

電腦科學家文奇（Vernor Vinge）把這些概念寫進一系列科幻小說與論文，[18] 提到科技進展的頻率不斷升高，新科技終有一天會超出人類理解的範圍。人工智慧爆炸發展，最後來到「科技奇點」（technological singularity），出現無所不能的超級智慧。

美國未來學家庫茲威爾（Ray Kurzweil）曾經試著把文奇的概念拉出科幻小說，應用到現實世界。他在 1999 年的《心靈機器時代》（*The Age of Spiritual Machines*）提出「加速回報定律」（law of accelerating returns），[19] 認為包括人類的生物演化在內，有許多系統都是以指數步調在進展。

庫茲威爾甚至還為文奇的「科技奇點」訂下一個明確的時間：2045 年，他認為此時我們將會見到「科技變革如此迅速而深遠，將人類歷史結構撕開一個破洞」。[20] 庫茲威爾更列出奇點可能帶來的影響：「生物與非生物智慧的結合；以軟體為基礎的不死人類；能以光速向外擴展的超高等級智慧。」雖然這些極端、有點太誇張的預測可能還只會出現在科幻小說裡，但有些科技進展的例子，確實能在很長的時間內維持指數成長的趨勢。

例如摩爾定律（Moore's law），指的是觀察發現積體電路上的電晶體數目大約每兩年就會翻倍，正是科技指數成長的範例。相較於牛頓的運動定律，摩爾定律並非物理或自然定律，並沒有理由認定這項定律會永遠為真。然而從 1970 年到 2016 年之間，摩爾定律確實相當穩定。摩爾定律推動數位科技加速發展，而數位科技又對上世紀之交的經濟成長貢獻良多。

　　1990 年，科學家決心要確定人類基因組三十億個鹼基對的排列順序，整個計畫的規模大到引來嘲笑，認為以當時的速度，得花上幾千年才可能完成。然而，基因定序科技開始以指數步調前進，整本「生命之書」已經在 2003 年完成，不但提前達標，而且並未超出十億美元的預算。[21] 到今天，完成某個人的基因定序已經用不到一個小時，要價也不到一千美元。

─────── 人口爆炸 ───────

　　前面湖中藻類的故事就強調，人類無法以指數方式思考的弱點，可能正是造成生態系統與人口崩潰的原因。有一種在瀕臨絕種列表上的物種，一直面臨著明確而持續的警告信號：人類自己。

　　從 1346 年到 1353 年，黑死病席捲歐洲，造成 60% 的人口死亡，這是人類史上最具毀滅性的全球大流行疾病（第 7 章將會進一步詳細討論傳染病傳播的主題）。此時，全球總人口減少到大約三億七千萬人。但在這之後，全球人口只增不減。等到 1800 年，全球人口已經幾乎來到十億。

　　感受到人口快速成長，讓英國數學家馬爾薩斯（Thomas Malthus）提出理論，認為人口成長的速度與當下的人口規模成正比。[22] 根據這條簡單的規則，全球人口就像早期胚胎裡的細胞、或是銀行帳戶裡的存款，會在這個早已擁擠的星球呈現指數成長。

　　面對全球人口成長的問題，許多科幻小說和電影（例如最

近的賣座巨片《星際效應》和《星際過客》）想出的辦法就是向太空探索。典型情節就是找到了某個適宜人居的類地行星，並在那裡為已經溢出的人口建立居住地。

這種星際殖民的主張絕不只是意想天開，知名科學家霍金（Stephen Hawking）在 2017 年也讓這項主張看來更為可能。他警告，如果人類想要面對人口過多與氣候變遷造成的滅絕威脅，就該在未來三十年內開始離開地球，移居火星或月球。

但令人失望的是，要是人口成長速度不受控制，就算能把一半人口都送上某個新的類地行星，也只能爭取到六十三年的時間，接著人口就會再次倍增，在兩個星球上都達到飽和點。馬爾薩斯預測，指數成長會讓星際殖民的概念變成徒勞無功。他寫道：「地球這個地方所存在的細菌，如果有足夠的食物、足夠的發展空間，只要幾千年，就能塞滿幾百萬個世界」。

然而，我們已經瞭解（還記得本章開始那個糞鏈球菌在牛奶中成長的例子嗎？），指數成長不可能永遠持續。通常隨著人口增加，環境能用來維持人口成長的資源就會變得稀缺，而淨成長速度（出生率減死亡率的差）也會自然下降。

據稱，環境只能維持一定數量的特定物種族群，這個上限也就是「承載能力」。達爾文發現，由於個體要「競爭自己在自然經濟中的地位」，在面對環境限制的時候，就會「為生存而奮鬥」。這種物種內部或物種之間競爭有限資源的效應，可以用數學模型來呈現，其中最簡單的就是「羅吉斯成長模型」（logistic growth model）。

在圖 3 當中，羅吉斯成長一開始看起來像是指數成長，此

時的人口還不受環境因素影響，能夠自由依照當下規模成比例
成長。然而隨著人口增加，資源日益稀少，也就讓死亡率愈來
愈接近出生率。淨人口成長率最終會下降到零：人口中的新生
人數僅僅足以抵消死亡人數，無法讓人口再增加，而這也代表
已來到承載能力的停滯期。

　　蘇格蘭科學家麥肯德里克（Anderson McKendrick，最早的數
學生物學家之一，我們到第 7 章會更深入討論他如何為傳染病
傳播建模），率先指出細菌數如何呈現羅吉斯成長。[23] 在這之
後，要呈現新族群進入新環境之後的狀況，羅吉斯成長模型就
成了絕佳的方式，成功顯示在綿羊、[24] 海豹、[25] 鶴 [26] 等等不同
動物群的成長情形。

　　許多動物物種的生存只能依賴環境中的資源，因此環境承

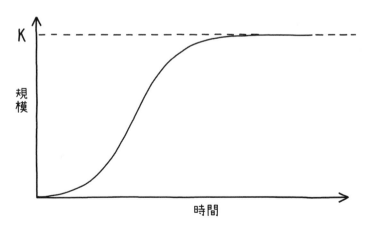

圖 3：羅吉斯成長曲線一開始幾乎就像是指數成長，但隨著資源開始有所限
制、族群數接近承載能力 K，曲線也開始趨緩。

載能力大致維持恆定。但對人類而言，由於有工業革命、農業
機械化、綠色革命等因素，讓人類一直得以提升環境承載力。
對於地球究竟能夠承載多少人口，目前各家估計各有不同，但
許多數字認為是在 90 億人到 100 億人之間。

知名社會生物學家威爾森（E. O. Wilson）認為，地球生物
圈能夠維繫的人口數，仍然有著固有、無法突破的上限。[27] 這
些限制因素包括：是否能取得淡水、化石燃料和其他非再生資
源、環境條件（包括最重要的氣候變遷）、居住空間。食物供
應則是最常提到的因素。

威爾森估計，就算所有人都開始吃素，將生產的食物直接
拿來食用，而非做為牲畜的飼料（因為想吃肉要先將植物的能
量轉移到動物，再轉移成人的食物能量，效率很低），計算下
來，目前共十四億公頃的可耕地所生產的食物也只能支持 100
億人。

如果當今近 75 億的人口繼續以目前每年 1.1% 的速度成
長，不出 30 年，就會來到 100 億。對於人口過剩，馬爾薩斯
早在 1798 年就已表達他的擔憂恐懼：「人口的力量遠遠超出
地球為人類提供支持的力量，讓人類必然會面對某種形式的夭
折。」就人類歷史的脈絡來看，我們已經來到能夠拯救湖泊的
最後一天。

然而，還是有些理由能讓我們樂觀一點。雖然人口還在增
加，但現在有了有效的節育措施、嬰兒死亡率也降低（使得生
育率降低），所以人口的成長率比起過去世代也逐漸趨緩。

人口成長率在 1960 年代後期達到高峰，大約是每年 2%；

但預計到了 2023 年將會降到每年不足 1%。[28] 假設成長率一直維持在 1960 年代的速度，只要 35 年，人口數就已經會增加一倍。但相較於 1969 年的全球 36.5 億人口，我們是花了將近 50 年，才在 2016 年來到成長一倍的 73 億大關。如果成長率只有每年 1%，人口要翻倍的所需時間將會增加到 69.7 年，幾乎是用 1969 年成長率要翻倍時間的兩倍。

在指數成長的情況裡，只要讓成長率小幅下降，就能產生巨大差異。看起來，雖然我們還在接近地球的承載能力上限，但靠著讓人口成長趨緩，我們正自然而然的為自己爭取到更多的時間。但我們生而為人，還是有些出於指數行為的道理，會感覺剩下的時間不如想像的那麼多。

—— 年紀愈大，時間流逝愈快 ——

還記不記得自己小時候，暑假好像怎樣都過不完？我的小孩一個四歲、一個六歲，對他們來說，過完這次耶誕節之後，要再等到下次耶誕節簡直就像永恆。相較之下，我年紀愈大，愈覺得時間的流逝快到嚇人，幾天很快就成了幾週、再變成幾個月，似乎不斷被吸進某個名為過去的無底洞中。我每個禮拜都會打電話給我七十幾歲的爸媽聊天，總覺得他們好像行程滿滿，忙到幾乎沒有時間接我的電話。但我聽他們說這個禮拜都在忙什麼，又覺得那似乎只是我一天的工作量。只不過話說回來，我似乎也沒什麼資格談時間壓力的問題：我只有兩個孩子要養、一份全職工作要做、一本書要寫，如此而已。

　　但我實在不該對爸媽太嚴格，因為人類感知到的時間似乎確實會隨著年齡的成長而加速，所以我們才會覺得時間愈來愈不夠。[29] 1996 年曾有一項實驗，要求一群年輕人（十九歲至二十四歲）和一群老年人（六十歲至八十歲）在腦中默數三分鐘。平均來看，年輕人計算出的時間是三分鐘零三秒，幾乎可說是完美；但老年人平均要到三分鐘四十秒才會喊停。[30]

　　還有其他相關實驗，是請參與者一邊做某件事，一邊估計時間究竟過了多久。[31] 相較於年輕組別，年紀較大的組別以為過去的時間都比較短。舉例來說，在實際時間已經過了兩分鐘的時候，年紀大的組別卻以為時間才過了不到五十秒，於是覺得明明應該還有一分鐘十秒，卻不知道跑哪裡去了。

　　會這樣感覺時間過得愈來愈快，並不是因為年輕人過得無憂無慮，而成人有各種事情占據行事曆。實際上，有許多理論都在試著解釋，為什麼我們年紀愈大，感覺到的時間就過得愈快。理論之一，在於年紀愈大，心跳和呼吸也愈慢，於是新陳代謝也慢了下來。[32] 對兒童來說，他們的這些「生物鐘」就像是個加速版，在同樣的時間內，這些生物指針（例如呼吸或心跳）的跳動次數更多，也就讓他們覺得自己過了更久。

　　另一種理論則認為，我們對時間流逝的感知，要看我們從環境裡感受到多少新的資訊。[33] 身體感受到愈多新的刺激，大腦就需要愈多時間來處理，而至少在事後回顧的時候，會覺得這段時間似乎過得愈久。像這樣的論點，可以解釋為什麼在某件意外發生前，會有一種像是電影慢動作播放的感覺。在事件發生的當下，受害者面對的是極為陌生的情境，感受到新穎的

資訊量也就相對十分龐大。

　　所以，有可能並不是事件發生當下的時間變慢，而是我們事後回憶的時候，大腦根據當時感受到洪水般的資料量，記錄了更巨細靡遺的記憶。有些實驗請受試者體驗自由落體，結果也指出情況確實如此。[34]

　　這種理論很能解釋為什麼會感覺時間愈過愈快。隨著年紀變大，我們對環境與各種生活經驗也很容易變得愈來愈熟悉。像是日常通勤，原本可能覺得真是漫長而充滿挑戰，總有各種新鮮事、可能在許多地方轉錯彎，但現在都變成熟悉的路線，完全不假思索，整個過程似乎也就一閃而過。

　　小孩的感受就不同了。在孩子的世界裡，處處充滿驚奇、到處都有新鮮的體驗。青少年也不斷重新調整他們對世界的感知模型，這需要花費腦力，也讓他們時間沙漏的流逝速度似乎比起被各種例行公事綁死的成年人來得慢。我們愈熟悉日常生活的種種例行公事，就會愈覺得時光飛逝；通常隨著年齡的成長，這一切只會變得愈來愈熟悉。根據這項理論看來，如果想讓時間過慢一點，就該讓生活充滿各種新奇的體驗，別讓例行公事侵蝕我們的時間。

人類以指數尺度感受時間

　　新陳代謝與例行公事這兩種想法，並無法解釋為什麼我們對時間的感知加速得如此規律。隨著年齡成長，對於某段固定時間的感受似乎會不斷減少，顯示時間似乎適用的是「指數尺度」（exponential scale）。

　　測量的時候，如果數量的變化範圍極為巨大，就可能不使用傳統的線性尺度（linear scale），而採用指數尺度。最著名的例子，就是計算聲波（以分貝為單位）或地震活動這些能量波的尺度。像是地震用的芮氏地震規模就是一種指數尺度，規模從 10 增加到 11 的時候，指的是震幅增加了 10 倍，而不是線性尺度的 10%。* 更能精確描述大地震的地震矩規模也使用指數尺度，一方面能夠表示一些極輕微的震動，像是在 2018 年 6 月，墨西哥足球隊在世界盃對上德國進球，墨西哥市足球迷瘋狂慶賀，就讓墨西哥市出現輕微震動；一方面也能表示另一種極端，像是 1960 年在智利瓦爾迪維亞（Valdivia）的地震。這場地震矩規模 9.6 的地震，釋放的能量相當於超過二十五萬顆投向廣島的原子彈。

　　如果我們判斷某段時間有多長的時候，是與自己已經過的人生長度來比較，結果形成指數模型也就很有道理。像我活到三十四歲，一年只占了我人生的不到 3%，於是總覺得沒多久就又到了生日。然而對於一個十歲的小孩來說，得再花上這輩子目前 10% 的時間，才能再等到下一次生日禮物，這需要簡直是聖人般的耐性。至於我四歲的兒子，要讓他等上目前人生四分之一的長度，才能再慶祝生日，這可實在太難熬了。

　　依據這種指數模型，一個人感受到兩次生日之間的長度會成比例增加，因此一個四歲孩子要再過下一次生日，就像是要

---

*　編注：芮氏規模有儀器上的限制，算出來的數值約在 7.5 就會趨於一致，不容易有 10、11 這麼高的值。因此，現在常以地震矩規模來描述大地震，或用其他方式換算出芮氏規模的數值。

一個四十歲的人等到五十歲再過生日一樣。如果從這種相對的
觀點，就很能解釋為什麼只會覺得時間愈過愈快。

　　人類常常把人生每十年當作一個單位來談（好比說二字頭
就是無憂無慮，三字頭就該認真打拚之類），似乎認定每個十
年都有一樣的權重。但如果我們對時間的感受會以指數成長，
就有可能讓人生的各個篇章雖然長短不一、但感受起來卻是相
同。如果用指數模型來看，人生的五歲到十歲、十歲到二十歲、
二十歲到四十歲、甚至是四十歲到八十歲，有可能其實會感覺
一樣長（或一樣短）。

　　這裡並不是想讓人急著去寫什麼夢想清單，但如果根據這
個模型，從四十歲到八十歲雖然有四十年（也就是一般中老年
的大部分人生），但過起來的感覺有可能就像從五歲到十歲生
日那五年一樣倏忽即逝。

　　這樣一來，對於年事已高的囚犯而言（像是從事金字塔型
騙局而銀鐺入獄的福克絲和查默絲），倒也算得上一點小小的
安慰：這種例行公事般的監獄生活，又或者說是對時間感知的
指數加速，應該會讓他們的刑期感覺起來迅速飛逝。

　　在那場金字塔型詐騙案裡，總共有九名婦女遭到判刑。雖
然有些人被強制吐出不當所得，但整場詐騙吸金數百萬英鎊，
很少成功追回。這些錢最後也沒有回到遭詐欺的投資人手中，
那些毫無起疑的受害者，正是因為低估指數成長的力量，才會
血本無歸。

　　從核反應爐爆炸到人口爆炸，從病毒傳播到病毒式行銷的
傳播，對於像你我一樣的一般人，指數成長和衰減可能在我們

的生活中發揮各種看不見、但通常很關鍵的作用。指數行為的運用也催生出一些科學領域,既可能將罪犯定罪,也可能讓某些人真真切切的摧毀世界。如果無法從指數的角度來思考,就代表我們的決策可能會像是不受控制的核鏈反應,造成一些意料之外、但影響無比深遠的結果。

　　其他創新暫且不提,光是個人化醫療的時代就因為相關科技的指數成長而加速到來,只要付出相對合理的金額,人人都能完成 DNA(去氧核糖核酸)定序。這場基因組學(genomics)革命有可能大大提升我們對人體健康性狀的認識,但正如我們將在下一章所提,前提在於支撐現代醫學的數學研究也必須要跟上腳步。

敏感性、專一性、第二意見

數學對醫學有多重要

　　一看到收件匣裡那封未讀的電子郵件，我立刻感覺腎上腺素爆發。症狀從胃開始，延著手臂向下，讓我手指發麻。我不自覺屏住呼吸，耳後都能感覺到自己的心跳。我把信打開，跳過所有前言，立刻點了「查看您的報告」連結。電腦跳出一個瀏覽器視窗，我登入之後，點進「遺傳健康風險」，迅速瞄過整個清單，看到「帕金森氏症：未發現變異」、「老年性黃斑部病變：未發現變異」、「BRCA1/BRCA2：未發現變異」，讓我鬆了一口氣。

　　隨著我往下瀏覽愈來愈多的疾病，發現自己的基因並未增加這些疾病的得病率，那份焦慮感也慢慢退去。看完整排清單都沒有壞消息，我才發現自己還漏了一條：「遲發性阿茲海默症：風險較高」。

　　開始寫這本書的時候，我覺得調查一下居家遺傳檢測背後的數學應該很有趣，所以就註冊了 23andMe，這間公司可能是目前市面上最知名的個人基因組學企業。畢竟，如果真想瞭解這些結果，自己測一測肯定最實在對吧？

　　在我花了一筆不算少的錢之後，他們寄來一個試管，要我採集兩毫升的唾液，密封寄回；23andMe 保證會提供超過九十項報告，內容涵蓋我這個人的各種性狀、健康狀況、甚至是血統根源。

　　接下來幾個月裡，我腦子裡並沒想過這件事，也並不真正相信會得知什麼了不起的事。但等到電子郵件寄來的那瞬間，我才猛然警覺，似乎只要再點個幾次滑鼠，我未來的健康狀況就會全部攤在眼前。於是我就這樣坐在電腦螢幕前，看著各種

似乎對健康會有嚴重影響的條目。

然而我的知識淺薄，不太瞭解阿茲海默症。為了搞清楚到底什麼叫做「風險較高」，我下載了他們長達十四頁、關於阿茲海默症風險的完整報告，希望能多懂一些。報告的第一句，並沒讓我比較不焦慮：「阿茲海默症的特徵是記憶力減退、認知能力下降、性格改變。」繼續讀下去，我才知道 23andMe 是在載脂蛋白 E（Apolipoprotein E，簡稱 APOE）基因的兩套複本上，發現其中一個有 epsilon-4（ε4）變異。報告裡的第一項量化資訊表示：「……平均而言，有歐洲血統的人若具有此類變異，到七十五歲患上遲發性阿茲海默症的機率為 4% 至 7%，到八十五歲的機率則為 20% 至 23%。」

雖然這些數字確實用了某種抽象的方式講了一些事，但我發現自己很難理解它究竟說了什麼。我真心想知道的事情有三件：第一，面對我剛知道的這個問題，我能做什麼？第二，我和一般大眾相比，情況差了多少？第三，23andMe 提供給我的這個數字到底有多可信？

我繼續向下看，看到的下一條資訊就解答了我的第一個問題：「阿茲海默症目前仍無已知的預防或治癒方式。」至於其他問題的答案，就得更深入研究這份報告了。原本我只是對基因檢測背後的數學有興趣，但現在卻因為個人因素而似乎變得更急迫了。

仰賴數學的現代醫學

隨著醫學逐漸成為一門量性學科，許多關鍵決定常常就會

由數學公式去扮演一種不帶情感因素的判斷基礎，不管是關於能否得到某種特定療法，又或是在更個人的層次上，探討每個人生活方式的選擇。

我們將在本章研究這些數學公式，看看它們究竟是真有科學上的扎實基礎，又或只是某種過時的命理學，應該別再相信、棄之不用。諷刺的是，我們將會靠著已經有數百年歷史的數學，為現代人提出更完善的替代方法。

隨著診斷科技的進步，現代人得到的醫療評估項目遠遠超過以往。我們將要談談，在那些最廣受使用的醫療篩檢過程中，偽陽性結果會造成怎樣令人意外的影響；也要談談各項檢驗可以怎樣同時既高度準確（accurate）、卻又同時極不精確（precise）。我們能看到，像是妊娠檢測之類的工具（既可能出現偽陽性，也可能出現偽陰性）會帶來哪些難題；還能看到，在不同的診斷情境下，就算是不正確的結果，也可以發揮良好的作用。

現代有了完整基因組定序、穿戴式科技，以及資料科學的進步，讓人類已經來到個人化醫療的起步階段。在我們邁向這個醫療保健新時代的時候，我也將重新詮釋自己的 DNA 篩檢結果，希望瞭解我的疾病風險實際如何，並判斷目前用來解釋個人化基因篩檢的數學方法是否禁得起檢視。

────── **風險有多高？** ──────

23andMe 這家公司取這個名字，是因為人類 DNA 一般是

由二十三對染色體組成；這家公司於 2007 年成立，率先透過個人 DNA 檢測，希望建立起人類的血統譜系。到了 2008 年，23andMe 獲得谷歌（Google）投資四百萬美元，推出一項唾液檢測，能夠判斷從酒精不耐到心房顫動等等將近一百種不同疾患的得病率。整個性狀列表如此全面，令人覺得這些結果大有可為，連《時代》雜誌都將這項檢測提名為該年的年度發明。

然而，23andMe 的好日子沒能持續多久。2010 年，美國食品藥物監督管理局（FDA）通知這家個人基因組學公司，認定這項檢測屬於醫療設備，需要經過聯邦批准。2013 年，23andMe 仍未能取得批准，於是 FDA 下令必須停止提供疾病風險因數，直到檢測結果通過驗證。23andMe 的客戶提起集體訴訟，認為他們在這家個人分析公司所提供的服務上遭到誤導。正當一切吵得沸沸揚揚，23andMe 卻在 2014 年 12 月於英國推出醫療保健相關服務。有鑑於這諸多爭議，我很想知道如果我把自己的 DNA 樣本寄給他們，他們做的相關檢測可信度究竟會有多高。

《紐約時報》曾有一篇報導，提到三十歲網頁開發員芬德（Matt Fender）的經驗，但完全無法減輕我的擔憂。芬德坦承自己就是個科技宅，而且也是人數日益增加的慮病症（worried well）患者，正是 23andMe 的理想客戶。

芬德拿到自己的基因資料，再請第三方加以分析解釋，發現自己的 PSEN1 基因出現突變。PSEN1 突變代表的是早發性阿茲海默症的「完全外顯」，也就是只要有這項突變，就會得到阿茲海默症，沒有什麼可不可是、可不可能。毫不意外，一

想到自己可能會失去抽象思考、解決問題、記憶連貫的能力，芬德嚇壞了。由於這項診斷，讓他預期活著仍有意義的人生忽然就縮短了三十年。

　　一想到這項突變可能的影響，就讓芬德日夜心神不寧。因為他的家族從來沒有阿茲海默症病史，芬德很難找到遺傳學者為自己做追蹤測試來二次驗證。於是他決定再做一次 DIY 基因檢測，這次用的是 Ancestry.com 的唾液檢測套組，寄出之後等待回音。五週後終於得到結果：PSEN1 突變為陰性。

　　芬德鬆了一口氣，但這下子卻更加疑惑。他後來說服一位醫師，為他進行嚴謹的臨床檢查評估，證實 Ancestry.com 的陰性結果沒錯。

　　23andMe 和 Ancestry.com 所使用的定序科技只有 0.1% 的錯誤率，乍看之下十分可靠。但我們不能忘記，如果要檢測的遺傳變異將近一百萬種，這麼低的錯誤率也代表預計會有大約一千個錯誤。所以，兩家公司各自獨立做出的結果不一致，應該算是個令人擔心、但不令人意外的結果。或許我們更該擔心的是沒有後續的醫療支援服務配套：這些客戶做完居家遺傳檢測，獲得的只有結果而已。

　　後來，23andMe 大幅縮減基因檢測的項目範圍，逐步取得 FDA 核准，於 2017 年在美國重新上市，而他們的居家 DNA 檢測套組成為當年黑色星期五亞馬遜最暢銷的產品之一。雖然我有著諸多憂慮（或許也是正因如此），我還是訂了一個檢測套組，把自己的唾液樣本送去檢測。

　　人體幾乎每個細胞都有一個細胞核，有著我們的 DNA 複

本，也就是所謂的「生命之書」。DNA 就像是一條又一條扭曲的長梯，由核苷酸組成，存在於人體的二十三對染色體中。成對的染色體各自遺傳自雙親之一，與另一個染色體有著同一項基因的複本，序列相似，但不一定完全相同。

例如，與阿茲海默症相關的 APOE 基因（也就是 23andMe 檢測的那一個基因）有兩種主要變異類型，分別是 ε3 和 ε4。其中 ε4 會提升遲發性阿茲海默症的風險。因為染色體有兩條，每個人可能的狀況分別是 ε4 與 ε3 各有一個、ε4 有兩個、或者 ε3 有兩個。

不同的複本數就稱為你的基因型（genotype）。其中最常見的基因型是兩個 ε3 複本，所以它也成為判斷阿茲海默症風險的基準：你擁有的 ε4 變異複本愈多，罹患阿茲海默症的相關風險就愈高。

然而，要高到多少才算高？要是 23andMe 發現我有某種特定的基因型，這時的「預測風險」（也就是發病的可能性）有多少？想對他們所做出的風險預測有信心，就得在下任何結論之前，先確定他們的數學分析基礎沒有問題。

勝算比

要瞭解預測的阿茲海默症風險高低，最好的辦法就是招募一大批人來代表整個人口，再找出他們的基因組，接著定期追蹤，看誰得了阿茲海默症。有了這些具代表性的資料，就很容易比較擁有特定基因組的人跟一般人，兩者得到阿茲海默症的風險誰高誰低，這也就是所謂的「相對風險」。

　　但一般來說，這種貫時性研究（longitudinal study）的成本高得嚇人，原因在於需要大量參與者（特別是如果想研究罕見疾病），而且必須觀察一段很長的時間。

　　比較常見、但效果也比較差的做法，則是採用病例對照試驗（case-controlled trial）：招募許多已經患有阿茲海默症的參與者，再與「對照組」（背景相似、但並未患上阿茲海默症的參與者）做比較。（我們會在第 3 章提到，仔細控制這些參與者的背景至關重要。）

　　在貫時性研究中，參與者的招募並不受病況影響；但在病例對照試驗中，會傾向招募到已患有疾病的參與者，所以並無法估算該疾病在人口母群體中的發病率。這也就代表著，我們對這項疾病的相對風險預測會帶有偏見。不過，病例對照試驗確實能讓我們準確計算出所謂的勝算比（odds ratio），而無需得知在母群體的總發生率。

　　如果你賭過賽狗或賽馬，可能還記得裡面會用賠率來表達某隻狗或某匹馬獲勝的機率。在一場比賽中，獲勝機率不高的選手，可能會寫成「（冷門）賠率 5：1」，意思是如果比賽 6 次，預計這個選手會輸 5 次、贏 1 次；而獲勝的機率就是 6 場有 1 場、也就是 1/6。「賠率」一般是把「不發生某事件」的可能性比上「發生某事件」的可能性。像在這個案例中，也就是 5/6 比上 1/6，或者簡單寫成 5：1。

　　但在運動博奕中，傳統上會把較大的數字放在前面，所以如果談的是認定勝出可能性超過一半的熱門選手，就不再使用「冷門賠率」（odds against），而改用「熱門賠率」（odds on）。

「熱門賠率」與冷門賠率剛好相反，是將「發生某事件」的可能性比上「不發生某事件」的可能性。所以，如果說某位選手「熱門賠率 2：1」，指的是如果比賽 3 次，預計這位選手將會贏 2 次、輸 1 次；獲勝的機率是 2/3，落敗的機率是 1/3，因此熱門賠率也就是 2/3 比上 1/3，簡單寫成 2：1。

有時會聽到賽馬主播用「odds on」（熱門賠率）的表達法，說某匹馬是「odds on favourite」（最受看好／賠率最高的奪冠熱門。但這種說法其實有點冗贅，能用上熱門賠率的當然是奪冠熱門），通常可以預料參與這場比賽的選手並不多。原因在於，用上熱門賠率，就代表認定可能勝出的場次會超過可能落敗的場次，而且在任何比賽當中，最多也只有一位選手能用熱門賠率來表示。

在參賽選手眾多的情況下，這種事實在很難發生。以英國最著名的國家賽馬大賽（Grand National）為例，總共會有四十匹馬參賽。就連 2018 年的冠軍「虎皮卷」（Tiger Roll），既是 2019 年比賽的奪冠熱門、最後也確實贏得比賽，但當初牠的賠率也是以冷門賠率 4：1 來表達。原因在於，實在很難想像有哪匹馬能夠贏下多數場次的情形。所以在整個比賽過程中，除非另有說明，不然通常還是讓大的數字在前，用冷門賠率來表達。

但在醫療場景中，情況恰恰相反，往往是用熱門機率（也就是用「發生」比上「不發生」）來表達，而且因為通常討論的是罕見疾病（總人口盛行率不到 50%），所以通常是較小的數字在前面。

　　為了說明如何計算某項疾病機率與期望的勝算比，假設有一項病例對照研究，研究的是在 DNA 裡有一個 ε4 複本（正如我的情形），對 85 歲阿茲海默症罹病率的影響，結果如表 1。

　　如果你像我一樣有一個 ε4 複本，那麼在 85 歲時罹患阿茲海默症的機率等於罹患人數（100）除以未罹患人數（335），就是 100：335，或以分數表示為 100/335。同樣的，如果你的 DNA 是兩個普通的 ε3 複本，到了 85 歲罹患阿茲海默症的機率就是 79：956，或寫成 79/956。

　　這樣一來，勝算比就是把特定基因型（像是一個 ε4、一個 ε3）的罹病率，比上一般基因型（兩個 ε3 複本）的罹病率。根據表 1 所假設的數字，也就是將 100/335 除以 79/956，得出結果為 3.61。這裡的重點在於，勝算比並不需要知道總人口的發病率，只要用病例對照研究，就能輕鬆計算出結果。

　　雖然勝算比本身看不出相對風險高低（也就是具有 ε3/ε4 基因型的罹病風險，比起具有 ε3/ε3 基因型的罹病風險，究竟是高是低），然而我們可以結合總人口的罹病風險和已知的基因型頻率，找出特定基因型的罹病機率。

　　這種計算絕不是小事。事實上，甚至還沒有特定的方式能

表 1：假設的病例對照研究結果，研究一個 ε4 複本對 85 歲阿茲海默症罹病率的影響。

85 歲	罹患阿茲海默症	未罹患阿茲海默症
ε3/ε4	100	335
ε3/ε3	79	956

夠進行這套計算。我就曾經用了與 23andMe 相同的方法，以及該公司引用論文裡的數據，試著重現我的遺傳報告中的遲發性阿茲海默症風險。[35]（在此為感興趣的讀者說明，這套聯立方程由三個耦合方程式組成，內含三個未知的條件機率，我用了非線性的方式求解，才計算出罹病機率。我的日常工作就是在做這種有趣的事。）我發現，我得出的數字和他們的數字有著微小但重要的不同。就我的計算看來，對於 23andMe 數據的精確度似乎應該要抱持著一點懷疑。

後來，我又發現一份 2014 年的研究曾調查三大個人基因組學公司（包括 23andMe）計算風險的方式，而該研究的發現也證實了我的結論。[36] 該研究作者發現，不同公司所認定的整體人口風險、基因型頻率、所使用的數學公式並不同，於是預測出的風險也大不相同。

等到這些公司根據預測的風險，將參與者分為高風險、低風險、風險不變等等類別的時候，之間的差異就變得更明顯。該研究發現，在接受前列腺癌檢測的所有參與者中，有 65% 被三家公司中至少兩家放在截然不同的風險類別（高風險或低風險）；也就是說在幾乎三分之二的案例裡，會有某家公司認定這位參與者十分健康，但另一家則認定他患有前列腺癌的風險顯著較高。

如果先不管基因檢測本身出錯的可能性，我對於自己的第三個問題倒是有了答案：由於各家採用的數學方法不同，所以對於那些個人基因組學健康報告所提出的風險數據，應該要抱著懷疑的態度。

───── BMI 不能反映健康 ─────

　　說到 DIY 醫療保健工具，絕不只有個人化 DNA 檢測而已。現在已經有一些手機應用程式可以監控心率、評估個人的有氧適能（aerobic fitness）；也有各種包山包海的居家檢測，從過敏與血壓問題，到甲狀腺疾病，甚至是人類免疫缺陷病毒（HIV）感染，全部都能自己測。

　　然而，在昂貴的個人化 DNA 檢測、或是能夠評估你的正念程度或腹肌狀況的手機應用程式出現之前，早就有了一項最便宜、計算簡易、而且顯然無須使用高科技的個人診斷工具：身體質量指數（BMI）。BMI 的計算方式，是先測量體重（以公斤為單位），再除以身高（以公尺為單位）的平方。

　　為了方便記錄與診斷，任何人只要 BMI 低於 18.5，就歸類為「體重過輕」。「健康體重」的範圍是從 18.5 到 24.5，「體重過重」則是 24.5 到 30。BMI 大於 30 則是「肥胖」。

　　雖然很難準確預估，但肥胖有可能在全美造成高達 23%的死亡人數。全球也同樣呈現這種趨勢，只是程度沒有那麼極端。在歐洲造成過早死亡（premature death）的原因當中，肥胖是僅次於吸菸的第二大原因。幾乎在所有國家，成年人和兒童患有肥胖症的比例都在增加，盛行率在過去三十年內已經翻了一倍。

　　BMI 指數來到「肥胖」是一種警訊，代表有可能出現各種威脅生命的疾病，例如第二型糖尿病、中風、冠狀動脈心臟病、某些類型的癌症，也會提升像是憂鬱症等等心理問題的風

險。時至今日，全世界死於體重過重的人數已經超越了死於體重不足的人數。

有鑑於肥胖（甚至只是過重）給健康帶來諸多隱患，一般人可能會以為這套 BMI 指標的背後必然有強大的理論與實驗基礎。但很遺憾，真相遠非如此。事實上，BMI 是比利時的凱特勒（Adolphe Quetelet）在 1835 年首次提出，但請注意，他雖然是知名天文學家、統計學家、社會學家兼數學家，卻不是醫師。[37] 凱特勒用了一些很站不住腳的數學推論，認定成人的身高雖然各有不同，但體重大約會與身高的平方成比例。

值得注意的是，凱特勒是從總人口的平均資料算出這項統計數據，沒說這項比值對每個人都能成立。凱特勒也從未表示這項比值（又稱為「凱特勒指數」〔Quetelet index〕）可以用來判斷某個人體重過重或過輕，更別提要拿來判斷健康狀況。

BMI 判定是到了 1972 年才開始。當時，美國的肥胖症來到前所未有的程度，美國生理學家基斯（Ancel Keys，他之後也說飽和脂肪與心血管疾病有關）進行一項研究，希望找出最適合用來判斷是否過重的指標。[38] 而他最後得出與凱特勒相同的體重與身高平方比值，並主張這是用來判斷人口是否肥胖的良好指標。

從理論上來看，我們能從身高計算出應有的體重。所謂過重的人，就是體重超出了應有的數字，那麼他們的 BMI 也就更高。至於體重過輕的人，BMI 則相對較低。基斯的 BMI 公式非常簡單，因此廣受歡迎。

隨著人類過重的情況愈來愈普及，加上某些有害健康的指

標與肥胖的關聯愈來愈明確，流行病學家也開始採用 BMI 來追蹤各種與過重相關的危險因子。在 1980 年代，世界衛生組織、英國國家健保局（NHS）與美國國家衛生研究院（NIH）都正式以 BMI 這個數值來定義所有人是否患有肥胖症。在英美兩地，保險公司現在也常常使用 BMI 來計算要收取多少保費，甚至拿來決定是否接受投保。

　　雖然說比較肥胖的人通常 BMI 也比較高，但或許不難想見，這種原則不見得人人適用。BMI 有一個大問題，就是把肌肉和脂肪混為一談。這件事之所以重要，是因為「身體脂肪過多」確實是心血管代謝風險的良好預測指標，但 BMI 則不是。如果我們換個方法，以體脂百分比高低來定義肥胖，在 BMI 認定未到達「肥胖」等級的男性中，將約有 15% 至 35% 被重新歸到「肥胖」等級。[39] 像是有些「瘦胖子」（skinny-fat，又稱「泡芙人」），肌肉量低、體脂很高，但體重算來又在正常 BMI 值，就屬於一般未能察覺的「正常體重但肥胖」類別。

　　最近一項針對四萬名參與者的跨族群研究發現，BMI 落在正常範圍內的人當中，有 30% 心臟代謝不良。看起來，比起光看 BMI 數據會以為的情況，肥胖症的危機似乎要嚴重得多。但事實證明，BMI 對肥胖症的診斷雖有不足，但也有過度之處。同一項研究發現，BMI 分類為過重的人當中有高達二分之一、分類為肥胖的人當中有超過四分之一，其實代謝功能相當健康。

　　分類錯誤，就可能影響我們在測量與記錄人口肥胖程度的正確性。但或許更令人擔憂的是，如果因為 BMI，就把健康

的人判斷為過重或肥胖，可能對心理健康造成不利影響。[40] 像是記者兼作家芮德（Rebecca Reid）就曾在青少年時期出現飲食障礙。

當時她去上了一堂生物學的課程，課程裡告訴她如何測量自己的 BMI 值。雖然芮德過去對自己的體態十分滿意，但一測 BMI，竟發現自己屬於「過重」類別。於是她開始嚴格的飲食和運動計畫，在短短幾週內減了近五公斤。她限制自己每天只能吃四百大卡，一度昏倒在臥室裡。但她沒節食的時候，卻又會暴飲暴食，接著再懲罰自己，用催吐來彌補。對芮德來說，BMI 被歸在「過重」並不是什麼善意提醒，能鼓勵她多做運動，而是「摧毀信心的卡車喇叭」。

患有飲食障礙的人，就算已經歷盡艱難，終於願意承認自己生了病而願意求助，有時甚至會因為他們的 BMI 在「健康」範圍而遭到拒絕。諷刺的是，不論體態或身形，那些從飲食障礙中恢復的人，通常要 BMI 達到 19（幾乎在「健康」範圍的下限），才會被認定已「康復」。

無論是胖是瘦，BMI 顯然都不是健康的準確指標。我們應該改為直接測量「體脂率」，畢竟體脂率和心臟代謝的指標密切相關。為此，讓我們向西西里島上古老的城市國家敘拉古（Syracuse）借用一個已有兩千年歷史的概念。

我找到了！

大約在公元前 250 年，敘拉古國王希倫二世（Hiero II）請了傑出數學家阿基米德（剛好就住在當地）來解決一個麻煩問

題。當時國王請了一位金匠製作金王冠，但王冠完工後，國王聽說這位金匠似乎並不誠實，擔心金匠偷偷用了一些合金或更便宜、更輕的金屬來取代黃金，於是他下令阿基米德查明這頂王冠是不是假貨，而且要求不能從王冠上採樣檢查，也不能讓王冠外觀受到破壞。

這位著名數學家發現，要解開這個問題必須從王冠的密度下手。如果王冠的密度小於純金，就代表金匠動了手腳。在計算純金密度的時候，只要拿一塊形狀規則的金塊，計算體積、稱重找出質量，將質量除以體積就是密度。到目前為止，一切都很順利。阿基米德只要再拿王冠重複這些步驟，就能比較兩者的密度了。然而，稱出王冠的重量雖然很簡單，但王冠的形狀並不規則，所以計算體積就麻煩了。

這個問題讓阿基米德苦惱了好一陣子。某天，阿基米德決定去泡個澡，在泡進放滿水的浴缸之後，他發現有些水溢出來了，他立刻意識到這些溢出的水量正等於自己不規則形狀身體所浸入的體積。這下，他就有辦法測量王冠的體積，也就能夠計算出王冠的密度。

根據古羅馬作家維特魯威（Vitruvius）的記載，阿基米德對這項發現欣喜若狂，他立刻跳出浴缸，在大街上裸奔高喊著「我找到了！」（Eureka!）而這正是今日英文「eureka」一詞的起源。

就算到了今日，我們還是會用阿基米德的「排水置換法」來計算不規則形狀物體的體積。像是如果你想吃得健康一點，就可以算算把不規則形狀的蔬果水果打磨之後，可以做出多少

蔬果昔。另外也可以用盡力氣吹氣到一個空的氣密袋裡，封住袋口放進水中，再用阿基米德的原理，計算自己運動幾週後的肺活量是否有所提升。

雖然一般聊到這個故事的時候，總把排水置換法講得無比勇猛，但遺憾的是，阿基米德在實務上不太可能真用這種辦法來解決問題。如果真要這樣解決問題，阿基米德測量王冠置換了多少水量的時候必須極度精確，然而在操作時幾乎不可能做得到。阿基米德真正解決問題的辦法，更有可能是運用流體靜力學（hydrostatics）的一項相關概念，也就是所謂的阿基米德原理（Archimedes' principle）。

阿基米德原理是指：放置在流體（液體或氣體）中的物體，受到的浮力等於它所排開的流體重量。換言之，物體浸入水中的體積愈大，排開的流體就愈多，受到抵消重量的作用力也愈大。這樣一來，就能解釋為何超大型的貨輪能夠不沉入海中：因為貨輪加上貨物的重量，還不如排開海水的重量。

這項原理也跟密度十分相關：畢竟密度就是物體的質量除以體積。如果物體的密度大於水，重量就會大於排開置換水的重量，於是浮力不足以抵消物體的重量，進而物體就會下沉。

運用這個概念，阿基米德要做的就是找來一個天平，一邊放上王冠，另一邊放上質量相同的純金。在空氣裡的時候，天平會保持平衡。但等到把天平兩側放進水裡，如果王冠有造假（體積也就會大於密度較高的純金），就會排出更多水、受到更大的浮力，也就會讓天平這一側上升。

要精準計算人類體脂的時候，用的正是阿基米德的這套原

理。受試者先在正常情況下量體重，接著完全沒入水中，坐在水中連結一套磅秤的椅子上，重新量體重。根據兩次量測的結果差異，可以算出個人在水下受到的浮力，既然水的密度已知，就能反過來計算個人的體積。接著，再把體積數字結合人體脂肪與肌肉成分的密度數字，就能用來估算個人的體脂率，更準確的評估健康風險。

───── 上帝方程式 ─────

　　在現代醫學當中，BMI 只是諸多數學工具之一。其他數學工具有的只是簡單的分數，可以用來計算藥物劑量，也有的是複雜的演算法，可以用來重建電腦斷層掃描得到的圖像。在英國醫療保健體系裡，無論是爭議性、重要性或影響層面，有一項公式就是特別突出。這裡說的正是所謂的「上帝方程式」（God equation），這套方程式決定了英國國家健保局會支付哪些新藥的費用，實際上也就是決定了哪些病人能活下來、哪些病人又將死去。如果你的孩子患上絕症，你可能認為只要能再爭取多一點點時間，再高的代價也不算太高。但「上帝方程式」並不這麼認為。

　　2016 年 11 月，丹妮雅拉（Daniella）和約翰・艾斯（John Else）十四個月大的兒子魯迪（Rudi）被送往雪菲爾德兒童醫院（Sheffield Children's Hospital），接上呼吸器幫助呼吸。醫師告訴艾斯夫婦，魯迪可能撐不過那個晚上。魯迪出現了一種常見的胸部感染，大多數兒童都能順利康復，但大多數兒童並不像

他患有脊髓性肌肉萎縮症（Spinal Muscular Atrophy, SMA）。

魯迪六個月大的時候，醫師還不知道他生了什麼病，丹妮雅拉和約翰是因為發現約翰親戚的兒子也患有同樣的疾病，才終於確認兒子罹患 SMA。這種漸進性肌肉萎縮症的預期壽命只有兩年。幸好百健（Biogen）公司奇蹟般的研發出一種名為「脊瑞拉」（Spinraza）的藥物，可以停止、甚至是逆轉 SMA 造成人體衰弱的作用。

對魯迪這樣的 SMA 患者來說，脊瑞拉有可能讓他們的生命有所改善或延長，但魯迪在醫院裡和死神搏鬥的那時，2016 年的英國還無法讓他們免費取得這種藥物。

理論上來說，如果是在美國，只要 FDA 核准銷售某種藥物，病患就能取得這種藥物。實務上，對於昂貴或可能有風險的藥物，大多數保險公司都會有一份「事先審核」（prior authorization）清單，必須先確定病患符合清單上所列出的條件，才能進行治療。脊瑞拉在 2016 年 12 月得到 FDA 核准，所以每家保險公司的事先審核清單上，都有脊瑞拉這項藥物。

只不過，想在美國取得醫療保健服務，還得先看你買不買得起醫療保險。2017 年，有 12.2% 的美國人沒有醫療保險，而美國至今仍是唯一一個沒有全民醫療保險的工業化國家。

相較之下，英國有全民醫療保健服務，在使用當下無須付費，而且多半會由人民的稅金支出。在英國，藥物的安全性與藥效是由歐洲藥物管理局（EMA）與藥物與保健產品法規管理局（MHRA）負責監督核准。2017 年 5 月，EMA 已核准使用脊瑞拉，但因為英國國家健保局預算有限，並不是每種上市的

新療法都能得到核准。畢竟只要做出某種決定，就可能對社會服務造成排擠、讓癌症患者無法得到診斷或治療設備，又或讓新生兒照護部門的人力不足。這些艱難的抉擇，就交由英國國家健康與照顧卓越研究院（NICE）來做決斷，而在藥物方面，NICE 有一套行之有年的公式，確保決策客觀。

　　這套「上帝方程式」的目的，就是在某項藥物給某位病患所帶來的「健康益處」、與英國國家健保局必須為此額外付出的代價之間，找出一個平衡點。但在這裡，要判斷所謂的「健康益處」十分困難。舉例來說，假設 A 藥物能讓某位患者降低心臟病發生率，但 B 藥能讓另一位癌症患者延長壽命，兩者究竟如何比較孰優孰劣？

　　為此，NICE 使用的通用標準為「生活品質調整後存活人年」（Quality adjusted life year, QALY）。要比較新療法與現有療法的時候，QALY 除了考慮藥物可能延長壽命的程度，還會考慮藥物帶來的生活品質。同樣是一個 QALY，可能代表的是某種抗癌藥物能讓患者延長兩年壽命，但只能維持 50% 的健康程度；又或者可能是某種膝關節置換手術，雖然不會讓患者的十年預期餘命變長，但能讓這段時間的生活品質提高 10%。如果能夠成功治癒睪丸癌，可能取得的 QALY 將會非常高，原因就在於患者通常還很年輕，於是能讓預期餘命大大延長，而生活品質也不會降低。

　　等到取得可靠的 QALY 數字，就能比較新舊療法的 QALY 與成本差異。如果會造成 QALY 減少，新療法就完全不用考慮；如果 QALY 會增加，而且成本還降低，那麼顯然就該採

用更有效也更便宜的新療法。

　　但大多數情況是 QALY 和成本會同時上升，這時就還是得由 NICE 做出決定，以增加的 QALY 除以增加的成本，計算出「增加成本效益比」（incremental cost effectiveness ratio, ICER）。ICER 所代表的，就是每增加一個 QALY 需要增加多少成本。一般來說，NICE 設定的 ICER 上限是每一個 QALY 不能超過兩萬到三萬英鎊。

　　2018 年 8 月，SMA 病患及家屬（包括艾斯夫婦和寶寶魯迪）憂心忡忡，不知道 NICE 是否會批准脊瑞拉在英國國家健保局的使用。NICE 確實知道脊瑞拉能為 SMA 患者「提供重要的健康益處」，而且這項藥物對生活品質的改善也極為正面，預計能大幅提升 QALY。

　　但是，這項藥物所造成的額外成本高達 2,160,048 英鎊，也就是每提升一個 QALY，就必須支出超過四十萬英鎊，遠遠超出 NICE 能接受的上限。雖然 SMA 病患與照護者的證詞令人動容，但就上帝方程式看來，唯一的結果就是英國國家健保局不得給付脊瑞拉。

　　對艾斯一家來說，幸好魯迪得以參加百健藥廠的特別用藥計畫（expanded access programme），讓患有第一型 SMA 的嬰兒能夠注射這種藥物。2019 年 2 月，魯迪接受了第十次注射，現在已經是個活潑的三歲寶寶，大幅超越未接受脊瑞拉藥物的第一型 SMA 患者預期壽命。但對英國的 SMA 患者來說，脊瑞拉這種能夠挽救與延長生命的藥物，至今仍未得到 NICE 核准。

假警報

我們可以說,之所以有「上帝方程式」,是希望不要用人類的主觀來做出攸關生死的困難抉擇,而改用客觀的數學公式來控制。這種觀點利用了數學看似公正客觀的特性,卻沒體認到主觀決策仍然存在,只不過是在更早的階段,以「生活品質」和「成本效益上限」的形式呈現。關於數學這種表面上的公正,會在第 6 章進一步討論,檢視日常生活中各種演算法最佳化的應用。

在醫療保健系統當中,官僚機構常常是遠遠的躲在幕後,做著各種看不見的決策;但相較之下,數學卻是在第一線的醫院裡拯救著生命。我們很快就會看到,數學正在一個特別重要的領域開始發揮影響力:減少加護病房(ICU)的假警報。

所謂的假警報,通常指的是警報遭到觸發,但並非出自原本想偵測的原因。這並不少見,像是在美國,防盜警報響起的時候,竟有高達 98% 會被認為是假警報。這也讓我們不禁想問:「這樣到底要警報做什麼?」等到我們覺得這些警報可能都是假警報,就會更懶得去檢查真正的起因。

我們太過習慣的警報絕對不只防盜警報。每次家裡的煙霧偵測器響聲大作,我們通常都是打開窗戶,然後把麵包上烤焦的那一層給刮掉。聽到汽車警報器響起的時候,也很少有人會從沙發上站起來,把頭伸到窗外看看是怎麼回事。等到我們開始覺得警報是種麻煩而非幫助、不再相信這些警報,就可以說是「警報疲乏」。這會產生問題,因為如果我們太習慣聽到警

報而懶得回應、又或是覺得太煩而乾脆關掉警報，警覺程度其實比一開始沒有警報時來得更低；威廉斯一家人就為此付出了慘痛的代價。

麥琦拉・威廉斯（Michaela Williams）上國中的時候，一直夢想著成為時裝設計師。但已經有很長一段時間，她一直感覺喉嚨痛得十分頻繁且難耐。雖然青少年切除扁桃腺會比兒童更容易出現併發症，但麥琦拉和家人最後還是決定動手術，希望能提升生活品質。於是在她十七歲生日三天後，麥琦拉到當地一家外科中心掛了門診，手術花不到一小時，麥琦拉就已經被帶到恢復室。

醫院告訴她母親手術成功，當天晚一點就能帶女兒回家。而為了減輕麥琦拉在恢復室的不適，醫院開給她一些吩坦尼（Fentanyl，一種強力鴉片類止痛藥）。吩坦尼有一種已知但相對罕見的副作用，可能造成呼吸抑制，所以為了安全起見，護理師先為麥琦拉接上監視器監控生命體徵，接著才去照顧其他病人。麥琦拉床邊有隔簾，但只要病情一有惡化，監視器應該就會迅速提醒護理師——前提是監視器沒有關成靜音。

當時恢復室有許多病患需要照顧，但監視器總是發出各種假警報，對護理師造成困擾，影響工作效率。如果需要不斷放下手頭的病患，跑去重設另一位病患的監視器警報，不僅會浪費護理師寶貴的時間，也會讓注意力受到影響。因此護理師找出了一種簡單的解決方案，好讓工作能夠繼續而不受打擾：在恢復室裡，已經習慣把監視器的音量調低、甚至直接關成靜音，以避免假警報揮之不去。

在隔簾拉上後不久，吩坦尼開始使麥琦拉的呼吸能力嚴重下降。此時，已經觸發肺部換氣不足的警報，但隔著隔簾，沒人能夠看到閃光，當然也沒人聽到任何聲響。麥琦拉的血氧濃度持續下降，神經元開始失控放電，形成混亂的電流風暴，對大腦帶來無法彌補的損傷。等到再有人來檢查，已經是她使用吩坦尼的二十五分鐘後；她的大腦嚴重受損，再無一絲生存希望。十五天後，麥琦拉過世。

過濾雜訊

對於像麥琦拉這種正從手術中恢復、又或是需要待在加護病房中的患者，如果能有監視器監控他們的生命體徵、檢測心率、血壓、血氧濃度及顱內壓等等數值，顯然是好事一件。一般來說，這些監視器的設定是如果檢測到的數值超出上下限，就會觸發警報。但在加護病房裡，約有 85% 自動發出的警報都是假警報。[41]

誤報率之所以這麼高，原因有二。第一，不難想見，加護病房裡的警報會設得非常敏感：發出警報的門檻值其實十分接近正常生理狀況，才能確保即使只是稍有異常就能發出警訊。第二，這裡的警報不用等到異常持續一段時間，而是一超出門檻值就會立即觸發。兩者結合起來，就會變成即使只是血壓在一瞬間稍微升高一點，就足以觸發警報。雖然這個小高峰也可能代表著危險的高血壓，但有更大的可能只是某種自然波動、又或是設備的雜訊所造成。然而，如果血壓是在一段持續的時間內都維持偏高，就比較不可能是出於測量問題。幸好數學就

有一種簡單的辦法，能夠解決這項問題。

這種辦法稱為「過濾」或「濾波」（filtering），也就是將某個特定時點的訊號替換成相鄰時點訊號的平均值。這件事聽來複雜，但其實我們一直都會把資料加以過濾。像是氣候科學家如果說「去年是有紀錄以來最熱的一年」，並不是在比較每天的溫度數據，而是計算出一年所有天數的溫度平均，抹去那些每日的溫度波動，讓結果更容易比較。

經過濾波之後，訊號會變得比較平整，那些高峰低谷也比較不明顯。如果你在光線不足的時候用數位相機照相，因為需要的曝光時間較長，畫質也就常常出現顆粒感，有時會在一片陰暗的區域突然出現明亮的點，或是在明亮的地方出現暗點。由於數位相片像素的亮度是用數值表示，所以這時候如果進行過濾，就會將相鄰像素的數值加以平均，替換掉原本的像素數值，這樣就能抹去雜訊，而得到更平滑的圖片成果。

過濾的時候，有不同的平均數（average）可供選用。其中我們最熟悉的就是算術平均數（mean）。在計算算術平均數的時候，需要把資料集裡的所有數值相加，再除以數值個數。舉例來說，如果想知道白雪公主與七個小矮人的平均身高，就是把他們的身高相加，再除以八。這個平均數會因為白雪公主而產生偏差，畢竟她相對就是高出一截，讓她在整個資料集裡成了異常值。

考量到這一點，中位數（median）其實是更具代表性的平均數。想知道這群人的身高中位數，做法是將七矮人和白雪公主依身高排成一排，找出排在隊伍中間的人，看他身高多少。

因為我們的例子裡總共有八個人（偶數），並沒有哪個人真正排在中間，所以我們就會取中間兩位，將他們的身高平均做為中位數。相較於算術平均數會被白雪公主身高這個異常值所影響，使用中位數就能避免這種偏差。

出於同樣的原因，講到平均所得的時候，用的常常也是中位數。如圖4所示，社會中那些超富裕人士的所得常常會使算術平均數發生偏差（下一章就會談到，在法庭上也可能發生這種由數學造成的誤導）。如果想知道的是「典型」家庭一般有多少可支配所得，中位數會是比算術平均數更適當的選擇。

當然也有一種說法認為，不論是白雪公主的身高、或是超富裕人士的所得，既然它們同樣就是在這個資料集裡，統計時

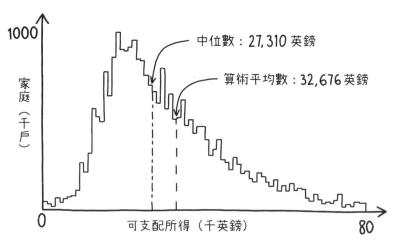

圖4：2017年英國家庭（稅後）可支配所得（千英鎊）分布圖。在這裡，應該可說中位數（27,310英鎊）比算術平均數（32,676英鎊）更能代表「典型」家庭的可支配所得。

就不該視而不見。雖然這樣說來也有道理，但這裡強調的是，無論算術平均數或中位數，都不能說是絕對的客觀正確。不同的平均數，會在不同的地方派上用場。

想把數位影像上的雜訊顆粒濾掉，要做的是抹掉錯誤像素值的影響。在取相鄰像素值進行平均的時候，如果是採用算術平均數來進行過濾，只能讓那些極端值變得較為緩和，並無法完全消除。相對的，如果是用中位數來進行過濾，就能完全濾掉那些出現極端雜訊的像素。

出於同樣的原因，加護病房的監視器也開始使用中位數過濾來避免假警報。[42] 做法就是不斷計算連續幾個讀數的中位數，一定要在中位數持續一段時間（雖然時間仍然很短）都超出門檻值的時候，才會觸發警報，而不是出現單一特高或特低讀數時就觸發。運用中位數過濾，就能既不影響患者安危，又能讓加護病房監視器的假警報有高達 60% 的降幅。[43]

二元性檢測的限制

假警報這種錯誤，可以歸類在「偽陽性」（false positive）這個更大的錯誤類別裡。顧名思義，所謂的偽陽性，指的是以為某種情況或特性存在，但其實並不存在。一般來說，二元性（binary）檢測才會出現偽陽性的錯誤。

所謂的二元性檢測，代表結果只會有陽性或陰性這兩種。如果是醫學檢驗，偽陽性錯誤就是把沒病的人誤判為有病；如果是在法庭上，偽陽性錯誤就是無辜的人被誤判為有罪。（下一章還會再提到許多這種受害者。）

表 2：二元性檢測的四種可能結果。

預測的情形	真實的情形	
	陽性	陰性
陽性	真陽性	偽陽性
陰性	偽陰性	真陰性

　　二元性檢測可能出現的錯誤有兩種。從表 2，我們可以看到二元性檢測的四種可能結果（兩種正確、兩種錯誤）。而錯誤的類別除了偽陽性，另一種則是偽陰性。

　　如果是疾病檢驗，你可能會認為偽陰性所造成的問題比較大，畢竟這代表病患其實生了病，卻以為自己很健康。本章後面就會提到一些因為偽陰性而最後猝不及防的受害者。然而，偽陽性也有可能造成一些讓人意外的嚴重後果，只是原因完全不同。

———— 大型篩檢 ————

　　以疾病篩檢為例。篩檢就是針對特定疾病的大規模檢測，對象則是無症狀的高風險族群。舉例來說，英國要求五十歲以上女性定期進行乳房篩檢，原因就在於這個族群罹患乳癌的風險較高。不過，醫學篩檢結果的偽陽性問題最近卻引發了各種

激烈討論。

　　英國女性當中，未診斷出的乳癌盛行率約為 0.2%。意思是在任何時刻，英國每一萬名未經診斷的女性當中，預計就有二十名罹患乳癌。這聽起來並不多，但其實是因為乳癌多半很快就會被發現。實際上，一生中會診斷出乳癌的女性足足有八分之一。而在英國，罹患乳癌的婦女約有十分之一在確診時已經來到晚期（第三或第四期），這會顯著影響長期存活率，可見定期做乳房 X 光篩檢確實至關緊要，特別是針對處於好發年齡的女性。然而，乳房篩檢有著一個大多數人都不知道的數學問題。

　　英國北安普敦（Northampton）的丹尼爾絲（Kaz Daniels）是三個孩子的媽。2010 年，她剛滿五十歲，第一次接受定期乳房 X 光篩檢。一週後，她收到信，要求她在兩天後立刻回診，做進一步檢查。可以想見，這項要求看來如此急迫，令她驚慌失措。在接下來這兩天，她緊張到吃不下、睡不著，一心想著如果真有乳癌要怎麼辦。

　　大多數會接受乳房 X 光篩檢的患者，大概都認為這種方式十分準確。這也沒錯，對於確實患有乳癌的人來說，這項篩檢大概十次有九次能發現乳癌病灶；對於並未患上乳癌的人來說，這項篩檢則是十次有九次能正確告訴妳，妳確實沒有罹患乳癌。[44] 丹尼爾絲知道這些統計數字，又收到了乳房 X 光篩檢陽性的結果，於是認為自己大概真的罹患乳癌了。但根據一項簡單的數學原理，就能看出事實正好相反。

　　在五十歲以上女性（也就是被要求接受定期篩檢的女性）

當中，未診斷出的乳癌盛行率略高於一般女性族群，估計約為 0.4%。圖 5 將這 10,000 名五十歲以上女性的命運畫成分枝圖。我們可以看到，其中平均來說只有 40 位確實罹患乳癌，另外 9,960 位則並未罹癌。然而，這 9,960 位又有 1/10（也就是 996 位）雖然並未罹癌，卻被誤診為陽性。再與得到正確診斷罹癌的 36 位婦女相比較，這意味著如果篩檢結果為陽性，其實正確率只在 1,032 例中占了 36 例，也就是 3.48%。

　　篩檢呈現陽性、也確實是陽性的結果，所占的比例就稱為這種篩檢的精確度。在 1,032 名診斷為陽性的婦女當中，只有 36 名確實罹患乳癌。換句話說，如果你做了乳房 X 光篩檢，而結果是陽性，其實你極有可能仍然並未罹患乳癌。雖然篩檢

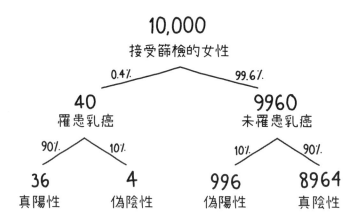

圖 5：接受篩檢的 10,000 名五十歲以上女性當中，有 36 名會正確診斷為陽性，但還有 996 名雖然根本沒生病，卻會被誤診為陽性。

本身看似相當「準確」，但由於這項疾病的盛行率太低，也就讓這項篩檢非常不「精確」。

　　無論是可憐的丹尼爾絲，或是許多接受此類篩檢的女性，都不知道這一點。事實上，面對乳房 X 光篩檢呈現乳癌陽性的結果，連許多醫師也不知道該如何詮釋。2007 年，研究一共請來一百六十位婦產科醫師，告知以下關於乳房 X 光篩檢準確性及乳癌盛行率的資訊：[45]

　　— 女性罹患乳癌的機率為 1%（盛行率）。

　　— 如果女性罹患乳癌，篩檢呈現陽性的機率為 90%。

　　— 如果女性並未罹患乳癌，篩檢仍然呈現陽性的機率為 9%。

　　接著給這些醫師一道選擇題，請他們選擇在患者篩檢呈現陽性時，哪項陳述最能正確說明她確實罹患乳癌的可能性：

　　A. 她確實罹患乳癌的可能性約為 81%。

　　B. 在乳房 X 光篩檢呈現陽性的女性當中，十位約有九位患有乳癌。

　　C. 在乳房 X 光篩檢呈現陽性的女性當中，十位約有一位患有乳癌。

　　D. 她確實罹患乳癌的可能性約為 1%。

　　其中，最多婦產科醫師選的是 A，認為乳房 X 光篩檢呈現陽性的時候，有 81% 是正確的（大約是十次有八次正確）。他們對了嗎？讓我們根據圖 6 這棵更新後的決策樹，找出正確的答案。

　　在背景盛行率為 1% 的情況下，隨機挑選 10,000 名婦女，

平均就有 100 名患有乳癌。在這些婦女當中，有 90 位可以透過乳房 X 光篩檢，正確診斷罹患乳癌。而在 9,900 名並未罹患乳癌的女性當中，有 891 名會被誤診為罹患乳癌。於是，在總共 981 名篩檢呈現陽性的婦女當中，只有 90 名婦女（約占 9%）確實罹患乳癌。令人憂慮的是，這些婦產科醫師大大高估了真正的數值。大約只有五分之一的醫師選擇了正確的答案 C；如果他們只是在四個選項裡亂猜，答對的機率還可能更高。

在這次的事件中，丹尼爾絲經過後續掃描，也果真如同比較可能的結果，她並未罹患乳癌。雖然大多數篩檢結果呈現陽性的婦女，都得承受這樣的心情煎熬，但乳房 X 光篩檢次數愈多（多數篩檢計畫都會要求定期重複篩檢），出現偽陽性的

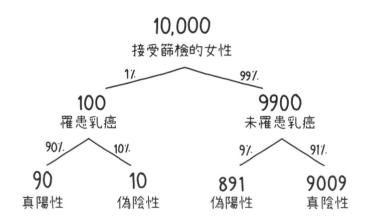

圖 6：在這道假設性的選擇題中，這 10,000 名婦女有 90 名能正確診斷為乳癌陽性，但有 891 名雖然並未罹患乳癌，診斷結果卻仍然是陽性。

機會也愈高。

假設每次篩檢出現偽陽性的機率如前面圖 5 所示，都同樣是 10%（0.1），而正確診斷為真陰性的機率是 90%（0.9）。經過七次獨立篩檢後，從未收到偽陽性的機率（0.9 乘 0.9，連續乘上六次；或寫成 $(0.9)^7$）就只剩不到一半（約 0.48）。

換句話說，即使是並未罹患乳癌的人，只要做過七次乳房 X 光篩檢，就有超過一半的可能性會收到偽陽性的結果。目前英國政府要求女性五十歲以後每三年做一次乳房 X 光篩檢，這樣一來，女性一生應該都會至少收到一次偽陽性的通知。

───── 確定性的假象 ─────

當然，看到偽陽性的頻率這麼高，難免讓人開始懷疑醫療篩檢的成本效益究竟如何。如果偽陽性比率太高，可能會對心理有害，並讓民眾推遲、甚至取消未來的乳房 X 光篩檢。

然而，醫療篩檢的問題不只是單純的偽陽性而已。在《英國醫學期刊》（*British Medical Journal*）上，英國國家篩檢計畫（National Screening Programme）前負責人格雷（Muir Gray）就指出：[46]「所有篩檢計畫都會造成傷害；只是有些也能帶來好處，而在帶來好處的計畫當中，有些能以合理的代價，帶來利大於弊的結果。」

有個問題特別值得一提：篩檢可能會造成過度診斷（over-diagnosis）的現象。雖然乳房篩檢讓我們檢測到更多癌症，但其中有很多癌症非常微小、或是生長緩慢，就算這輩子都沒檢

測到，其實也不會對這位女性造成任何問題。然而，一般大眾多半聞「癌」色變，於是許多人寧可接受各種根本沒必要的痛苦療程或侵入性手術（這些建議常常還是醫師給的）。

其他的大規模篩檢計畫，包括子宮頸癌抹片檢查（第 7 章談到疫苗接種計畫的成本效益及平等性的時候，還會再談到這項疾病）、前列腺癌的攝護腺特異抗原（PSA）檢測、肺癌篩檢等，也都引發類似的爭議。因此，我們實在有必要瞭解「篩檢」與「診斷檢測」（diagnostic test）的不同之處。

我們可以把篩檢比喻為企業徵才的過程。在第一階段中，雇主可以透過最初的申請表，訂出幾項理想員工的條件，有效率的挑選名單，再請他們來面試。同樣的，篩檢就像是對廣泛民眾灑出一張包山包海的大網，希望能撈出病情尚未進展到出現明顯症狀的人。

這樣的檢測通常沒有那麼精確，但能以較具成本效益的方式，檢測大批民眾。經過第一階段後，雇主才會開始運用需要投入較多資源、也能夠得到更多資訊的方式（像是評量中心法〔assessment centre〕或是面談），最後決定該聘用哪些應徵者。同樣的，如果篩檢發現某些人可能染病，就能進一步採用比較昂貴、但也更準確的診斷檢測，進一步確認或駁回當初的篩檢結果。

在收到面試通知的時候，你應該不會以為自己已經找到工作了吧？同樣的，你也不該光是因為篩檢結果呈現陽性，就以為自己已經生病。如果某種疾病的盛行率並不高，篩檢找出的偽陽性會比真陽性還要多。

　　在醫療篩檢當中，偽陽性之所以會造成問題，部分原因也在於我們總對醫療檢測的結果深信不疑。這種現象通常稱為「確定性的假象」（illusion of certainty）。我們想方設法，急著想得到某個確定答案（特別是在醫學方面），結果就忘了該對相關結果抱著必要的懷疑。

　　2006 年，針對一系列各種檢測，德國有一千名成年人接受調查，詢問他們認為這些檢測是否 100% 正確。[47] 其中，雖然有 56% 正確指出乳房 X 光篩檢有可能不準確，但絕大多數人相信 DNA 檢測、指紋分析與 HIV 檢測可以達到 100% 正確；事實絕非如此。

　　2013 年 1 月，記者史騰（Mark Stern）發燒在床上躺了一個禮拜。他和他的新醫師約了看診，而醫師覺得最好抽血做做各種檢查。

　　幾週後，史騰已經完成服用抗生素的療程，覺得好多了。某天，他獨自待在華盛頓特區的公寓裡，電話響了起來，另一頭是醫師拿著他的檢測報告。史騰對於接下來聽到的消息完全沒有心理準備。

　　醫師說：「你的酵素免疫分析（ELISA）檢測結果呈現陽性。這應該代表你感染了 HIV。」史騰甚至完全不知道醫師做的檢測包括酵素免疫分析（或是後續的西方墨點法〔Western blot〕），但現在面對這項證據和醫師的建議，他也只能先靜下心來，接受這項令人震驚的 HIV 陽性診斷結果。掛上電話之前，史騰的醫師建議他隔天再來做一次檢測，以確認結果。

　　當晚，史騰和男友重新看過他們最近幾個月的 HIV 陰性

檢測結果，再試著回憶從上次檢測到這次的期間，有什麼事件可能導致感染 HIV。由於兩人已經進入單一配偶關係，而且都從事安全性行為，他們實在想不到有任何可能。該夜，兩人輾轉難眠。

隔天早上，史騰依然驚慌、困惑，加上失眠疲憊，就趕快去找了醫師。醫師為他抽血，要寄到實驗室做 RNA 檢測來確認結果。醫師還重申，他認為史騰一定是 HIV 陽性，建議當場再做一次快速免疫分析檢測，好確認他的想法。

等待分析檢測結果出爐的時候，可說是史騰這輩子最久的二十分鐘，不斷想著如果真的染上 HIV，人生會變成什麼樣。雖然社會氛圍已經有所不同，染上 HIV 不再是個受汙名化的死刑判決，但他知道如果一旦確診，會讓他開始對自己的人生產生各種重新評估與質疑，尤其是自己一開始究竟是怎麼染上 HIV 的。

痛苦的等待結束，檢測的結果視窗並沒有出現紅線，是陰性。這就像是射出了一道小小的希望之光，穿透重重烏雲、照亮史騰心中那片混亂的景象。兩週後，史騰收到更為準確的 RNA 檢測結果：也是陰性。等到進一步的免疫分析檢測同樣是陰性，醫師才終於相信史騰並未感染 HIV。

事實上，醫師一開始幫史騰做的酵素免疫分析和西方墨點法檢測，結果本來就不明確。在酵素免疫分析檢測中，確實看到抗體量提升，代表檢測為陽性。但在史騰接受檢測的時候，酵素免疫分析大約有 0.3% 的偽陽性率。[48] 從他的西方墨點法檢測（較為準確，本來就是為了判斷這種偽陽性的狀況）結果

看來，是實驗室失誤才導致出現陽性。

　　然而，史騰的醫師從來沒遇過實驗室失誤，於是對結果有了錯誤的詮釋。他之所以會如此診斷，有可能是因為知道史騰是同性戀者而產生偏見，認為他是 HIV 的高危險群。至於史騰，也是受了確定性的假象影響，於是相信醫師判斷正確、檢測準確無誤。

———— 測兩次比測一次好 ————

　　很多人其實不太瞭解，二元性檢測（有兩種結果）的「準確」究竟是什麼意思。事實上，檢測的「準確」可以從兩種方面來談。對於絕大多數健康、未染病的人來說，檢測「準確」代表這些人確實沒有得病，也就是「真陰性」。由於未染病的人會有兩種檢測結果：真陰性與偽陽性，所以真陰性的比例愈高，偽陽性的比例就愈低，檢測也就愈準確。

　　實務上，我們把真陰性的比例稱為檢測的「專一性」（specificity）。如果某項檢測具備 100% 的專一性，代表唯有真正患上該疾病的人，才會測出陽性，也就是沒有偽陽性。

　　然而，具有完全專一性的檢測卻無法保證，一定能測出患有該疾病的人。將心比心，你難道不想在第一時間就查出自己得了病嗎？在此就有另一種「準確」的概念，是由確實染病者的角度出發，指的是能夠測出「真陽性」。實際上確實染病的人的檢測結果分成：真陽性與偽陰性，而真陽性的比例就稱為檢測的「敏感性」（sensitivity）。如果某項檢測具備 100% 的

敏感性，指的是能夠讓所有染病的患者都知道自己得了病。

　　除了專一性和敏感性，如果想知道的是某項檢測的精確度（precision），計算方式是先找出真陽性的個數，再除以真陽性與偽陽性個數的總和。以本章前面提過的乳癌篩檢為例，精確度只有 3.48%，實在低得誇張。至於「準確度」（accuracy）一詞通常有特定用途，只用來指稱「真陽性與真陰性的人數總和，除以參加檢測的人數」。這麼做很有道理，因為這是檢測能夠提出正確結果的次數比例。

　　回到史騰所做的 HIV 酵素免疫分析檢測，我們其實很難確定它的錯誤率究竟有多高。但大多數研究都認定，這項檢測的專一性大約是 99.7%，敏感性則接近 100%。如果檢測結果為陰性，代表這位受測者幾乎肯定沒有 HIV；但平均而言，每 1,000 名 HIV 陰性的人當中，會有 3 名被誤診為 HIV 陽性。

　　在英國，HIV 的盛行率只有 0.16%。如果根據圖 7，隨機篩選 100 萬位英國公民，平均應該會有 1,600 人為 HIV 陽性，剩下的 998,400 人則為陰性。在這些接受酵素免疫分析檢測的 998,400 位 HIV 陰性民眾當中，就算這項檢測的專一性已經高達 99.7%，也將會有 2,995 位民眾被誤診為陽性。比起 1,600 位真陽性的人數，偽陽性的人數將近是兩倍。

　　這個情況就像是乳癌篩檢，因為 HIV 的盛行率較低，酵素免疫分析檢測的專一性又差了那麼一點，於是在被診斷為陽性的民眾當中，真正是陽性的比例（也就是檢測的精確度）並不高，只有勉強高於三分之一。只不過，如果說的是酵素免疫分析檢測的準確度，卻是相當高。每檢測 100 萬人，足足有

997,005 人的結果是正確的（陽性或陰性），也就是準確度超過 99.7%。由此可知，就算極為「準確」的檢測，也有可能非常不「精確」。

　　想提升某項檢測的精確度，一種簡單的辦法就是再進行第二次檢測。正因如此，許多疾病的第一輪檢測都是使用專一性較低的篩檢（正如我們已經看過的乳癌篩檢情況），目的就在於能夠以較低的成本，盡可能找出最多的潛在案例，漏掉愈少愈好。至於第二輪檢測，通常是要用來下診斷，因此專一性更高，能夠排除大多數偽陽性的情形。而且，就算並沒有專一性更高的檢測方式，只要對所有檢測為陽性的患者重做一次同樣的檢測，就能顯著提高精確度。

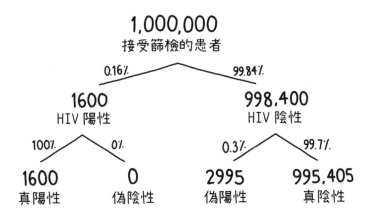

$$\text{精確度：} 1600/(1600+2995)$$

圖 7：接受酵素免疫分析檢測的 100 萬英國公民當中，有 1,600 人會正確檢定為 HIV 陽性，但還有 2,995 人雖然根本並非 HIV 帶原，卻會被檢定為 HIV 陽性。

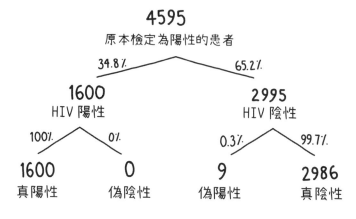

4595
原本檢定為陽性的患者

34.8%　　　　　65.2%

1600　　　　　　**2995**
HIV 陽性　　　　　　HIV 陰性

100%　　0%　　　　0.3%　　99.7%

1600　　**0**　　　**9**　　　**2986**
真陽性　　偽陰性　　偽陽性　　真陰性

精確度：1600/(1600+9)

圖 8：在最初判斷為陽性的 4,595 人當中，1,600 位真陽性仍然會檢測為陽性，但偽陽性的人數將會大減到只剩 9 位。

就酵素免疫分析檢測而言，雖然在英國的 HIV 盛行率只有約 0.16%，但在做了第一輪檢測後，在檢測為陽性的族群裡，盛行率會飆到 34.8%（這也是做了第一輪檢測的精確度）。但只要我們再做一輪檢測，如圖 8 的決策樹所示，因為這項檢測的專一性夠高，所以大多數第一輪誤判產生的偽陽性都會遭到剔除，但仍然會留下真正的 HIV 陽性個案。這時的精確度就提升到了 1600/1609，大約是 99.4%。

有可能完全準確嗎？

理論而言，確實可能有敏感性與專一性都達到 100% 的檢測：既能找出所有患病的對象，而且完全不會找錯人。像這樣

的檢測，就能稱為真正的 100% 準確。

完全準確的檢測並不是沒有先例。在 2016 年 12 月，一支全球研究團隊研發出庫賈氏病（Creutzfeldt-Jakob disease, CJD）的血液檢測。[49] 一般認為這項致命的大腦衰退疾病是因為食用了染有狂牛病的牛肉，而在一項對照試驗中，這項檢測成功找出所有染上該疾病的 32 名患者（完全敏感性），並且在 391 名對照組患者中，完全沒有出現偽陽性的誤判（完全專一性）。

雖然敏感性與專一性不一定需要有所妥協，但實務上常常都有此需要。偽陽性和偽陰性通常呈現負相關：偽陽性愈少，偽陰性就愈多，反之亦然。實務上，有效的檢測會找出一個門檻值，在完全專一性與完全敏感性之間達到平衡，盡可能與兩者都最接近。

之所以需要折衷，是因為做檢測的時候，常常檢測的並非現象本身，而是一些替代對象。以史騰的案例來說，那項誤診他為 HIV 陽性的檢測，其實測的不是 HIV 病毒本身，而是身體為了抵抗 HIV 病毒所產生的抗體。不過，與 HIV 有關的抗體也有可能因為其他原因而增加，例如施打了流感疫苗。

同樣的，大多數的居家懷孕檢測，並不會真的跑到女性的子宮去尋找是否有活著的胚胎著床，而是檢測人類絨毛膜促性腺素（human chorionic gonadotropin, HCG，又稱「懷孕激素」）的量是否增加，因為胚胎著床後，身體就會開始分泌 HCG。這些替代的檢測對象，通常就稱為「替代標記」（surrogate marker）。但有時候，如果有其他標記與替代標記太過類似，就可能觸發陽性結果。

例如庫賈氏病的診斷檢測，一般用的是腦部掃描與切片檢測，要找出變性蛋白質（造成病情的主要原因）對大腦造成怎樣的影響。但很遺憾，這些檢測所評估的特徵與失智症患者的特徵十分相似，很難清楚做出診斷。

於是，與其檢測這些只有細微差異、可能與其他疾病混淆的症狀，庫賈氏病的新型血液檢測，就轉而檢測必定會引發庫賈氏病的感染性蛋白。正因如此，才讓這項檢測無庸置疑：只要發現那些感染性蛋白，這個人一定染上了庫賈氏病；沒有那些感染性蛋白，這個人就一定沒染上庫賈氏病。如果能直接檢測病源，不用去檢測替代標記，一切就是這麼簡單。

腫瘤騙子

檢測替代標記而造成失敗的另一項常見原因，則是在我們真正想檢測的現象之外，有別的原因產生了替代標記。2016年6月，年方二十的安娜（Anna Howard）早上醒來，感覺不太舒服。她和男友科林（Colin）交往了九個月，雖然兩人並未積極想生孩子，但她還是決定做一下懷孕檢測，以防萬一。她看著驗孕棒，看著它就像魔法一樣慢慢浮現一條藍線，實在出乎意料。這件事完全不在他們兩個的計畫之中，但兩人相信自己會成為一對好爸媽，於是決定把孩子留下，甚至已經開始取名字了。

懷孕八週後，安娜忽然開始流血。家庭醫師將她轉診到大醫院做掃描，檢查胎兒狀況。做完掃描後，醫師告訴安娜她可能快流產了，並請她隔天再回來，做一些進一步的檢測。然而，

隔天做的激素檢測（跟居家懷孕檢測十分類似）顯示，安娜的 HCG 濃度仍然很高，代表胚胎應該可以繼續生存下去。於是醫師告訴她，昨天的流產診斷只是個假警報。

　　一週後，安娜再次出血，而且極度疼痛，於是回院檢查。這一次，醫師擔心是子宮外孕，就用光纖攝影機來檢查安娜的生殖道。雖然幸好沒發現胚胎長錯地方，但他們發現，在安娜子宮裡生長的並不是胎兒，而是妊娠滋養細胞腫瘤（gestational trophoblastic neoplasia, GTN）。這個惡性腫瘤當時長大的速度與胚胎大致相同，並促使 HCG（懷孕的替代標記）分泌，就這麼騙過了驗孕棒、安娜與醫師，讓他們都以為這個危及生命的癌症腫瘤是個正常健康的嬰兒。

　　安娜的妊娠滋養細胞腫瘤是個很少見的例子，但還有其他類型的腫瘤，也能促使 HCG 分泌，讓懷孕檢測呈現偽陽性。其實，青少年癌症基金會（Teenage Cancer Trust）就表示，至少在過去十年以來，他們會以懷孕檢測來協助診斷睪丸癌。雖然實際上只有少數的睪丸腫瘤會造成陽性結果，但既然男性怎樣都不該會懷孕，偽陽性也就代表極有可能是腫瘤導致 HCG 濃度升高。

　　顯然，懷孕檢測有可能出現偽陽性的誤判（雖然在某些情況下非常有用）。但也有些時候，尿液中 HCG 的濃度可能太低，讓檢測出現偽陰性。雖然這種情況比偽陽性來得少，但對準媽媽來說，如果懷孕檢測出現偽陰性，就有可能造成重大的不利影響。

　　在一項案例中，就有一名婦女因為接受了手術而流產，如

果她知道自己已經懷孕，絕對不會進行那項手術。[50] 還有另一名婦女，雖然出現子宮外孕，但因為尿液檢測沒發現懷孕，結果後來輸卵管破裂，造成大失血而危及生命。[51]

偽陰性悲劇

在大多數情況下，只要已相當確定懷孕（英國的標準通常是十二週左右），就不再檢測替代激素標記，改採超音波掃描，可以直接顯示子宮內發育中的胎兒。只不過，超音波掃描很少用來確定是否懷孕，而是用來檢查胎兒的發育是否正常。

這個階段還會做頸部掃描（nuchal scan），目的是檢測發育中胎兒是否有心血管異常，因為這類異常往往與染色體異常有關，例如巴陶氏症（Patau's syndrome）、艾德華氏症（Edwards' syndrome）、唐氏症（Down's syndrome）。對大多數人來說，DNA 纏繞成二十三對染色體，各有編號，但在頸部掃描所檢測出的三種病症中，會有某個編號的一對染色體又多出一條，形成「三染色體」，或稱「三倍體」。

頸部掃描並不像二元性檢測那麼簡單，它無法完全確定某個胎兒是否患有唐氏症，只能為準父母提供相關風險的評估。然而，根據掃描結果，懷孕情況可以清楚的分成高風險和低風險，醫師告知準父母檢測結果的時候，也會採用這種區別。

如果胎兒患有唐氏症的風險低（少於 1/150），就不會進行進一步檢測，但如果風險高，就可能會詢問是否要進行更準確的羊膜穿刺，也就是使用一支細長針管刺入胎兒周圍的羊膜囊，取出含有胎兒皮膚細胞的羊水。穿刺子宮及羊膜囊當然有

風險：每 1,000 例接受羊膜穿刺的孕婦中，約有 5 例至 10 例會流產。

然而，由於羊膜穿刺檢測的專一性高出許多，也就讓許多準父母願意接受這份風險。這項檢測之所以比掃描更為準確，是因為可以明確得知胎兒的 DNA（取自胎兒的皮膚細胞）是否出現多餘的染色體，而不只是去檢測某種替代標記。

這樣一來，就能排除掉第一輪檢測時發現的偽陽性，而真陽性的準父母也能有時間考慮，決定是否還要將孩子生下來。至於會從縫隙中溜過的病例則是偽陰性的情形：父母得到錯誤的資訊，以為自己的孩子患上唐氏症的風險很低，而且也不會有人問他們是否要接受進一步檢查。

芙蘿拉（Flora Watson）和安迪（Andy Burrell）就是這樣的一對父母。時間回到 2002 年，芙蘿拉自從發現自己第二次懷孕，已經戰戰兢兢過了四週，決定自費在懷孕第十週做一項相對較新的頸部檢測。

做完超音波掃描後，醫師告訴芙蘿拉，她的寶寶患上唐氏症的風險極低，大約只有一千四百萬分之一，簡直跟中樂透差不多。就這類篩檢來說，這項結果已經足以讓大多數父母感到再安心不過。對於自己不用再做可能有風險的羊膜穿刺來確認頸部檢測的結果，芙蘿拉也感到十分開心，這下她只要繼續興奮的期待第二個孩子出生就行了。

但就在預產期的五週前，芙蘿拉注意到有些不對勁。這個尚未出世的寶寶，忽然開始動得愈來愈少。時間再過了三週，她在醫院裡生下了克里斯多夫（Christopher）。分娩過程十分

迅速，她才剛到醫院半小時，克里斯多夫就來到人世。但在胎兒出世的時候，卻是全身發紫、形體扭曲，芙蘿拉還以為他已經死了。護理師向她和安迪保證他活著，但他們接下來聽到的消息，卻讓這一家人的未來徹底改變。

克里斯多夫患有唐氏症。一聽到這個消息，安迪就衝出房間，芙蘿拉也落下淚來。本來該是個欣喜慶賀的時刻，但忽然變成是為了失去一個「健康的寶寶」而哀傷。

芙蘿拉回憶說，在接下來二十四小時裡，「我就是沒辦法去摸摸他，也不能忍受他在我身邊任何地方。」於是，克里斯多夫生命的第一晚就是獨自躺在嬰兒床上，只有護理師照顧他。其他家族成員來迎接這個新生命的時候，情況還更糟。安迪的父親帶大過另一個有學習困難的兒子，他建議夫妻倆直接把克里斯多夫留在醫院。至於芙蘿拉的母親，甚至不願意去看上嬰兒一眼。

等到芙蘿拉和安迪把克里斯多夫帶回家，他們要面對的生活，絕不是幾個月前得知頸部掃描結果後所預想的那種歡欣期待。雖然整個家庭最後終於接受了克里斯多夫的狀況，但照顧一個殘疾兒童的壓力，還是讓他們付出了代價。慢慢的，壓力和疲憊對夫妻關係造成太多壓力，讓芙蘿拉和安迪終於離異。

芙蘿拉堅稱，就算當初就診斷出克里斯多夫患有唐氏症，她仍然會選擇生下來。但她憤怒的是，由於診斷錯誤，讓她沒有時間來調整心態、為兒子的情況做好準備；我們會在第 6 章談到自動化演算法診斷的危險，到時候會再次聽到同樣的這種怨言。或許，如果沒有當初的偽陰性檢測結果，就不會在克里

斯多夫出生後令家族如此心碎。

找回詮釋權

　　不管我們是否喜歡，都無法避免偽陽性和偽陰性。雖然靠著數學和現代科技，可以用像是過濾之類的工具在第一線就處理掉其中一些問題，但仍然有些問題只能靠我們自己來解決。

　　我們應該要記得，篩檢並非最終診斷，對於篩檢結果的詮釋必須要有所保留。這裡並不是說該完全輕忽篩檢所檢查出的陽性結果，只是要提醒各位先別急著擔心到睡不著，而該耐心等待後續第二輪更準確的追蹤檢查結果。

　　個人化基因檢測也是如此。不同的公司，就可能對每個人面對的風險高低有不同的判別歸類，所以這些歸類不一定都是對的。正如芬德的例子，在被診斷出可能得面對讓生活變得黯淡的阿茲海默症時，再做第二輪檢測，可能有助於得到更明確的答案。

　　有些檢測並沒有更準確的檢測方式。但在這種情況下，我們該記住，就算只是把同樣的測試再做一次，也能顯著提升結果的精確度。永遠不要害怕去詢問第二意見。事情明擺在眼前：就算是醫師這種公認的專家，總散發著一種信心的假象，也不見得每次都能確實的掌握數字。

　　在你因為單一檢測結果而開始過度焦慮之前，請先去研究一下那項檢測的敏感性和專一性，算出結果有誤的可能性。去質疑那些確定性的假象，把詮釋權重新抓回自己手中。

　　我們在下一章就會知道：必須不斷質疑權威人物。要特別

注意那些濫用數學定律的權威，他們會把無辜民眾送進監牢，
而受害者不止一人。

數學法則

瞭解數學對法律的重要性

　　莎莉‧克拉克（Sally Clark）走進自家小屋的臥室。她的先生史蒂夫（Steve）在幾分鐘前，才剛讓他們八週大的兒子哈利（Harry）獨自睡在臥室。她尖叫了起來。哈利躺在嬰兒椅上，臉色發青，沒了呼吸。雖然先生和急救人員都試著搶救，但經過一個多小時，哈利仍被宣告死亡。這對任何新手媽媽來說，都是一場可怕的悲劇；但對莎莉來說，這已經是第二次了。

　　莎莉和史蒂夫住在曼徹斯特郊區綠樹成蔭的威爾姆斯洛（Wilmslow），一年多前，史蒂夫出門去和公司部門同事共進耶誕大餐。那個晚上只有莎莉和兒子在家，莎莉把十一週大的克里斯多弗（Christopher）放在嬰兒籃裡睡著。但大約兩個小時後，莎莉驚覺克里斯多弗昏迷不醒、臉色死灰，立刻叫了救護車。雖然大家努力搶救，克里斯多弗卻再也沒有醒來。三天後進行驗屍，死因判斷是下呼吸道感染。

　　然而，在哈利也夭折之後，眾人又重新檢視了克里斯多弗的驗屍結果，那些嘴唇上的割傷、腿部的瘀青，原本認為是搶救時所致，但現在卻有了一種更邪惡的詮釋。病理學家重新分析克里斯多弗留下的組織樣本，發現當初驗屍看漏了死前肺出血的症狀，這可能代表嬰兒是被悶死的。

　　至於哈利的驗屍結果，則發現了視網膜出血、脊髓損傷、腦組織撕裂：都是哈利可能遭到搖晃致死的重要跡象。根據這兩項驗屍結果，警方認為已有足夠證據逮捕莎莉和史蒂夫。最後，英國皇家檢察署（crown prosecution）決定不對史蒂夫提起訴訟（因為克里斯多弗過世的時候他並不在場），但莎莉被控謀殺兩個親兒。

在隨後的審判中，我們將會看到不只一個，而有足足四個數學錯誤，後果就是發生這起英國司法史上最嚴重的誤判。

以莎莉的案子為例，本章將探討在法庭上實在太常見、而且有時會造成悲劇結果的數學錯誤。過程中，我們還會看到其他類似的災難：因為數學上的技術問題，讓罪犯逍遙法外；由於法官對數學的誤解，有可能縱放了被控謀殺的美國學生諾克絲（Amanda Knox）。

但在這之前，讓我們先看另一個例子，是一位法國軍官因為自己沒有犯下的罪，被流放到慘無人道的戰俘營。

──────── **德雷福事件** ────────

數學在法庭上的應用由來已久，但歷史紀錄卻不太光采。最早受到注意的應用（也是誤用）案例是一場政治醜聞，造成法國國內的嚴重對立，形成全球知名的「德雷福事件」（Dreyfus affair）。1894 年，一位臥底的法國清潔女工在德國駐巴黎大使館的垃圾裡找到一份便箋。這張手寫便箋向德國透露了許多法國的軍事機密，後續在法國軍隊引發一場獵巫行動，想找出誰是德國間諜。搜尋的結果，猶太裔法國陸軍炮兵上尉德雷福（Alfred Dreyfus）被捕。

在接下來的軍事審判中，貨真價實的筆跡專家認為德雷福應該是無辜的，但法國政府並不喜歡這項意見，於是找來巴黎「鑑定局」（Bureau of Identification）的負責人貝帝榮（Alphonse Bertillon），但他並不具備筆跡鑑定的專業。

　　貝帝榮提出一種令人困惑的說法，認為是德雷福在寫便箋的時候，刻意讓筆跡看來像是自己筆跡的偽造，這種做法稱為「自我偽造」（autoforgery）。接著，貝帝榮再根據便箋當中重複的多音節單字筆跡上有一系列相似之處，編造出一套讓人難以理解的數學分析。

　　他聲稱，在任何一對重複的單字之間，開頭或結尾筆跡相似的機率是 1/5。他繼續算道，他總共發現 13 個重複的多音節單字，共有 26 個開頭與結尾，其中有 4 個相似之處，於是這種可能性是 1/5 的 4 次方，可能性小到只有 0.0016，似乎是微乎其微。

　　貝帝榮認為，這些相似之處並非巧合，「肯定是刻意、仔細為之，必定代表有所企圖，或許是一種密碼」。[52] 面對由七人組成的陪審團，貝帝榮的論點已經足以說服他們、或至少是讓他們摸不清楚真相。德雷福被判無期徒刑，單獨監禁在法屬圭亞那海岸幾英里外的魔鬼島（Devil's Island），那是個海外孤懸的流放地。

　　當時，貝帝榮的數學論點實在太不清楚，不論是德雷福的辯護團隊或在場的政府官員，其實都聽不懂他在說什麼。主審法官可能也同樣搞不清楚，卻被這套偽數學論點給唬住了，於是並沒有對此表示任何意見。

　　最後，是靠著龐加萊（Henri Poincaré，十九世紀最傑出的數學家之一，第 6 章還會談到他的百萬美元問題），才解開了貝帝榮叫人困惑的計算方式。當時，距離判決定罪已經過了十多年，龐加萊被請來檢查這個案子，很快就找出了貝帝榮的計

算錯誤。貝帝榮所計算的，並不是在 13 個單字、共 26 個開頭與結尾的列表中出現 4 個相同的機率，只是計算在 4 個單字就出現 4 個相同的機率，而這種情況當然要少得多。

比方說，想像一下在射擊靶場裡，正在檢查靶場另一端的人形靶紙。如果發現彈孔顯示十發都打在頭部或胸部，你肯定會覺得這位槍手真是神準。但如果你又發現，原來這一輪是開了一百、甚至一千槍，可就不覺得有那麼準了。

貝帝榮的分析也是如此。如果只有 4 個可能的機會，事情就發生了 4 次，那麼確實很難說只是巧合，然而事實上，在貝帝榮所分析的 13 個字共 26 個開頭與結尾當中，從 26 處選出 4 處，一共有 14,950 種選法。要發生貝帝榮所說的 4 次相同巧合，真正的機率大約是 18%，比起他用來說服陪審團的數字大了一百倍以上。再加上，如果根據貝帝榮的算法，他肯定很樂意再找出 5、6、7，甚至是更多個相同巧合的情形，而經過重新計算，要找出 4 個以上相同巧合的機率，大約到了 80%。

貝帝榮所謂「不尋常」的相同巧合，其實發生的機率比不發生的機率還要高。龐加萊不僅揭露了貝帝榮的計算錯誤，更認為這種問題根本不該用機率論（probability theory）來解決，於是推翻了這套不正當的筆跡分析結果，還給德雷福清白。[53]

德雷福經過在魔鬼島令人難以忍受的四年，又回到法國在屈辱之中過了七年之後，終於在 1906 年洗清罪名，晉升法國陸軍少校。他恢復了名譽，而且充滿慷慨大度，在一次大戰仍然效忠於自己的國家，在凡爾登前線衝鋒陷陣。

從德雷福的案子，既能看出論點若有數學支持能夠多麼有

力，也能看出數學多麼容易遭到濫用。在接下來的章節，我們還會回來探討這項主題幾次：只要有某個飽學之士召喚出一套數學公式，大家通常會表現尊重的態度，而不再進一步要求提出解釋。數學論證彷彿籠罩在一片神祕奧妙之中，顯得既難以理解，也帶著一種（其實常常不配得到的）令人欽佩感。很少有人會去挑戰數學論證。

如果是用數學形式呈現出一種確定性的假象（上一章提過這種現象，會讓人毫不懷疑的接受醫學檢測的結果），原本會有所懷疑的人，忽然間都欣然接受。令人遺憾的是，無論是誤判德雷福的例子，又或是史上許許多多其他的數學錯誤，似乎都沒讓我們學到教訓。結果就是一再讓無辜的受害者遭受同樣的命運。

─────── 有罪推定？ ───────

正如上一章談到醫學檢測的例子，法律領域也有各種需要做出二元性判斷的時機：對或錯、真或假、無罪或有罪。

許多西方民主國家的法庭都遵循「無罪推定」的原則：承擔舉證責任的應是原告，而非被告。幾乎所有國家都已經放棄了相反的「有罪推定」做法，原因就在於「有罪推定」必然會造成偽陽性增加、偽陰性減少的情形。

然而還是有些現代國家，在兩者的平衡中偏向有罪推定。例如日本刑事司法系統，定罪率高達 99.9%，當中有絕大多數都是以自白認罪為基礎。[54] 相較之下，在 2017 年和 2018 年，

英國皇家法院（crown court）的定罪率則是 80%。日本的定罪率如此之高，統計數字令人印象深刻，但要說日本警方在 1,000 件案子裡有超過 999 件都抓到真正的犯人，是否真有可能？

日本的定罪率能夠這麼高，部分原因在於日本警方的偵訊手段極為強硬。按慣例，日本警方可以無需起訴便將嫌犯拘留長達三天，偵訊過程可以沒有律師在場，偵訊過程也無需留下紀錄。

反過來說，也是因為日本的法律制度，才帶來這些強硬的偵訊技巧：根據日本法律制度，如果要取得有罪判決，非常重要的一部分就是透過嫌犯的自白來確定犯罪動機。況且，警方高層還會向訊問者施壓，希望在實際調查相關具體證據之前，就先取得自白供詞。

另外，許多日本嫌犯為了避免審判過程過於高調而讓家族蒙羞，認罪的意願似乎也偏高。最近的一個案子是四名無辜民眾遭到逮捕，控告他們犯下惡意的網路威脅，點出了日本司法系統虛假自白（false confession）的盛行。在真凶最後俯首認罪之前，有二名被告已經在威逼脅迫之下做出了虛假自白。

像日本這樣偏向有罪推定，其實是個明顯的例外。世界上的其他國家，大多數都抱有強烈的無罪推定傾向，使得聯合國在《世界人權宣言》裡，將無罪推定列為國際人權。十八世紀的英國法官暨政治家布萊克史東（William Blackstone）甚至還將這種傾向加以量化，他說：「就算讓十個有罪的人逃脫，也好過讓一個無辜的人受苦。」這種觀點讓我們站定了偽陰性的立場，只要我們無法證明某個嫌犯有罪，他就很可能獲判無罪。

而且，就算確實有證據證明被告有罪，這項證據還得說服陪審團或法官、排除合理懷疑，否則被告常常都能揚長而去。

在蘇格蘭法院裡，還有第三種判決，就算只是名義上，也足以讓偽陰性的比率降低：如果陪審團或法官認為並無法充分相信被告無辜、不應判為無罪，則可以判為「罪行未經證實」（not proven）。在這種情況下，雖然被告仍然會得到釋放，但至少判決本身不會是不正確的。

──────── 七千三百萬分之一 ────────

英國法院要對莎莉做出判決的時候，由於各項證據互相矛盾，陪審團很難決定該判有罪或無罪。莎莉堅稱自己並沒有謀殺親兒，但英國內政部請來的病理學家暨檢方專家證人威廉斯（Alan Williams）醫師有不同的意見。他提交了法醫證據，但對陪審團來說實在太複雜、難以理解。

在審判前，威廉斯早先在哈利驗屍結果所「發現」的腦組織撕裂、脊髓損傷與視網膜出血情形，都已經被另外的獨立專家推翻。於是，檢方改變了立場，希望說服陪審團哈利是被悶死的，而不是像檢方起初聲稱的遭搖晃致死。甚至就連威廉斯也改變了想法。其實，沒有任何確鑿的醫學證據。

除此之外，關於這兩起死亡案件的間接證據，引發了檢辯雙方的激烈辯駁，讓一切更如陷入十里霧中。在檢方所描繪的形象裡，莎莉是個虛榮而自私的職場女性，討厭生孩子給她的生活方式及身體所造成的改變。這個女人實在太渴望回到產子

前的生活，於是謀殺了還在襁褓之中的親兒。

辯方質疑道，若真是如此，為什麼莎莉在第一個孩子之後不久，就懷上第二個孩子？而且在準備接受審判的過程中，她為什麼甚至又懷了第三胎？辯方表示，莎莉在第一個孩子夭折之後，顯然表現出極為焦慮的情緒。

但檢方扭曲了這項論點，暗指莎莉的悲傷太過形於色，實在有些可疑。而醫院裡第一位幫克里斯多弗檢查的醫師則反駁道，在莎莉失去了第一個孩子之後，她表現出的悲傷並沒有什麼不尋常之處。

這些爭辯不斷來回，也讓陪審團更加摸不清真相。

到了最後，由專家證人梅多爵士（Sir Roy Meadow）從這場混戰勝出。當病理學家還在爭辯「肺出血」和「硬膜下血腫」程度的時候，梅多簡直像一道燈塔的光芒，讓陪審團從混亂的暗礁航向安全的判決，靠的就是一項統計數字。他作證表示，在一個富裕的家庭裡，兩個孩子都罹患嬰兒猝死症（SIDS）的機會是七千三百萬分之一。對許多陪審員來說，這正是他們在整場審判過程當中得到最重要的資訊：七千三百萬實在是個大到不可能忽視的數字。

1989 年，梅多已經是個知名的英國兒科醫師，他編纂了《兒童虐待概念 ABC》（*ABC of Child Abuse*）一書，其中有一段話，後來被稱為梅多法則：「如果有一個嬰兒猝死，是一場悲劇；兩個猝死，是可疑的案子；三個猝死，除非能有其他證明，否則就是謀殺。」[55] 但這段話其實根本未經思考，是從根本上就誤解了機率。他之所以會在莎莉一案中誤導了陪審團，

也是出於同樣的問題：沒有弄懂相依事件（dependent event）與
獨立事件（independent event）之間的簡單區別。

────────── **獨立性錯誤** ──────────

　　如果有兩項事件，確定其中一項的機率會影響另一項的機
率，那我們就說這兩項事件是相依事件。否則，它們就是獨立
事件。在得知許多事件各自的發生機率之後，如果想知道這些
事件都發生的機率為何，一般來說就是把這些機率相乘。

　　舉例來說，從總人口當中隨機抽出一人，是女性的機率為
1/2。如表 3 所示，平均每 1,000 名民眾當中，會有 500 名女性。
而在總人口當中隨機抽出一人，智商測驗得分高於 110 的機率
為 1/4。對應到表 3，也就是在 1,000 人當中有 250 個人。如果
要計算抽出某人，「既是女性，而且智商高於 110」的機率，
就是將 1/2 與 1/4 相乘，於是算出機率就是 1/8。結果也符合
表 3 所示，既是女性、智商又高於 110 的共有 125 位（1000/8）。

　　我們之所以能把這兩個機率相乘、找出既是女性、智商又
高的機率，是因為智商與性別是獨立事件：智商的高低與性別
無關，性別是男是女也與智商無關。

　　在英國，自閉症盛行率約為每 100 人有 1 人，[56] 相當於每
1,000 人有 10 人。這樣一來，我們可能會以為，如果要計算「既
是女性，而且也有自閉症」的機率，只要將 1/2 和 1/100 相乘
即可，可以算出機率是 1/200，或者說盛行率就是每 1,000 人
當中有 5 人。

　　然而，自閉症與性別這兩件事並非獨立事件。如果從總人口隨機選擇 1,000 個人（如表 4），會發現男性患有自閉症的機率（每 500 人有 8 人），足足是女性（每 500 人有 2 人）的四倍。在患有自閉症的人當中，只有五分之一是女性。[57] 我們必須要再有這項額外資訊，才能計算出在總人口當中隨機抽選的人既是女性、又患有自閉症的機率是 2/1,000，而不是誤以為事件各自獨立所計算出的 5/1,000。從這裡就可以看出，如果誤判了事件的獨立性，就很容易犯下重大錯誤。

　　梅多的證詞所談的，是莎莉・克拉克兩個兒子的嬰兒猝死

表 3：依智商與性別分類的 1,000 人。

智商	性別		總計
	男	女	
>110	125	125	250
<110	375	375	750
總計	500	500	1000

表 4：依性別與是否患有自閉症分類的 1,000 人。

自閉症	性別		總計
	男	女	
是	8	2	10
否	492	498	990
總計	500	500	1000

事件。他的數據來自一份當時尚未出版的報告，他自己受邀為該報告撰寫前言。[58] 那份英國報告總共納入為時三年、47.3 萬例活產案例，共發生 363 件嬰兒猝死。報告中除了提出嬰兒猝死症在總人口的發生率，還根據母親年齡、家庭所得及家庭吸菸史進行分層。對於像克拉克一家這種富裕、不抽菸的家庭，若母親在二十六歲以上，每 8,543 例活產當中，只會出現一件嬰兒猝死的案例。

梅多犯下的第一個錯誤，是認定每件嬰兒猝死案例都完全是獨立事件。這樣一來，要計算克拉克一家兩次嬰兒猝死案件的可能性，似乎就可以將 1/8,543 再乘以 1/8,543，算出大約每七千三百萬對活產案例才會出現一件。而梅多為了證明自己的假設正確，甚至宣稱「並無證據顯示嬰兒會在家中猝死，但有諸多證據顯示，兒童會在家中遭到虐待。」在取得這個數字之後，他認為既然英國每年會有約七十萬新生兒，要出現像這樣連續兩次嬰兒猝死，大約是每一百年才會發生一次。

他的假設與實際差多了。目前已知有許多因素都與嬰兒猝死相關，包括吸菸、早產、共床等等。2001 年，曼徹斯特大學的研究人員也發現，有些與免疫系統調節相關的基因標記，會提升嬰兒猝死的風險。[59] 在那之後，還找出了更多在基因上的風險因子。[60]

同父母的孩子，本來就可能有許多相同的基因，嬰兒猝死症的風險也就可能更高。如果某個孩子死於嬰兒猝死症，這個家庭很可能有某些相關的風險因子，後續再次發生嬰兒猝死的可能性也就高於背景人口平均值。實際上，英國每年可能就有

一個家庭遭遇第二次的嬰兒猝死症。

　　為了瞭解嬰兒猝死症發生的可能性，讓我們用十袋球來打個比方。在這十個袋子裡，有九個袋子各裝著 10 個白球，最後一個袋子則是裝著 9 個白球、1 個黑球。一開始的狀態，就如圖 9 左側所示。

　　第一次抽球的時候，先隨機選擇一個袋子，再從袋子裡隨機抽出 1 個球。由於總共有 100 個球，被抽到的機率也都相同，所以第一次就抽到黑球的機率是 1/100。接著，先把抽出的球放回袋子裡，然後從同一個袋子進行第二次抽球；另外九個袋子則完全不管。

　　如果你第一次就抽到黑球，你就會知道，第二次抽球的時

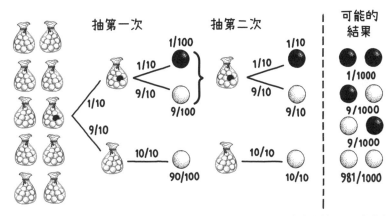

圖 9：抽出黑球或白球的可能性決策樹。想要計算每次抽球會抽到黑球或白球的機率，可以根據不同抽法所對應的路線，將路線上的機率相乘。舉例來說，要在第一次就抽中黑球，機率是 1/100。而在第一次抽球時選定某個袋子之後，第二次也要從同個袋子去抽。在虛線右側，顯示的是經過兩次抽球後，各種可能組合的機率。

候也是從裝有黑球的袋子裡抽選。這種情形下，抽到黑球的機
率將會大增，足足是 1/10，而非 1/100，於是兩次抽到黑球的
機率便是 1/1,000；遠遠高出單純把抽到黑球的機率再乘一次
得到的機率（1/10,000）。同理，如果你已經有一個孩子死於
嬰兒猝死症，第二個孩子同樣死於嬰兒猝死症的可能性就是比
較高。

　　事實上，對嬰兒猝死症來說，每個家庭的風險並非隨機選
擇，而是在第一個孩子出生時就已經預先確定；所以可以說，
每個家庭抽球的袋子不是有黑球、就是沒有黑球。相關圖示可
見圖 10 的兩種決策樹。如果一開始抽球的時候就是從裝有黑
球的袋子來抽，連續抽到黑球的可能性就會增加到 1/100。不

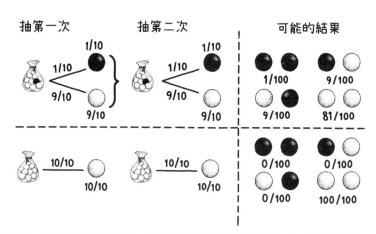

圖 10：兩種不同的決策樹。已預先指定要抽球的袋子，兩次抽球都使用同
一個袋子。針對不同的決策樹，虛線右側顯示的是經過兩次抽球後，各種可
能組合的機率。顯然，如果抽球的時候用的是沒有黑球的袋子，唯一可能的
結果就是抽出兩個白球。

論如何，計算連續兩次出現嬰兒猝死症的機率時，直接以總人口罹患嬰兒猝死症的機率相乘絕對大有問題。

不道德的選擇

梅多的計算還有一個問題，在於使用分層抽樣的方式，才算出每 8,543 例活產嬰兒只會有一例嬰兒猝死。在他所引用的報告當中，其實也有不以社經地位指標做分層、針對總人口的發生率：1/1,303，明顯高於梅多刻意挑選的 1/8,543。

但梅多就是沒有選用總人口的發生率，而是針對克拉克一家的背景，提出了讓一個嬰兒猝死症出現機率看來遠遠較低的數字（而且他又無視兩起死亡案例之間的相依關係，於是連續出現兩起嬰兒猝死症的機率看來又變得更小），同時也沒看到其他會提升嬰兒猝死症發生機率的因素。

舉例來說，他選擇忽視莎莉的兩個孩子都是男孩這件事。男孩罹患嬰兒猝死症的機率幾乎是女孩的兩倍，如果把這點納入考量，就會讓連續兩次發生嬰兒猝死症的機率大為提升，而使檢方的論點比較站不住腳，也就是莎莉謀殺兩個親兒的可能性看來大幅降低。

我們從這裡看到，檢方由於有著偏見，刻意只將負面的背景因素納入考量。除了可以說這種做法不道德、會造成誤導，背後還有更深層的問題。

在梅多所引用的報告中，之所以要將資料進行分層，是為了找出高風險的人口區塊，方便將有限的醫療資源做更有效的部署。這份報告對英國將近五十萬起出生案例進行廣泛調查，

其實並不清楚每起出生案例的具體詳情。把分層後得到的數字拿來推斷當中個體發生嬰兒猝死症的風險，絕非報告的原意。

然而，莎莉·克拉克的案子卻針對特定案例進行巨細靡遺的檢視。檢方只挑出了克拉克一家與報告相符的背景條件，就認為可以這樣判定這家人發生嬰兒猝死症的風險。這裡的錯誤在於，誤以為個體的條件與總體的條件完全相同。而這正是所謂生態謬誤（ecological fallacy）的經典案例。

生態謬誤

總體本來就包含著各形各色的人，一旦我們思考得不夠仔細，假設某個統計數據可以代表當中所有個體，這就犯了生態謬誤。

舉例來說，根據英國 2010 年的資料數據，女性的平均壽命為 83 歲，男性的平均壽命為 79 歲，總人口平均壽命則為 81 歲。這裡有可能出現一個簡單的生態謬誤，就是認為既然女性的平均壽命高於男性，所以如果隨機挑選一名女性，她的壽命會高於隨機挑選的男性。這項謬誤有個一目瞭然的特定名稱：以偏概全的歸納（sweeping generalization）。

還有一種思考不周的生態謬誤也很常見，偷懶的記者往往寫著「我們現在都活得更久」。但實際上，並不是每個人都會活得比過去的預期壽命更久，這頂多只能說是種天真的想法。

然而，生態謬誤的意義還更為微妙。你可能沒想到，雖然英國男性的平均壽命只有 78.8 歲，但大多數英國男性其實活

得比總人口平均壽命 81 歲更久。這種說法乍看之下似乎很矛盾，但實際上是因為我們用來總結資料的統計方式不同所致。

那些很年輕就過世的人，雖然人數不多，卻會大大拉低平均壽命的算術平均數（計算平均壽命的時候，通常就是將所有人的死亡年齡相加，再除以總人數）。於是造成意想不到的結果：這些人會讓平均壽命的算術平均數遠低於中位數（剛好有一半的人過世的年紀；也就是在這個年紀前後過世的人一樣多）。

英國男性死亡年齡的中位數是 82 歲，也就代表有一半男性至少會活到 82 歲以後。這個案例中，死亡年齡的算術平均數（78.8 歲）就是個特別會讓人誤解英國男性年齡的統計摘要敘述方法。

算數平均數不一定在中間

在日常生活中，從身高到智商，許多資料集都會形成鐘形曲線（又稱常態分布），這是一條漂亮的對稱曲線，平均值的兩側各有一半的資料分布。這也代表著，對於屬於這種分布方式的資料集來說，算術平均數或中位數（位於最中間位置的資料值）會傾向於剛好一致重合。

正因為有許多現實生活的資訊都能用這種重要的曲線來表示，讓很多人都以為算術平均數很能代表資料集的「中間」。於是，一旦遇上算術平均數與中位數互相偏離的時候，我們就大感意外。例如英國男性的死亡年齡分布（見圖 11），就顯然絕不對稱。我們通常把這種分布稱為「偏態」（skewed）。

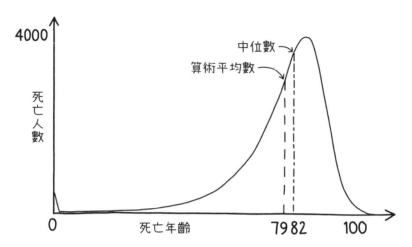

圖 11：英國男性每年死亡人數與年齡的關係，就屬於偏態分布。死亡年齡的算術平均數稍低於 79 歲，中位數則為 82 歲。

前一章也曾看到（當時先提到用中位數避免假警報的效果），在家庭所得分配這種統計數據裡，中位數描繪出的景象與算術平均數截然不同。以圖 4 所示的英國家庭所得分布為例，偏態分布的情形同樣相當嚴重，就像是把圖 11 翻個方向、再亂一點。英國大多數家庭的可支配所得較低，但有一群人數少但所得高的人，讓分布出現偏態。在 2014 年的英國，有高達三分之二的人每週收入不及「平均」。

還有一個乍聽之下更令人意想不到的例子，是一個很久以前的謎題：「你走在街上遇到的下一個人，腿的數目高於平均的機率有多高？」答案是「幾乎一定會高於平均」。原因在於，雖然只有極少的人沒有腿、或是只有一條腿，但他們會讓算數平均數就是不到 2，於是任何人只要有兩條腿，就會高於平均

數。在這種時候，認為算術平均數能夠代表總人口當中任何個體的特性，就再荒謬不過了。

顯然，如果用了錯誤類型的平均數來描述整體，就可能導致生態謬誤。但生態謬誤不只這一種；在把很多項平均數再拿來取平均數的時候，也可能產生另一種生態謬誤，稱為「辛普森悖論」（Simpson's paradox）。

辛普森悖論

辛普森悖論在許多領域都可能造成影響，從評估經濟狀況、[61] 瞭解選民組成、[62] 甚至可能是最重要的藥物研發。[63] 讓我們假設要負責一項降血壓新藥汎達斯迪可（Fantasticol）的對照試驗，報名參與試驗的受試者共有 2,000 人，男女各半。為了實驗對照，所有人分為兩組各 1,000 人。A 組患者服用汎達斯迪可，B 組患者則服用安慰劑。

試驗結束後，服用新藥的人有 56%（560/1,000）的血壓降低，而安慰劑組只有 35%（350/1,000）的血壓降低（見表5）。這樣看來，似乎汎達斯迪可確有療效。

想真正探討藥物本身，就必須知道藥效是否會因性別而有

表 5：與安慰劑相比，似乎汎達斯迪可整體的病情改善率更高。

療法	A: 汎達斯迪可	B: 安慰劑
病情改善	560	350
病情未改善	440	650
改善率	56%	35%

不同，因此我們將數字依性別分開，以瞭解藥物對男女兩性有什麼效果，詳情可見表 6。

　　分析分層後的結果，結果出人意表：接受試驗的男性中，服用安慰劑的患者有 25%（B 組，200/800）血壓數值改善，但服用汎達斯迪可的患者只有 20%（A 組，40/200）的血壓數值改善。而在女性當中，也顯然有同樣的趨勢：服用安慰劑的女性有 75% 有改善（B 組，150/200），服用汎達斯迪可的只有 65%（A 組，520/800）。

　　不論男女，患者服用安慰劑的改善比例都比服用真藥更高。如果這樣看資料，就會覺得汎達斯迪可的療效並不如安慰劑。到底怎麼會這樣？資料經過分層會說出一套故事，但合併之後卻說的是另一套，究竟哪個才正確？

　　答案在於所謂的「混淆」（confounding）或「潛在」（lurking）變項。在本案中，混淆變項就是性別，而事實也證明性別對本案的結果至關重要。

　　在整個試驗過程中，比起男性，女性血壓更容易出現自然

表 6：如果將受試者依性別分類，會發現患者無論男女，服用安慰劑的療效都比服用汎達斯迪可更佳。

性別	男		女	
療法	A: 汎達斯迪可	B: 安慰劑	A: 汎達斯迪可	B: 安慰劑
病情改善	40	200	520	150
病情未改善	160	600	280	50
總計	200	800	800	200
改善率	20%	25%	65%	75%

改善的情形。可是兩組受試者的性別分布不均（藥物 A 組：
800 名女性、200 名男性；安慰劑 B 組：200 名女性、800 名
男性），由於 A 組女性更多，自然改善的情況也較多，所以
讓汎達斯迪可看起來似乎比安慰劑更有效。

　　雖然試驗一開始收錄的人數男女相同，但後續分組時分布
不均，所以根據男女兩性各別的成功療效（男性 20%，女性
65%），平均之後並無法得到汎達斯迪可整體成功率 56% 這
個數字（如最初在表 5 所見）。我們不能只是把平均數拿來平
均。

　　要將平均數再取平均，必須先確定各個混淆變項都在控制
之中。假設我們早知道性別是混淆變項，就會知道必須按性別
對結果進行分層，才能真正瞭解汎達斯迪可的療效。

　　另一種控制性別變項的辦法，則是像表 7 所示，讓每組都
有同樣的男女人數。在這種情況下，服用汎達斯迪可或安慰劑
的男性與女性的改善率都與表 6 相同。

　　然而，將結果彙總為表 8 之後，我們可以清楚的看到，汎

表 7：如果將男性與女性平均分配到兩組，接受不同療法後得到改善的男女
比例與表 6 相同。

性別	男		女	
療法	A: 汎達斯迪可	B: 安慰劑	A: 汎達斯迪可	B: 安慰劑
病情改善	100	125	325	375
病情未改善	400	375	175	125
總計	500	500	500	500
改善率	20%	25%	65%	75%

表 8：控制了性別這個混淆變項之後，顯然汎達斯迪可的療效並不如安慰劑。

療法	A：汎達斯迪可	B：安慰劑
病情改善	425	500
病情未改善	575	500
改善率	42.5%	50%

達斯迪可的改善率（42.5%）並不如安慰劑（50%）。當然，也可能還有其他混淆變項，例如這裡就沒有納入像年齡、社會人口因素等等變項。

　　對於要設計臨床試驗的人來說，生態謬誤與妥善的對照試驗都極為重要（第 2 章已提過，第 4 章還會因為其他原因再提一次），但即使是在其他醫學領域，兩者也曾造成混淆。

　　在 1960 年代和 1970 年代，研究人員曾觀察到吸菸孕婦生下的孩子有一種奇怪的現象。吸菸孕婦容易生出體重過輕的寶寶，但相較於不吸菸孕婦所生的寶寶，出生後一年內死亡的可能性居然小得多。

　　長久以來，一直認為嬰兒「出生體重過輕」與「高死亡率」相關，但似乎孕婦吸菸反而為出生體重過輕的嬰兒提供了一些保護。[64] 當然，事實絕非如此。[65] 想解開這個疑團，重點就在於某個混淆變項。

　　雖然嬰兒出生體重過輕與嬰兒高死亡率「相關」，但這並非導致高死亡率的「原因」。一般來說，兩者都可能是源於其他的某些不利條件，也就是某個混淆變項。吸菸和其他不利的健康的因素，都可能造成出生體重過輕，並提升嬰兒死亡率，

只是影響程度不同。吸菸會讓許多本來應該很健康的寶寶體重過輕。但相較之下，如果是其他原因導致寶寶出生體重過輕，常常對健康的危害更為嚴重，於是嬰兒在這些情況下的死亡率更高。

在出生體重過輕的嬰兒當中，有一大部分人的母親吸菸，但母親吸菸只會讓嬰兒死亡率稍微增加；所以，相較於那些出生體重過輕成因更為致命的嬰兒，因母親吸菸而造成出生體重過輕的嬰兒，只有少部分會在第一年死亡。

梅多犯下的生態謬誤，在於並未將克拉克一家認定為嬰兒猝死症風險較高的族群，反而不公平的認定他們屬於風險較低的族群，於是家裡連續兩個孩子猝死的情況看起來格外可疑。在此，就算只是用整體人口的盛行率來計算，也會造成生態謬誤。但可以說，在事關一位女性自由的情況下，用整體人口的假設比較不會出現偏頗，應該較為適當。只是，誤判嬰兒猝死症為獨立事件，讓情況雪上加霜。

──────── 檢察官謬誤 ────────

梅多在統計上的胡說八道還沒完，後面又犯下了一項更嚴重的統計錯誤。這個錯誤在法庭上非常普遍，已有了「檢察官謬誤」（prosecutor's fallacy）之稱。這套論點認為，如果嫌疑人是無辜的，應該就很難看到某種特定證據。而檢察官接下來所犯的錯誤，就是認定這樣一來，另一種可能性（嫌疑人確實有罪）的機率非常高。以莎莉・克拉克的案例來說，如果她並未

謀殺兩個親兒，要連續兩次嬰兒夭折的機率只有七千三百萬分之一，所以她有罪的機率極高。

這種論點的問題在於，一方面無視了嫌疑人確實清白的其他可能（例如莎莉的孩子是自然死亡），另一方面還忽略了一點：就發生機率來看，起訴書的指控（認定嫌疑人有罪，例如認定莎莉殺了兩個親兒）不見得會比其他解釋（認定嫌疑人無辜）高，甚至還更低。

為了解釋檢察官謬誤的問題，讓我們假設現在正要調查一項犯罪。調查取得的一項證據，是目擊者看到嫌犯逃離現場時的部分車牌號碼。為了舉例方便，讓我們假定車牌共有七個數字，都是從 0 到 9。七個數字各有 10 種可能，所以路上可能有 $10 \times 10 \times 10 \times 10 \times 10 \times 10 \times 10$，也就是一千萬（10,000,000）種不同車牌。

目擊者只記得前五個數字，後兩個則沒看清楚。有了前五個數字後，只剩兩個數字未知，需要追查的車輛數量也就大幅減少。由於兩個數字各有 10 種可能，也就代表在前五個數字已知的情形下，只可能會有 10×10（100）種不同的車牌。

這時，我們找到一位嫌犯，車牌前五碼符合目擊者記得的數字。如果這位嫌疑人是清白的，那麼在路上的一千萬輛汽車裡，只會剩下其他 99 輛的車牌符合前五碼。也就是說，在目擊者看到這種車牌的情形下，這位嫌疑人清白的機率似乎只有 99/10,000,000，也就是還不到十萬分之一。看到證據顯示可能性如此低，似乎代表這位嫌疑人應該確實有罪。但這種想法就是落入了檢察官謬誤。

　　嫌疑人清白、卻找到證據的機率，與觀察到證據、但嫌疑人確實無辜的機率是兩回事。回想一下，前面提到共有 100 輛車符合目擊者的描述，而其中 99 輛都不屬於這位嫌疑人所有，這位嫌疑人只是 100 位這種司機中的 1 位。所以，根據車牌來看，這位嫌疑人有罪的可能性只有 1/100，可以說是相當不可能。

　　當然，如果再加上其他證據，例如他現身在犯罪現場、或是其他車輛不在這個區域，這位嫌疑人有罪的機率就會變高。但無論如何，光憑車牌這項證據，最有可能的結論是：嫌疑人應該是清白的。

　　通常，唯有在「能解釋為無罪的情況，發生機率極低」這樣的條件下，我們才會落入檢察官謬誤的陷阱；否則只要用常識判斷，一切看起來就再明顯不過。

　　舉例來說，假設我們正在調查倫敦一起入室竊盜案。現場唯一的證據就是犯人的血跡，剛好又與嫌疑人的血型相同，而且只有 10% 的人是這種血型。所以，在現場發現這種血型、而這位嫌犯無辜（也就是犯罪的另有其人）的可能性是 10%。

　　在此如果犯下檢察官謬誤，就會認為既然嫌疑人無罪的可能性只有 10%，代表有罪的可能性應該高達 90%。但顯然，在像是倫敦這樣人口千萬的大城市裡，血型與犯罪現場血跡相同的人大約會有一百萬（總人口的 10%），所以單純就血跡證據而言，這位嫌疑人有罪的機率其實是百萬分之一。

　　就算只有十分之一的人是這種血型，看起來相對稀少，但還是有許多人是這種血型，所以我們不能以此判斷這位血型相

符的嫌疑人究竟是否有罪。

沒受過訓練的人看不清真相

　　在上面的例子裡，很容易就能看穿謬誤。如果是在人口眾多的情形下，光是因為某人的血型，就認為他無罪的機率低到只有十分之一，這顯然荒謬無比。但在莎莉的案子裡，因為數字小到一個程度，對於那些未經統計訓練的陪審團來說，就很難看清真相。甚至，在梅多說出「……在這種情況下，兩個孩子屬於自然死亡的機會確實非常非常小：七千三百萬分之一」這句話的時候，我們實在很難判斷究竟他知不知道自己犯了檢察官謬誤。

　　對於未受過統計訓練的陪審團來說，聽到這句話可能會做出這樣的推論：「兩個嬰兒出於自然而死亡的情況極為罕見；所以，如果一個家庭有兩個嬰兒死亡，死因出於非自然的機率也就相對極高。」

　　梅多還更進一步，把七千三百萬分之一這個數字放到一個令人覺得更生動、但其實會造成謬誤的情境。他聲稱，同一家庭出現兩次嬰兒猝死，機率就像是在國家賽馬大賽裡，下注賠率 80：1 的冷門選手，並且連贏四年。這樣一來，會讓人覺得連續兩次嬰兒猝死的機率實在非常低，於是陪審團心中就浮現另一種選項，認為莎莉謀殺兩個親兒的可能性實在非常高。

　　有兩個小孩死於嬰兒猝死症，確實是極不可能的事。但這件事本身，並無法真正告訴我們莎莉謀殺親兒的可能性。事實上，就檢方所提出的「兩次謀殺親兒」解釋來說，可能性其實

要比「兩次嬰兒猝死」更低。真要計算的話，兩次謀殺嬰兒的機率，要比兩次嬰兒猝死的發生率低上十倍到一百倍。[66] 就算不再考慮其他證據，也會讓有罪的機率降到只有百分之一。然而，關於兩次謀殺的可能機率，這項數字卻從未提交給陪審團來做比較。莎莉的辯護律師從來沒有質疑過梅多的統計數據，就這樣輕易的放過了它。

沒人舉手，代表大家都會？

經過兩天考慮，陪審團以 10：2 的票數，在 1999 年 11 月 9 日判決莎莉有罪。據報導，一名陪審員就向朋友承認，梅多的統計數據做為證據，讓大多數陪審員改變了想法。莎莉被判無期徒刑。

宣判時，莎莉望向史蒂夫，而史蒂夫則用嘴形告訴她「我愛妳」。史蒂夫是她最大的支持者，在她稱之為「人間地獄」的坐牢期間，一直不放棄為她而戰。她被帶下去的時候，她回頭看向法庭另一端，一樣用嘴形告訴史蒂夫：「我愛你。」

在這之後，媒體還不忘立刻落井下石。《每日郵報》的標題寫著「出於酗酒與絕望，律師謀殺親兒」，《每日電訊報》則認為「殺嬰者當時『孤獨的酩酊大醉』」。莎莉光是在外面的社會上，名聲就已經相當不堪，而在監獄裡，身為一個判決有罪的殺嬰者，父親還是警察，可以想見就像在地獄裡一樣。

莎莉坐了一年牢，與先生和剛出生不久的兒子分隔在監獄鐵窗的兩端。她唯一的安慰，就是有許多陌生人會寫信給她，相信她是無辜的。而在外面，史蒂夫仍然堅信莎莉的清白。

經過將近十二個月的努力，莎莉一方終於做好準備，提出上訴，再次站在法官面前。那次上訴的主要基礎，就在於相關統計數據的不準確。在法官面前，統計專家學者一一解釋各項謬誤，包括將克拉克一家歸為低嬰兒猝死率風險家庭的生態謬誤，梅多誤把嬰兒猝死症視為獨立事件、將單一嬰兒猝死症機率平方所犯的獨立性假設錯誤，以及陪審團所落入的檢察官謬誤。

法官似乎瞭解了這些論點，也納入了考量。但在結論時，他們雖然承認梅多的統計數據並不準確，卻認為這些數字本來就只是要說個大概而已。法官還相信，因為當時的檢察官謬誤如此明顯，莎莉的辯護律師本來就該提出反對，既然律師沒有提出，可見得人人其實都很清楚這項謬誤。他們說：

> 「在有兩個嬰兒的家庭中，兩個嬰兒都真正發生嬰兒猝死症的機率是七千三百萬分之一」與「如果某個家庭有兩個嬰兒死亡，都是出於無法解釋的死因、沒有可疑之處的可能性是七千三百萬分之一」，這兩種說法顯然並不相同。並不需要「檢察官謬誤」一詞加以標記，就已經十分明顯。

法官最後判定，統計證據在該次審判所扮演的角色並不重要，不可能對陪審團造成誤導。在法官看來，在這場醫學證據互相矛盾的風暴之中，那些統計數據並未成為陪審團賴以求生的堅石，反而不過就像是大海裡的一滴水、是一些不值一哂的

「附帶事件」。莎莉維持原判，當晚就被送回監獄。

三百萬分之一

　　說到機率的概念遭到誤解誤用，莎莉絕不是唯一的案例。1990 年，出身於英格蘭西北曼徹斯特的迪恩（Andrew Deen），被控在當地強姦三名婦女。他被判有罪，處十六年徒刑。審判中，控方律師班瑟姆（Howard Bentham）提供了某名被害人身上沾染精液的 DNA 證據。

　　班瑟姆聲稱，迪恩血液採樣的 DNA 與這份精液採樣的 DNA 相符。他詢問專家證人：「所以，除了迪恩之外，是其他任何人的機率是三百萬分之一？」專家回答「沒錯。」又接著補充：「我的結論認為，這些精液正是來自迪恩。」法官甚至在總結時表示，三百萬分之一這個數字「幾乎就代表完全確定」。

　　但事實上，「三百萬分之一」這個數字在此的意義是：從整體人口隨機選出一位，DNA 圖譜會與犯罪現場精液相符的機率。既然當時英國人口約有三千萬名男性，所以可能有大約十人的圖譜會相符，這樣一來，迪恩無罪的機率就會從令人覺得「絕不可能」的三百萬分之一，變成「極有可能」的十分之九。當然，不可能英國的三千萬名男性都有嫌疑，但就算把範圍縮小到距離曼徹斯特市中心一小時車程，總數來到七百萬男性，依然可能有至少一位其他男性的 DNA 圖譜相符，代表迪恩無辜的機率剛好是一半一半，也就是 50%。

　　所以，由於檢察官謬誤，讓陪審團認為迪恩有罪的機率其

實比真正證據所顯示的高出幾百萬倍。實際上，就連讓迪恩看來與罪案有關的那份 DNA 證據，也並不如專家證人所稱的那麼可信。上訴卷宗裡提到，迪恩 DNA 與犯罪現場 DNA 相似的程度，其實遠不如當初所料。要找到其他人 DNA 圖譜相符的機率，其實並非三百萬分之一，而是高達二千五百分之一，於是迪恩無罪的機率也大幅提升。

有鑑於犯罪現場附近的男性超過三百萬名，代表 DNA 圖譜可能相符的人超過一千，也就是根據 DNA 來判斷迪恩有罪的機率已經降到不及千分之一。

當法官接受修正後的法醫證據詮釋，並瞭解一審法官與專家證人都出現檢察官謬誤之後，就撤消了迪恩的有罪判決。

———————— 諾克絲和凶刀 ————————

在英國學生柯琪（Meredith Kercher）謀殺案中，也是因為對 DNA 證據與機率的理解有誤，而造成重大影響。2007 年，柯琪在義大利佩魯賈（Perugia）的公寓裡遇刺身亡，當時跟她住在一起的是交換學生諾克絲。到了 2009 年，陪審團一致裁定，諾克絲和她的義大利前男友索雷契托（Raffaele Sollecito）犯下謀殺柯琪的罪行。

檢方提出的證據中，有一把無論大小或形狀都與柯琪身上某些傷口相符的刀子，成了諾克絲與索雷契托定罪的關鍵。刀子是在索雷契托的廚房裡發現的，刀上則有諾克絲的 DNA，可見兩人都與這把武器脫不了關係。此外，刀身還採到另一份

DNA 樣本，雖然其實就只有幾個細胞，但從中分析出的 DNA
圖譜與柯琪相符。

2011 年，正在坐牢的諾克絲與索雷契托提出上訴。辯護
律師的主力論點，就是希望推翻那項唯一將諾克絲和索雷契托
與謀殺連結起來的證據：刀上的 DNA。

除了同卵多胞胎之外，幾乎所有人都有自己獨特的基因組
（由 ATCG 這四種結構組成細胞中的 DNA 長鏈）。一個人的
基因組有大約三十億個鹼基對，經過分析定序，就會成為這個
人真正的唯一識別碼。然而，無論是法庭所使用或是 DNA 資
料庫所儲存的 DNA 圖譜，都無法讀出完整的基因組資料。

當初構思 DNA 圖譜概念的時候，就發現產生全部的基因
組圖譜有太多資料要記錄，在時間或成本上都不可行。而且，
如果要比對兩項圖譜，所需時間太過漫長。

做為替代方案，現在的 DNA 圖譜只會分析一個人 DNA
上的十三個特定位置，這些位置稱為基因座（locus）。每個人
的每對染色體都是從雙親各繼承一條，所以每個基因座會與兩
個DNA 位置區域有關。這兩個位置區域各自會有一小段的「短
片段重複序列」（short tandem repeat），也就是一小段 DNA 重
複多次。

只要是不同的人，在特定基因座的重複數就會有很大的差
異。而且，之所以特別選擇這十三個基因座，正是因為其中的
重複片段數目極為多樣，有天文數字般的不同組合。於是，所
謂的 DNA 圖譜，其實只是將每個基因座的重複次數列出來。

我們是以電泳圖（electropherogram）的方式來讀取基因座

的重複次數。電泳圖所呈現的原始 DNA 定序，看起來有點像
地震儀的輸出資料，在對應到每個基因座的地方，會有高低峰
的變化，以及一些小程度的背景雜訊。圖 12 就是柯琪一案刀
身 DNA 採樣所形成的電泳圖。

　　生成每張電泳圖的過程，就像是依序投出兩排骰子，每排
各十三個骰子、每個骰子都高達十八面，最後再將結果記錄下
來。如果說隨機挑出兩個人，而 DNA 圖譜完全相同，就像是
要投這些骰子兩次，而且投出完全相同的結果。理想狀況下，

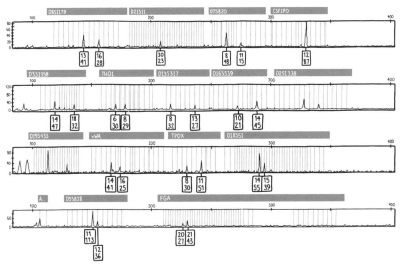

圖 12：刀身 DNA 採樣的電泳圖，據稱該採樣屬於柯琪。圖片上標記出的峰
值，對應至標準 DNA 圖譜所使用的十三個基因座。有些地方只能看到一個
峰值，代表該採樣的所有者從雙親所繼承到的基因座重複次數相同。在每個
方框中，上面的數字代表 DNA 片段重複的數目。下面的數字則代表訊號的
強度，對應著峰的高度。理想的訊號強度最小值為 50，但此處大多數峰值
的訊號強度並不到這個數字。

要隨機挑出兩位無關的個人，而 DNA 圖譜又完全相符的機率不到兆分之一，已經足以讓 DNA 圖譜成為唯一識別碼。只要兩張電泳圖上的峰值位置完全相同，就可以合理假設兩張圖來自同一人。

有時候，DNA 比對並無法得到確切的結果，原因就在於採樣的時間或品質不佳，導致十三個基因座的位置只有部分能取得訊號，無法恢復完整的 DNA 圖譜。如果只有部分圖譜，就無法做出明確的比對。尤其在樣本過小的情況下，電泳圖上顯示的訊號還有可能來自分析過程中的背景雜訊。正因如此，DNA 圖譜的訊號強度有著公認的標準，而這也是要為諾克絲辯護的唯一希望。

在第一次審判時，羅馬警方法醫基因調查科的首席技術總監史蒂法諾妮（Patrizia Stefanoni）博士決定，由於刀上的 DNA 樣本太小，無法將樣本分成兩份，故需要使用所有可得的 DNA，才能分析出訊號夠強的圖譜。（這完全不符合理想的實務做法：如果能有兩份樣本，遇到圖譜訊號太弱或難以判斷的時候，就能用第二份樣本做重新驗證。但由於她的決定，就沒有樣本備份可以再做一次分析。）

果真，在第一次審判的電泳圖上，所有正確位置都出現了清晰的峰值，結果也與柯琪的圖譜極為匹配。然而，我們可以從圖 12 方框裡的數字看見，就算用最寬鬆的標準，圖譜中的峰值也多半無法達標。就因為史蒂法諾妮當初分析圖譜時並未遵守適當程序，上訴的辯方也就得以抹黑刀上的 DNA 證據。

在那把刀上，其實還有另外很少的細胞，是當初採樣時漏

掉，事後才由獨立的法醫專家所發現。檢方當時想拿這些細胞再做一次分析，以確認第一次分析的結果。但主審法官赫爾曼（Claudio Hellmann）拒絕了檢方的要求。

2011 年 10 月 3 日，由法官和非專業人士組成的陪審團退席，開始評議最後裁決。陪審團遲遲未做出決定，法庭上的氣氛也逐漸累積堆疊，在陪審團終於回到庭上時，全場已經充滿著緊張而壓抑的情緒。看過了這一切證據，卻沒有人真正知道最後會如何結束。

法庭裁定諾克絲並未殺害柯琪。判決揭曉的時候，她跌坐在椅子上，流下欣喜與放鬆的淚水。赫爾曼法官在最後的總結說明中，提到為何不允許再做第二次刀身 DNA 樣本分析，他認為：「如果並未透過正確的科學程序取得結果，就算把兩次結果加起來，也不會是個可靠的結果。」

但是，史妮普斯（Leila Schneps）和科爾梅茲（Coralie Colmez）不這麼認為，她們在 2013 年出版的《法庭上的數學：數字在法庭的使用與濫用》（*Math on Trial: How Numbers Get Used and Abused in the Courtroom*）指出，赫爾曼法官錯了；把不可靠的檢測做兩次，就是會比做一次更好。[67]

為了理解她們的論點，我們現在暫時不比對 DNA，先來丟骰子。假如有一顆骰子，我們想知道這顆骰子究竟是一切正常（丟出 6 點的機率大約是 1/6），或是被灌了鉛（聽說出現6 點的機率高達 50%）。由於我們並不想在事前多做揣測，所以在做測試之前，可以說出現哪一種情況的可能性都相同。

於是測試開始：把骰子擲 60 次，如果骰子一切正常，大

概平均就會擲出 10 次 6 點。如果灌了鉛，平均就會擲出 30 次
6 點。測試當中，如果擲出 6 點的次數在 30 次以上，我們應
該就能夠很有信心的判斷骰子一定灌了鉛。畢竟，正常骰子要
擲出這個結果實在太不可能了。

同樣的，如果我們擲出 6 點的次數在 10 次以下，應該也
能判斷骰子大概正常沒問題。至於如果擲出 6 點的次數是在
10 次到 30 次之間，我們也可以透過比較灌鉛骰子與正常骰子
擲出 6 點的機率，判斷這顆骰子有多大機率被動了手腳。

在圖 13 的上半，記錄了第一次測試的結果，總共有 21 個
6 點。如果是沒動過手腳的正常骰子，要看到這麼多個 6 點的
可能性非常低，大概只有 0.000297。至於如果是灌了鉛的骰

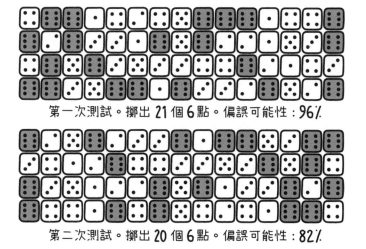

圖 13：兩次獨立的骰子測試。每次測試擲 60 次，第一次測試擲出 21 個 6 點，
但第二次則只擲出 20 個。乍看之下，第二次測試似乎降低了第一次測試的
可信度。

子，要丟出 21 個 6 點的機率仍然不高，只有 0.00693；但這已經比正常骰子的可能性高出二十倍以上。

　　所以，要擲出 21 個 6 點，這顆是灌鉛骰子的可能性遠大於正常骰子。我們把灌鉛骰子與正常骰子擲出 21 個 6 點的機率相加，合計機率是 0.00722。其中，灌鉛骰子的機率占了 0.00693/0.00722 = 0.96，也就是說，這顆是灌鉛骰子的可能性為 96%。這已經很有說服力了，但或許還不足以將兇手定罪。

　　為求確認，我們再做一次測試，也就是再擲 60 次骰子。這次的結果記錄如圖 13 的下半，總共只擲出 20 個 6 點。如表 9 所示，投出 20 個 6 點時，這個骰子是正常骰子的機率是 0.000780，是灌鉛骰子的機率則是 0.00364：現在的可能性大約只高了五倍。

　　雖然這與第一次測試的結果並沒有太大不同，但經過同樣的計算方式，這個骰子灌了鉛的可能性稍微降低，只剩 82%。這樣看來，似乎做了第二次測試後，反而會對第一次測試的結果有所懷疑。雖然我們相信骰子應該是灌了鉛，但第二次測試

表 9：正常骰子（第一欄）與灌鉛骰子（第二列）分別擲出 21 及 20 個 6 點的可能性。正常與灌鉛骰子可能性的總和（第三欄），以及這顆是灌鉛骰子的可能性（第四欄）。

	正常骰子的可能性	灌鉛骰子的可能性	兩種情況的可能性加總	這顆是灌鉛骰子的可能性
第一次	0.000297	0.00693	0.00722	96%
第二次	0.000780	0.00364	0.00442	82%
合計	0.00000155	0.000168	0.000170	99%

似乎並未讓我們證實這種想法。

　　然而，如果結合兩次結果（見圖 14），會發現我們已經擲了 120 次骰子。如果是個正常的骰子，平均應該會擲出 20 個 6 點。然而，它擲出了 41 個。要是骰子並未灌鉛，要在 120 次擲出 41 個 6 點的機率只有 0.00000155；而灌鉛骰子擲出 41 個 6 點的可能性則高出一百倍，來到 0.000168。所以，根據這 41 個 6 點，這顆骰子灌了鉛的可能性已經超過 99%。

　　意外的是，把這兩項本身說服力沒那麼高的調查結合起來之後，得到的結果要比兩者個別都更具說服力。科學上在做系統性文獻回顧的時候，也常常採用類似的技術。例如醫學領域的系統性文獻回顧就是如此：雖然過去可能做過許多獨立試驗，但個別的受試者人數還不足以為特定療法的療效下定論，系統性文獻回顧就會將多項獨立試驗的結果都結合起來下判

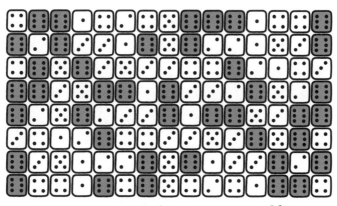

結合兩次測試。**41** 個 **6** 點。偏誤可能性：**99%**

圖 14：將兩次測試結合後，總共擲了 120 次骰子，擲出 41 個 6 點。這代表骰子灌了鉛的可能性是壓倒性的高。

斷。經過結合，在療法的療效或其他事項上，常常就能得到在統計上達到顯著的結論。

系統性文獻回顧最廣為人知的用途，或許就是分析另類療法（下一章就會解釋，另類療法表面上的「正面效應」，主要是出於數學的假象），畢竟另類療法幾乎不可能得到資金來進行大規模的臨床試驗。系統性文獻回顧結合了許多看來沒有結論的試驗之後，便得以推翻許多另類療法，從使用蔓越莓治療尿道感染，[68] 到使用維生素 C 來預防普通感冒。[69]

史妮普斯和科爾梅茲也認為，即使是無法下定論的兩次 DNA 測試，結合起來就能提供更強力的證據，證明柯琪的 DNA 和索雷契托廚房那把刀之間有著更強大的連結。赫爾曼法官的決定讓法院失去了審理這項證據的機會，也就讓全世界無法觀察到這項證據可能對審判結果產生怎樣的影響。

─────── 遭數學蒙蔽 ───────

如果使用完整的 DNA 樣本，能夠得到如同天文數字一般的組合，也就是極低的機率，讓人覺得這些統計數據十分可信。但我們應該要小心，別在法庭上被這些極大或極小的數字所蒙蔽。別忘了仔細檢視產生這些數字的背景，也要記住，如果沒有適當的詮釋，光是在不具情境脈絡的情況下提出某個極端的數字，並不足以證明嫌疑人是否有罪。

舉例來說，梅多在莎莉一案提出的「七千三百萬分之一」就是值得注意的例子。由於對獨立性有了錯誤的假設（以為某

個嬰兒猝死並不會影響另一個嬰兒猝死的可能性），加上生態謬誤（根據刻意挑選的人口統計資訊，認定克拉克一家屬於低風險類別），就讓這個數字遠遠小於應有的數字。

雪上加霜的是，這個數字的呈現方式，會讓任何講道理的陪審團都認為「七千三百萬分之一」代表的是莎莉無罪的可能性，而不是其他原因造成嬰兒猝死的可能性。這正是檢察官謬誤的展現。事實上，陪審團很大部分是因為梅多呈現那項錯誤數據的方式，而決定判莎莉有罪。

如果我們會想要謹慎一些，不要因為某個極小的機率就認定某人有罪，反過來也應該如此：不要因為某個機率極小，就認定某人無罪。在迪恩一案中，由於檢察官謬誤的關係，單就DNA證據來看，讓他有罪的可能性遠高於事實。上訴時，迪恩的辯護律師要求將DNA符合的機率改為兩千五百分之一，於是迪恩就成了周遭地區幾千個可能符合的人之一而已。

或許有人會說，這樣一來，DNA證據不就毫無價值了嗎？但這種說法一樣有問題，稱為「辯護律師謬誤」（defence attorney's fallacy）。這裡並不是說要廢除DNA證據，只是認為必須再搭配其他可判斷嫌疑人是否有罪的證據。迪恩當初的有罪判決之所以被裁定為證據不足，是因為檢察官謬誤對陪審團造成誤導。但在重審時，迪恩自行認罪，最後強姦罪定讞。

同樣的，史妮普斯和科爾梅茲也提出了令人信服的數學論點，認為可能正因為赫爾曼法官拒絕對DNA進行重新測試，而讓諾克絲成為自由之身。2013年，諾克絲的無罪上訴遭到撤銷，法官下令重新測試後來發現的DNA樣本，確認DNA

其實屬於諾克絲，而非柯琪。

在 2015 年的最後上訴，法官審查證據，認定那把刀子的採證及檢查過程大有問題。各種錯誤族繁不及備載，從一開始蒐證時就放在未密封的信封裡、後來又放到未消毒的紙箱，接手的警方並未穿著正確的防護服，甚至其中還有一位警察當天稍早曾去過柯琪的公寓。

此外，也很難判斷刀子是否在實驗室中遭到汙染，因為在檢查這把所謂的凶刀之前，該實驗室就已經檢測過至少二十項柯琪的樣本。如果最早在刀上發現的那份 DNA 就是被汙染而沾上，不管後續再怎麼重測，都不會改變 DNA 屬於柯琪的事實，也不可能回答它是怎麼出現在刀子上的。事實上，如果還有更多受汙染的 DNA 樣本，經過重測，反而會讓人更加誤信諾克絲無罪。

數字陷阱

我們一旦太著迷於某個奇妙的數學論證、複雜的運算、又或是叫人印象深刻的數字，就常常會忘了問那個最重要的問題：這項計算用在這裡，到底對不對？

在莎莉‧克拉克的案例中，影響陪審員最大的統計數據就是梅多對「同一家庭發生兩次嬰兒猝死症」的機率估計。如果經過仔細分析，我們甚至可以質疑，究竟為什麼要計算這個數字？在整場審判中，根本沒有人主張克拉克一家的兩個孩子都死於嬰兒猝死症。

克里斯多弗死後，負責屍檢的病理學家認定死因是下呼吸

道感染。這就和嬰兒猝死症有所不同：嬰兒猝死症指的是已經排除所有其他因素後所下的診斷。辯方認為死因是自然原因，檢方則認為這是一起謀殺，但無論如何，並沒有人主張這兩個嬰兒是死於嬰兒猝死症。

梅多提出的數字，是「同一家庭發生兩次嬰兒猝死症」的可能性，和本起案件根本毫無關係。然而這個數字卻似乎大大改變了陪審團的想法，才會讓他們判定莎莉謀殺了兩個親兒。

莎莉在 2003 年 1 月第二次上訴，律師也提出了自當初遭定罪以來發現的新證據。莎莉第二個兒子哈利的驗屍報告中，清楚指出他的腦脊髓液裡有金黃色葡萄球菌，而專家認為這種感染極有可能導致了某種細菌性腦膜炎，使哈利死亡。雖說這項新的微生物學證據足以判斷當初莎莉的定罪有問題，但上訴法官還表示，光是原判裡對統計數據的不當使用，就已經足以提出上訴。

莎莉在 2003 年 1 月 29 日獲釋，終於回到丈夫和她的第三個兒子身邊，當時這個孩子已經四歲大。她在獲釋後的一份聲明裡，談到終於能夠好好哀悼自己寶寶的夭折，談到終於能回到丈夫身邊，也談到能好好當這個最小寶寶的媽媽，以及終於「又是一個好好的家庭」。

儘管她很高興又能和家人在一起，但她在被誤判關押的那幾年間，不斷遭到指責謀殺了她最愛的兩個寶寶，這份傷害難以癒合。她從未真正從誤判的傷害中走出來，2007 年 3 月，莎莉因酒精中毒死於家中。

記得懷疑數字

從法庭上學到的教訓，還可以擴展到生活的其他領域。我們在下一章就會看到，不管是在報紙頭條、廣告、又或是朋友同事的悄悄話裡，對於那些讓人印象深刻的數字，都最好抱持懷疑的態度。

實際上，只要有人能夠從操縱這些數字當中得到利益（基本上也就是幾乎所有出現數字的時候），我們就該對數字抱持懷疑，要求得到更多解釋。任何人只要對自己的數字真實性有信心，就該樂於提供解釋。

數學和統計學本來就有可能難以理解，就算是對訓練有素的數學家而言也不一定簡單；正因如此，我們才需要這些領域的專家。如果真有需要，就該去問問像是龐加萊這樣的專業人士，請他們提出專家意見。只要是夠格的數學家，都會願意幫忙。

更重要的一點在於，在眼前揚起一片數學煙幕的時候，我們更該好好思考，數學在此是否真的是最適合的工具。

現代開始出現愈來愈多可量化的證據形式，於是數學論證在現代司法系統也扮演了一些不可替代的角色。但如果落入壞人手裡，數學也能用來妨礙正義，使無辜民眾失去生計，甚至失去生命。

不要相信真相

揭露媒體的數據假象

「不要相信真相」（*Don't Believe the Truth*，中文譯為《真實的謊言》）是綠洲合唱團（Oasis）第六張專輯的名稱。這個搖滾樂團來自曼徹斯特，而 1990 年代時，我就在那邊長大。我很迷綠洲合唱團，為了朝聖，曼徹斯特大大小小的場地都去過。當這張專輯在 2005 年發行，我又到曼徹斯特市球場（City of Manchester Stadium）看他們表演。這座運動場也是我心愛的曼徹斯特市足球隊（Manchester City Football Club）主場。

我十幾歲的時候，常常到曼徹斯特附近的許多場地聽表演，像是阿波羅（Apollo）、夜與日（Night and Day）、路德斯（Roadhouse），至於比較大的樂團表演則會在曼徹斯特競技場（Manchester Arena）。

時至 2017 年，綠洲合唱團解散已久，我也離開曼徹斯特，已經有十年沒在那裡聽過表演了。但我之前常去的那些場地仍然生意興隆。2017 年 5 月 22 日，晚上十點半，亞莉安娜（Ariana Grande）的音樂會剛在曼徹斯特競技場畫下句點，聽眾（許多是十幾歲的青少年，甚至更年輕）走出大廳，與等著他們的父母會合。

二十三歲的阿貝迪（Salman Abedi）站在人群當中，他背著背包，裡面裝著土製炸彈，以及滿滿的螺帽和螺絲釘。晚上十點三十一分，阿貝迪引爆了炸彈，造成二十二位無辜被害人身亡、數百人受傷。自從 2005 年倫敦地鐵公車連環爆炸案造成五十二位民眾身亡以來，這是發生在英國本土最嚴重的恐怖攻擊事件。

曼徹斯特競技場爆炸案發生的時候，我不在曼徹斯特，甚

至不在英國。我當時到墨西哥城出差，兩地有六小時的時差，於是我在當地下午看著接連的爆炸案報導，此時英國大半民眾甚至還在夢鄉之中。雖然兩地相隔超過五千英里，但因為我自己也曾在看完表演後走出那個大廳，還是覺得這場爆炸案似乎與我切身相關，比起其他恐攻更令我震驚莫名。

　　接下來幾天裡，我到處閱讀相關資訊，瞭解家鄉民眾有何反應。《每日星報》（*Daily Star*）有一篇文章特別引起了我的注意，標題為「『日期對聖戰意義重大』：曼徹斯特競技場爆炸案發生於里格比（Lee Rigby）週年紀念日」。文章作者強調了高卡（Sebastian Gorka，時任美國總統川普的副助理）的一條推文，上面寫著：「曼徹斯特爆炸案，發生於里格比士兵遭到公開謀殺四週年之際。日期對聖戰恐怖分子來說意義重大。」

　　高卡所發現的，是兩次伊斯蘭恐怖攻擊之間有著時間上的巧合。第一次事件發生在 2013 年 5 月 22 日，兩名奈及利亞裔、由基督教改信伊斯蘭教的教徒，持刀襲擊里格比這位英國士兵。第二次事件則是在 2017 年 5 月 22 日，一名利比亞裔、生來就是穆斯林的自殺炸彈客，攻擊了無關政治的一般民眾。

　　高卡的推文暗示，曼徹斯特競技場的這場攻擊經過精心設計，刻意選在里格比遇害的週年紀念日進行。顯然，如果真的是這樣，伊斯蘭恐怖分子看來實在組織縝密、行動協調一致，能夠刻意選定某個行動日期。然而在此之後，大家都將阿貝迪形容成「孤狼」，這兩種形象實在有些矛盾。

　　與其說恐怖分子是一盤散沙、沒有中央指揮或協調，不如說恐怖組織有組織、有秩序，這樣似乎就會覺得他們構成的威

脅更大。高卡發出那篇推文的目的，好像是想提升對伊斯蘭恐怖主義的恐懼感。或許正是因為當時川普發出「保護美國免於外國恐怖主義分子入境」的行政命令，禁止了許多穆斯林入境美國，而遭到法律挑戰，於是高卡用推文來協防。

然而，事實真是如此嗎？我不禁懷疑。這項由高卡提出、《每日星報》背書的主張，究竟是否可信？這會不會是沒有根據、妄自臆測的說法，而且還正中恐怖分子下懷？我想知道，如果是完全出於偶然，讓一年中的某一天發生兩次恐怖攻擊，機率到底有多高？

數字會被操弄

不論是我們所讀、所看、所聽，都常常受到各種數字數據的轟炸。例如關於二十一世紀生活方式 * 對人類健康的影響，各種大型世代研究如雨後春筍般出現，而為了解釋這些發現，所需的數字技能也隨之增加。有很多時候，背後根本沒有什麼陰謀，只不過就是統計數據本身就難以解釋。然而卻會有許多原因，只要在某項發現上加油添醋，就能讓這方或那方從中得利。

在這個假新聞的時代，很難知道能相信誰。雖然很多人不相信，但是大多數主流媒體仍然維持著以事實為根據。幾乎在任何新聞倫理道德要求裡，都會把真實與準確視為近乎最高、或根本就是最高的標準。[70] 此外，一旦出現誹謗官司，會對新

* 編注：極度關心工作、依賴電子產品、睡眠不足、久坐不動、甚少出門。

聞機構造成嚴重傷害，並付出昂貴的代價，所以說實話、把事情弄清楚除了是道德義務，也有著財務上的動機。

然而，許多媒體報導的「事實」卻仍有不同，問題就在於觀點的偏頗。例如在 2017 年 12 月，川普總統的稅改法案（標題是「減稅與工作法案」，本身就在玩文字遊戲）通過，福斯（Fox）新聞的記者亨利（Ed Henry）稱之為「重大勝利」、「總統迫切需要的一場勝仗」。

但換成微軟全美廣播公司（MSNBC）的歐唐納（Lawrence O'Donnell），就把投票支持該法案的共和黨參議員稱為「我在國會見過最醜陋的豬」。

有線電視新聞網（CNN）的塔柏爾（Jake Tapper）則問道：「史上國會通過的重大法案中，是否曾出現這種並未得到（大眾）支持的先例？」

你一定能看出上面三種報導用語當中的偏見，也能推斷出這三家新聞機構所支持的政治意圖。根據別人說了什麼話，很容易能判斷他們的政黨傾向。但在另一方面，數字更容易遭到默默操弄，只要挑選特定的統計數據，就能從特定視角來呈現某項報導。

用「遺漏」的手法，忽略掉其他數據，就能創造出完全扭曲的報導。有時候，研究本身就不可靠。可能是採樣的規模太小、不具代表性或帶有偏見，用了誘導式的提問，又或選擇性報告（selective reporting），都可能導致統計數據不可靠。還有一種更不易察覺的做法，是刻意將統計數據從脈絡中抽離；舉例來說，如果說某種疾病的案例增加了 300%，我們並不知道

究竟是從一名增加為四名，還是從五十萬名增加為兩百萬名。情境脈絡就是有這麼大的影響力。

這裡並非認為所有對數字的不同詮釋都是在說謊。各種詮釋都是部分的事實，是從某個特定視角來看事物，只不過都不是事物的全貌。我們得要自己去拼湊出各種誇張描述背後的真實故事。

本章將會針對報紙頭條、廣告看板和政治口號，分析解說其中的伎倆、陷阱與轉變。而在某些理論上比較會從善意出發的地方（像是給病患的參考刊物、科學文章），我們也會看到類似的數學操縱手法。本章會提出一些簡單的辦法，讓我們分辨自己何時並未被告知事情全貌，也提供一些工具，能夠拆穿對統計數據使用的伎倆，讓我們真正瞭解自己是否該相信那些「事實」。

———————— 生日問題 ————————

最難以察覺、也通常最有效的數學誤導，就是那些看起來根本與數學無關的誤導。高卡在說「日期對聖戰恐怖分子來說意義重大」的時候，是要暗示我們，想想「同一日期發生兩次恐攻的可能性」，也可以清楚看出他認為這不太可能。而想要找出真正的答案，就得靠一項數學的想像實驗，稱為「生日問題」（birthday problem）。

生日問題問的是「在一個房間裡，需要有多少人，才能讓至少有兩個人同一天生日的機率超過 50%？」一般而言，聽

到這個問題，大家的第一個反應會是「180 個」之類，也就是大約全年天數的一半。原因在於我們常常會假設自己在現場，再來思考有另一個人與自己同一天生日的機率。

但實際上，180 這個數字遠遠高於真正的答案。假如我們合理假設所有人的出生日期平均分布在一年當中的各天，答案是只要有 23 人即可。原因在於只要有任兩個人相同，就能滿足題目的要求，而並不是一定要求得在哪一天。

要討論為什麼所需的人數這麼少，可以先思考房間裡的人數可以形成多少「對」；畢竟，問題就是要找出會不會有相同的「生日對」。

如果想計算 23 人可以形成多少個生日對，可以想像請他們排成一排，再要求每個人都要和其他人握到手。第一個人要和後面 22 人握手，接著第二個要和後面剩下的 21 人握手，第三個再和剩下的 20 人握手，以此類推。最後，倒數第二個人和最後一個握手，所以總握手次數是 $22+21+20+\cdots+1$。

整個過程很煩人，雖然在只有 23 個人的時候似乎還好，但如果房間裡超過 50 人，就會覺得過程又臭又長。像這樣從 1 開始相加的連續整數，稱為三角形數（triangular number），原因在於只要是這樣得出的數字，都可以把這個數字的物體排成等邊三角形，可參見圖 15。

幸好，三角形數有個簡單的公式：房間裡如果有 N 個人，所需的握手次數是 $N \times (N-1)/2$。所以，如果有 23 人，就會有 $23 \times 22/2$，也就是 253 種配對。有了這麼多生日對，房間裡有兩個人同一天生日的機率在 50% 以上也就很正常了。

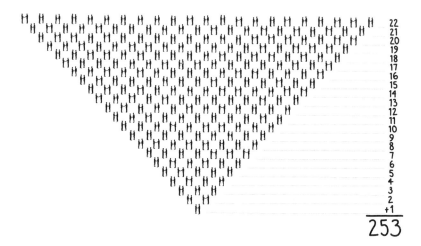

圖 15：23 人之間所需的握手次數。第一個人與剩下的 22 人握手，第二個人與剩下的 21 人握手，最後倒數第二個人只剩下 1 人與他握手。在 23 人之間的握手總數，就是前面 22 個整數的總和。由三角形數的公式可知，只要房間裡有 23 人，就能形成 253 種配對。

　　要計算出這個機率，可以先想想「完全沒有人生日相同」的機率。我們在第 2 章曾用過同樣的數學技巧，計算的是女性要接受幾次乳房 X 光篩檢，得到偽陽性診斷的機率才會增加到 1/2 以上。

　　只要指定任何一對人，我們都能輕鬆算出兩人生日不在同一天的機率。第一個人的生日可以是 365 天中的任何一天，而另一個人的生日則可以是剩下 364 天中的任何一天。所以，如果任意抽出一對人，兩人生日不同的機率是 364/365（或99.73%），幾乎可說是一定不同。

　　但因為這裡總共有 253 種配對方式，而且我們想知道的是

沒有任何一對的生日相同，所以我們需要另外 252 種配對也都沒有人生日相同。要是所有配對都各自獨立，那麼在 253 對當中沒有任何一對生日相同的機率，就會是將任一對生日不同的機率（364/365）乘上自己 252 次，或者寫成 $(364/365)^{253}$。

儘管 364/365 已經和 1 非常接近，但這樣乘了幾百次之後，沒有任何一對生日相同的機率只剩下 0.4995，已經比 1/2 稍低。由於這裡的可能性只有「沒有人生日相同」與「有兩人以上生日相同」這兩種（數學上稱為「（整體）窮盡」〔collectively exhaustive〕或「互補」），兩者的機率總和必定為 1。所以，在此有兩人以上生日相同的機率是 0.5005，稍高於 1/2。

但在實際上，生日配對並不是完全獨立的事件。如果 A 與 B 同一天生日、B 與 C 同一天生日，我們就已經知道 A–C 這個配對的結果：他們肯定是同一天生日（100%），於是這不再是獨立事件。如果真是獨立事件，A 與 C 同一天生日的機率應該只有 1/365。把這些相依性納入考量之後，要精確計算真正配對機率的方式，其實只比上一段假設一切獨立的算法再複雜一點點。

這裡的重點，在於一次只把一個人放進房間裡。在只有兩個人的時候，兩人生日不同的機率是 364/365。再加進第三人，如果不能與前兩個人生日相同，就還有剩下的 363 天可以選，所以第三個人生日也不同的機率是 (364/365)×(363/365)。第四個人只能從剩下的 362 天裡選，所以這四個人生日都不同的機率又低了一點，來到 (364/365)×(363/365)×(362/365)。

以此類推，直到我們把第 23 個人放到房間裡，他還剩下

343 天可以選擇做為生日。於是，只要完成一長串的乘法，就能算出 23 人沒有共同生日的機率為：

$$\frac{364}{365} \times \frac{363}{365} \times \frac{362}{365} \times \cdots \times \frac{343}{365}。$$

　　這個算式告訴我們，在 23 人的團體中，沒有任何兩個人生日相同的機率（已考慮可能的相依性）為 0.4927，略低於 1/2。因為這裡只有兩種可能，不是有共同的生日、就是沒有共同的生日，只要再次使用整體窮盡的概念，就能知道另外一種：至少兩人有共同生日的機率會剛好超過 1/2（0.5073）。

　　等到這群人的數量到達 70，配對數已經來到 2,415。而計算之後我們會發現，這時出現共同生日的機率已經來到 0.999，可能性極高。圖 16 顯示的是在獨立事件數從 1 到 100 之間的時候，有兩個事件發生在同月同日的機率。

　　我的經紀人克里斯是文組出身。在我們第一次見面、討論本書寫作事宜的時候，我就用生日問題這種叫人意想不到的結果，令他印象深刻。

　　當時我們在一家酒吧，客人並不多，而我跟他賭下一輪的酒錢，說我能在現場酒客裡找到兩個生日在同一天的人。他看了看全場，欣然接受這個賭注，還說只要我能找出兩個人同一天生日，下兩輪的酒錢都算他的。顯然他覺得會發生這種事的可能性微乎其微。

　　經過二十分鐘、讓很多酒客覺得莫名其妙、又加上很爛的理由之後（我告訴那些被我冒昧打擾的人：「放心，我沒有要

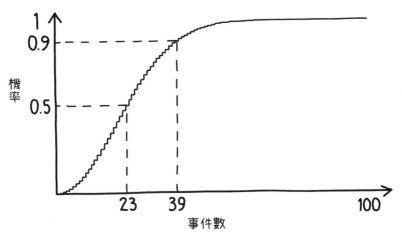

圖 16：隨著事件數的增加，同月同日發生 2 個以上事件的機率。等到有 23 個事件時，出現同月同日的機率剛好大於 1/2。而等到有 39 個獨立事件時，至少 2 個事件發生在同月同日的機率已經上升到將近 0.9。

做什麼壞事，只是個數學家」），我終於找到兩個同月同日生的人，而讓克里斯乖乖掏錢買單。我大概算是小小作了個弊；我上一輪去點酒的時候，已經大致算了算人數。全場的酒客大約有四十位，這樣一來，我要輸的機率只有 11%。真正該說要賭接下來兩輪酒的應該是我，而不是克里斯。

　　然而，只需要這麼少的事件數，有兩起事件出現在同一天的機率就已經這麼高。這項概念可不只是能在酒吧裡騙騙毫無戒心的肥羊，它的意義其實更加深遠，特別是可以讓我們拿來檢視高卡的認定是否正確。聖戰分子真有能力隨意挑選進攻日期嗎？

　　從 2013 年 4 月到 2018 年 4 月這五年期間，伊斯蘭恐怖分

子對西方國家（歐盟、北美或澳洲）發動至少 39 次恐怖攻擊。如果所有事件都是隨機在一年當中任何一天發生，要有 2 起發生在同月同日，乍看之下似乎不太可能。但因為 39 起事件總共會形成 741 個可能的事件配對，所以有 2 起事件在同月同日的機率確實很高，如圖 16 所示，已經來到大約 88%。所以，要是居然沒有任何 2 起恐攻發生在同月同日，我們才該驚訝。當然，這件事和未來是否還會發生恐攻完全無關，但似乎高卡對伊斯蘭恐怖分子的組織能力給了過高的評價。

震驚全美律師的發現

與「生日問題」同樣的道理告訴我們，現代的刑案審理這麼廣泛的使用 DNA 證據，在詮釋解讀時必須格外小心（正如前一章的例子所見）。2001 年，一位科學家在亞利桑那州的州立 DNA 資料庫裡做搜尋，該資料庫收有 65,493 個樣本，但他竟然發現有互相無關的兩人，DNA 圖譜的十三個基因座出現了九個相符。

正確說來，如果是兩個無關的個人，大概要比對三千一百萬對 DNA 圖譜，才會出現一次相符程度這麼高的比對。這項發現令人震驚，於是大家開始尋找是否還會有更多可能的比對相符情況。最後，整個資料庫的圖譜都經過比對，基因座相符九個以上的總共找出了一百二十二對。

基於這項研究，[71] 全美許多律師開始質疑 DNA 識別碼是否真的那麼獨一無二，於是要求其他 DNA 資料庫（包括收有一千一百萬個 DNA 樣本的國家 DNA 資料庫）也進行類似的

比對。

　　如果在一個小到大約只有六萬五千人的資料庫，就會出現一百二十二對的比對相符，那在美國這個人口三億的國家裡，難道真的可以說 DNA 是嫌犯的唯一識別碼嗎？[72] 會不會我們過去所算的 DNA 圖譜相關機率都是錯的，全國用 DNA 證據來定罪根本都是證據不足？有些律師確實認為如此，甚至還曾經以亞利桑那州的研究做為呈堂證供，在辯護時質疑 DNA 證據不可靠。

　　事實上，我們只要用三角形數的公式，就能知道對亞利桑那州資料庫那 65,493 個樣本做互相比對，總共的配對數會超過二十億。如果每比對一千一百萬對無關的 DNA 圖譜可能會出現一對相符，那麼在二十億對 DNA 圖譜當中，應該會出現六十八對部分比對相符（也就是有九個基因座相符）。

　　科學家之所以找到的是一百二十二對，而不是六十八對，原因很簡單：資料庫中有許多人是近親關係。相較於彼此不相關的個人，這些人的圖譜更容易出現比對相符。所以，如果從三角形數來看，資料庫裡的發現並不會動搖我們對 DNA 證據的信心，這只是很正常的數學而已。

──────── 權威數據 ────────

　　在《每日星報》的原始文章裡，高卡特別強調里格比遇害與曼徹斯特競技場恐攻兩者間的日期巧合，真正的機率卻是隱而未提，於是我們也就難以判斷他的說法是否公平。

相較之下，大多數廣告主運用數據的方式正好相反。如果
能找到夠令人開心的數據，一般來說就會大肆宣揚一番。廣告
主都知道，一般人會覺得數字是種無可爭辯的事實。只要廣告
裡有數字，說服力就會大大提升，讓宣傳者的說法如虎添翼。
統計數據表面上看來十分客觀，似乎告訴著我們：「就算你不
相信我們說了什麼，也該相信這項無可置疑的證據。」

從 2009 年至 2013 年期間，萊雅（L'Oréal）的蘭蔻超進化
肌因賦活（Lancôme Génifique）「抗老化」小黑瓶系列大打廣告
銷售，除了有各種常見的廣告偽科學標語（「年輕就在你的肌
因裡，重新啟動年輕」、「現在就增強肌因活力，刺激生成『年
輕蛋白』」）之外，還配上長條圖，顯示出有 85% 消費者的
肌膚「完美光亮」、82% 消費者的膚色「驚人均勻」、91%「水
嫩彈潤」，還有 82% 只經過了短短七天，就覺得肌膚「整體
外觀改善」。就算我們暫時不論這些描述有多麼模糊不清，那
些數字看來可真是令人印象深刻，彷彿對產品讚譽有加。

然而，深入探究產出這些數字背後的研究，就會看到一個
截然不同的故事。萊雅要求參加這項研究的女性每天使用小黑
瓶系列兩次，再問她們對以下陳述的認同程度：「肌膚看起來
更光亮」、「膚色看起來更均勻」和「肌膚感覺更柔軟」。

她們是以九分量表來表達自己對這些陳述的認同程度，從
一分「非常不同意」，到九分「非常同意」。這些受試者評分
的並不是肌膚的光澤度、柔軟度或膚色的均勻度，完全只是她
們覺得有沒有改善，而且她們也肯定沒有提出「完美」、「驚
人」這些修飾語。

根據調查結果，雖然有 82% 確實同意自己的膚色在七天後看來更加均勻（在九分量表給出六到九分），但選擇「非常同意」的還不到 30%。同樣的，雖然 85% 同意她們的肌膚看來更光亮，但只有 35.5% 選擇「非常同意」。萊雅一直在粉飾自己的調查結果，好讓結果看來比實際更美好。

更讓人在意的是研究規模。整個研究的樣本數只有三十四人，出於「小樣本變動」（small sample fluctuation）的影響，實在很難判斷結果是否可信。相較於樣本數較大的研究，樣本數如果較少，通常會與真正的母群體平均值產生更大的離差。舉例來說，想像有一枚正常的硬幣，有 50% 的時候會投出正面、50% 投出反面。出於某些因素，我想讓別人相信這枚硬幣比較容易投出反面。而如果我能投出至少 75% 的反面，應該就能說服對方。隨著樣本數（投硬幣次數）增加，我能說服他們的機率會怎樣變化？

可能的話，我希望只投一次就解決。如果能投出反面就太好了：投一次、出現一次反面的結果，超過 75% 這個門檻值。而如果只投一次，有 50% 的機率能出現這種情況。所以，只投一次能使我有最大的機會讓別人以為這枚硬幣有問題。

但對方很可能表示需要更多資料才肯相信，於是要求我再投一次。如果要投兩次，我就需要連續投出兩次反面，才能讓人相信硬幣有問題。如果是一正一反還不行，因為這樣投出反面的機率只有 50%。

從圖 17 就能看到，如果投一個正常硬幣兩次，投出兩個反面的機率就只有 1/4，所以我只能說服 1/4 的人。如圖 18 所

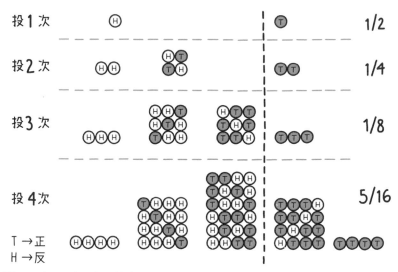

圖 17：投 1 到 4 次硬幣時，可能出現的正面反面組合。分隔線的右邊代表投出至少 75% 反面的結果。

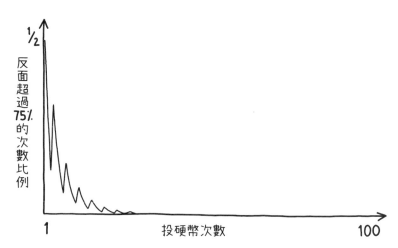

圖 18：隨著投硬幣次數增加，能夠說服別人某一枚正常硬幣其實比較容易投出反面的可能性迅速降低。

示，隨著樣本數增加，能看到至少 75% 反面的可能性會迅速降低。等到對方要求我把樣本數增加到 100 次，我能說服對方這個硬幣有問題的機率降到只剩 0.00000009。

隨著樣本數增加，在平均值（本例也就是有 50% 投出反面）上下的變異程度會減少，也就是愈來愈難以讓人相信不實的說法。所以，如果萊雅這項廣告背後的研究只有三十四名參與者，它的可信度實在需要質疑。

一般來說，如果樣本數較少，廣告會傾向以百分比來呈現（82% 膚色驚人均勻），而不會使用個數來呈現（在三十四位當中，有二十八位的膚色驚人均勻），免得讓人發現樣本數少得尷尬。此外，樣本數少的一個明顯跡象（例如在蘭蔻小黑瓶的廣告裡），就是會出現兩個以上相同的百分比（除了有82% 覺得膚色均勻，同樣有 82% 覺得肌膚整體外觀改善）。

在小樣本的時候，想讓聽眾相信自己的產品「還不錯，但也不是完美」並不容易（如果所有的數字都落在 95% 到 100% 之間，那看起來實在很可疑），原因就在於小樣本的回答變化相對較少。在樣本數較多的時候，比較不容易像現在這樣，有同樣的人數給出同樣的答案。

2014 年，聯邦貿易委員會（FTC）致信萊雅，指控小黑瓶系列的廣告涉嫌欺騙。[73] 委員會認為廣告圖表中的數字「虛假或造成誤導」，而且未經科學研究證實。對此，萊雅同意不再「對這些產品做出扭曲任何測試或研究結果的聲明。」

除了小樣本造成的偏誤之外，小黑瓶的研究還可能有自發回應偏誤（voluntary response bias）與選樣偏誤（selection bias）之

類的抽樣偏誤（sampling bias）。舉例來說，如果萊雅是在自己的網站上招募研究受試者，很有可能找來一批本來就容易覺得產品效果肯定不錯的女性，因此可能給出正面評價（自發回應偏誤）。另外，萊雅也可能是針對過去曾經對萊雅產品給出好評價的顧客，特別挑選她們來參與實驗（選樣偏誤）。

想在某項研究、民調或政治口號裡得到好看的數字，還有一些其他方式，但問題可能更大。像是如果第一批三十四位參與者的結果不好看，為什麼不乾脆重新開始另一項研究呢？只要樣本小、變異就大，多做幾次，遲早能得到好看的結果。

或者，也可以先做一項大樣本數的試驗，再精心篩選出一批能夠得到最佳結果的參與者。這就是所謂的資料操縱（data manipulation, fudging the data）。這種現象的一個常見例子是報告偏誤（reporting bias）。研究偽科學現象（像是另類療法、超感知覺〔extrasensory perception，又叫做特異功能〕）的科學家就常常會抱怨，覺得有些研究者從心裡認同這些項目，於是出現報告偏誤。

那些早有偏見的研究者只會提出「陽性結果」（例如那些說自己從某種療法得益的參與者，或是某個有「特異功能」的人，能夠從洗過的牌堆裡正確預測下一張的花色），而「陰性結果」雖然占了大多數，卻遭到無視，於是研究結果表面上就比實際情況更像有那麼一回事。

一旦結合了兩種以上的偏誤，最後得到的結果會與公正抽樣的預期結果天差地別。《文學文摘》（*Literary Digest*）雜誌的編輯就曾有慘痛經驗。

──── 《文學文摘》的難題 ────

1936 年美國總統大選前夕，備受推崇的《文學文摘》（後稱《文摘》）編輯親自進行一項民調，希望預測誰能勝出。當時的總統小羅斯福（Franklin D. Roosevelt）是候選人之一，他的對手則是共和黨的蘭登（Alf Landon）。

在此之前，《文摘》一直能夠正確預測下任總統，這份光榮的歷史足足可上溯到 1916 年。而四年前的 1932 年大選，《文摘》的民調預測小羅福斯勝出，預測數字與最後實際得票率只差了不到一個百分點。[74] 到了 1936 年大選，《文摘》在那場民調投注的抱負與成本都超越史上曾有的民調。

《文摘》根據車籍資料與電話簿，列出了大約一千萬個人的名單（約占投票總人口四分之一）。他們在 8 月向這些人寄出模擬民調，並在雜誌上大肆吹噓：[75]「……如果以過去的經驗為標準，美國即將得知四千萬普選票的投票結果，誤差不到 1%。」

等到 10 月 31 日，《文摘》回收了超過二百四十萬張民調選票，他們計算後公布模擬結果，標題寫著「蘭登，1,293,669；羅斯福，972,897」。[76]《文摘》預測：蘭登將會大幅度獲勝，在普選票中以 55% 對 41% 領先（另一位候選人萊姆克〔William Lemke〕則得到 4% 的普選票），而 531 張選舉人票也將奪下 370 張。

但在四天後，真正的選舉結果公布，《文摘》編輯群瞠目結舌，羅斯福再次入主白宮，而且還不是以些微差距獲勝，是

壓倒性的勝利。羅斯福贏下 60.8% 的普選票，這個百分比是 1820 年以來最高。不但如此，羅斯福還奪下高達 523 張選舉人票，反觀蘭登只有 8 張。

《文摘》對普選票結果的預測，差了將近 20%。如果是在小樣本的時候，差異這麼大或許也不令人吃驚，但《文摘》可是調查了兩百四十萬人啊。在樣本數已經這麼大的時候，到底為什麼會錯得如此離譜？

答案就在於抽樣偏誤。這項民調的第一個問題，在於選樣偏誤。1936 年，美國尚未擺脫經濟大蕭條的影響，那些有車、有電話的人，很可能是社會裡比較富裕的一群。因此《文摘》得到的名單已經偏向中上層階級的選民，他們在政治上偏向右翼，並不那麼支持羅斯福。羅斯福的核心支持者是那些比較窮困的民眾，但是《文摘》的民調完全沒能計入這群選民。

而就這次民調的結果，或許更重要的是一種稱為「無回應偏誤」（non-response bias）的現象。雖然原始名單有一千萬人，但裡面回應的不到四分之一。這樣一來，這場民調抽到的並非原本預計的母群體。就算一開始選定的人口族群足以代表整個母群體（事實不然），此時願意與不願回應調查的兩群人，對政治的態度也通常有所不同。那些通常比較富裕、受過良好教育、願意回應問題的人，往往支持的是蘭登，而非羅斯福。於是，兩種抽樣偏誤互相加乘的效果，就讓結果差之千里，使《文摘》淪為笑柄。

同一年，《財星》（Fortune）雜誌只靠著四千五百名參與者，[77] 就預測到羅斯福最後會勝出，誤差不到 1%。《文摘》

輸得灰頭土臉。後來常有人認為，正是由於這次的民調結果，讓它過去無可挑剔的信譽受到重創，加速了《文摘》的衰亡，後來不到兩年就停刊收場。[78]

——— 黑人比較危險？ ———

政治民調從業人員已經發現，自己必須更瞭解統計知識才能得到準確的結果，但政客卻發現，如果能更瞭解統計上的操縱、挪用與舞弊，就能做盡壞事卻不受懲罰。

2015 年 11 月，川普競爭共和黨總統候選人資格時，發了一條推文，有一張圖片寫著以下統計數據：

黑人遭白人殺害 ― 2%

黑人遭警察殺害 ― 1%

白人遭警察殺害 ― 3%

白人遭白人殺害 ― 16%

白人遭黑人殺害 ― 81%

黑人遭黑人殺害 ― 97%

圖上的資料數據來源寫的是「舊金山犯罪統計局」（Crime Statistics Bureau – San Francisco）。但事實證明，根本沒有什麼犯罪統計局，而且這些統計數據錯得離譜。聯邦調查局在 2015 年的實際統計數據如下：（原始數據請見表 10）

黑人遭白人殺害 ―　9%

白人遭白人殺害 ― 81%

白人遭黑人殺害 ― 16%

黑人遭黑人殺害 ― 89%

很顯然，川普的推文嚴重誇大黑人犯下凶殺案的數量，在「白人殺白人」與「黑人殺白人」的數字上顛倒黑白。然而這篇推文的轉推數超過七千，按讚數超過九千。這正是確認偏誤（confirmation bias）的經典案例。民眾之所以會轉推這篇假資訊，是因為覺得這項資訊出自他們推崇的來源，而且符合自己原先就有的偏見。所以，他們沒有先去查證資訊是否屬實，而川普也沒有。

福斯新聞的記者歐萊利（Bill O'Reilly）後來詢問川普，究竟為什麼要傳那張圖。川普先以他典型的誇張風格聲稱「我應該是地球上最沒有種族主義的人」，再接著說「難道我每個數據都得要檢查嗎？」

算個清楚

川普在 2015 年發出那則推文的時候，正是警察暴力引發全美熱議的高潮時刻，特別是警察對黑人被害人的暴行。相關案件中，最引人矚目的是兩位無持械黑人青少年馬丁（Trayvon Martin）和布朗（Michael Brown）的死亡案件，正是加速「黑人的命也是命」（Black Lives Matter）風起雲湧的催化劑。

從 2014 年到 2016 年期間，「黑人的命也是命」在全美

各地舉辦了包括遊行與靜坐在內的大規模抗議活動。2016 年
9 月，該運動在英國設立分會，而立場偏右的新聞工作者李德
（Rod Liddle）則對該運動的抗議活動有所不滿。一篇由數學觀
點出發的部落格文，[79] 讓我注意到李德曾在英國小報《太陽報》
上，對美國一開始的「黑人的命也是命」運動發表評論：

> 這項運動的成立，是要抗議美國警方遇到黑人嫌犯會直
> 接射殺，而非逮捕。
> 毫無疑問，美國警方是有點愛開槍。或許看到黑人嫌犯
> 的時候更愛亂開。
> 但也毫無疑問，美國黑人面對的最大危險，正是……
> 呃，就是其他黑人。
> 黑人殺害黑人的案件，每年平均超過 4,000 起。而美國
> 警方殺害黑人的人數，不論當時開槍是對或錯，人數都
> 只有每年 100 人左右。
> 你大可算個清楚。

所以，我就要來算個清楚了。

讓我們以 2015 年的統計數據為例，那是李德當時能取
得最完整全年數據的年份。根據聯邦調查局（FBI）的統計數
據 [80]（見表 10），2015 年共有 3,167 名白人、2,664 名黑人
遇害。在受害人為白人的凶殺案中，白人凶手占了 2,574 件
（81.3%），黑人凶手則占 500 件（15.8%）。在被害人為黑
人的凶殺案中，白人凶手占了 229 件（8.6%），黑人凶手占

表10：2015 年遭到凶殺的統計數據，依被害者與殺人者的種族／民族加以區分。總計欄位與白人／黑人殺人者欄位的總和之所以不同，是因為某些殺人者屬於其他民族或無法得知。

被害者的種族／民族	總計	殺人者的種族／民族	
		白人	黑人
白人	3167	2574 (81.3%)	500 (15.8%)
黑人	2664	229 (8.6%)	2380 (89.3%)

了 2,380 起（89.3%）。

因此，李德聲稱每年有 4,000 起「黑人殺黑人」的案件，是大幅誇大了數據，足足膨脹了大約 70%。有鑑於 2015 年黑人只占全美人口 12.6%、白人則占 73.6%，黑人被害人卻占了凶殺案 45.6%，[81] 這才真是一項警訊。

而講到遭警方殺害的情況，雖然這項議題的爭議性遠遠較高，卻很難取得確實的人數。「黑人的命也是命」運動的一個重要轉捩點，是黑人青少年布朗遭到白人警察威爾森（Darren Wilson）槍擊致死，隨後在密蘇里州弗格森（Ferguson）引發多場抗議活動。這些抗議活動也讓 FBI 的「警方每年殺人總數」統計成為關注焦點。

人們發現，在全美警方殺人的案件中，FBI 有留下紀錄的竟然不到一半。[82] 於是《衛報》從 2014 年發起「列入計算」（The Counted）計畫，希望蒐集到更準確的數字。這項計畫實在太成功，讓《衛報》比 FBI 更清楚掌握平民遭警方殺害的人數；時任 FBI 局長的科米（James Comey）在 2015 年 10 月說這項計畫「令人尷尬，而且荒謬」。[83]

　　《衛報》的數據顯示，在 2015 年遭到警方「不論是對或錯」（呼應李德的說法）殺害的 1,146 人中，黑人占了 307 人（26.8%），白人占了 584 人（51.0%）（其他被害人屬於其他民族或無法判斷）。同樣的，李德的數據與事實相距甚遠。他說每年警方殺害了 100 位黑人，其實還不到真實數據的三分之一。

　　如果李德想回答的問題是：「如果某個美國黑人遇害，比較可能是被另一位黑人所殺、或是被警察所殺？」，那麼使用正確的數字，很顯然黑人被另一位黑人所殺的人數，幾乎是被警察所殺的八倍（2,380 比 307）。

　　然而，這個問題似乎別有居心。如果我告訴你，全美公民在 2017 年有 40 位被狗所害，而只有 2 位被熊所害，會不會讓你認為狗比熊更凶殘？當然不會。絕不是狗天生比熊更危險，而是在美國狗的數量比熊多得多。換種說法，如果你得和一條狗或一頭熊一起關在房間裡，你會選哪個？我是不知道你的答案啦，但我應該會選狗。

　　同理，有鑑於美國的黑人公民人數高達 4,020 萬，而專職的「執法人員」（有槍、有警徽）只有 635,781 名，[84] 黑人所殺害的人數高於執法人員並不令人意外。李德更該問的問題，應該是「如果一個美國黑人公民獨自走在路上，更該擔心哪個人會殺死自己：另一個黑人，或是執法人員？」

　　想找出答案，就需要比較黑人和警察對黑人被害者的「人均」殺人率。如表 11 所示，想計算人均殺人率，就是將遇害的黑人被害者總數，除以特定群體（黑人或警察）的規模。

表 11：黑人公民被害者的死亡人數，區分為殺人者為其他黑人或執法人員。這兩個族群的規模，也用來計算人均殺人率。

殺人者	黑人被害者死亡人數	群體規模	人均殺人率
黑人公民	2380	40,241.818	1/16908
執法人員	307	635,781	1/2071

　　2015 年，黑人共殺害了 2,380 位黑人，但因為美國黑人人口超過 4,020 萬，人均殺人率相對較低，只有 1/17,000 左右。至於警察，在 2015 年「不論是對或錯」，共殺害了 307 位黑人。由於警察總數只有 635,781 位，代表人均殺人率只略低於 1/2,000，比美國黑人公民的殺人率高出超過八倍。所以，如果一個黑人走在路上，比起另一個黑人，似乎更該小心警察。

　　不過，我們確實應該再考慮到一件事：民眾遇到警方的時候常常會起衝突，而美國警方往往又全副武裝。他們是得到授權、可以使用致命武力的人，所以他們殺人致死的頻率比一般大眾更頻繁，或許不是那麼奇怪。依照完全相同的計算方式，我們也可以證明雖然白人遭到其他白人殺害的個案數更多，但白人應該更害怕的同樣是執法人員（人均殺人率 1/1,000），而非其他白人（人均殺人率 1/90,000）。

　　警方對白人的人均殺人率足足是對黑人的兩倍，這是因為美國的白人人數高於黑人。但同樣的，或許該擔心的是比率竟然只有兩倍，因為美國的白人人口數幾乎是黑人的六倍。

　　所以，雖然李德光是統計數據就有問題，但或許另一點更

應該討論：為什麼他問的是「誰殺得最多？」，而不是「誰被
殺最多？」他在《太陽報》上的那篇文章其實轉移了焦點，讓
大家忽略「黑人的命也是命」運動的一項核心數據：只占了
12.6% 的黑人人口，卻占了所有警察殺人案的 26.8%，而占了
73.6% 的白人人口，卻只占了警察殺人案的 51.0%。

　　這裡的落差，是否有什麼隱藏的影響因素？（也就是上一
章解釋吸菸竟然似乎對出生體重過輕嬰兒有好處時，所提到的
「潛在變項」）答案幾乎是必然。舉例來說，比較窮的人比較
可能犯罪，而在美國，黑人比較可能屬於貧窮階級。

　　至於究竟是不是這些因素，造成黑人在警察殺人案受害者
當中有過度代表（over-representation）的現象，還有待觀察。

── 吃豬肉不小心，可能致命 ──

　　講到《太陽報》的統計數據出現爭議，李德的文章既不會
是第一次，也不會是最後一次。2009 年，《太陽報》就有一
則看來確實吸睛的標題，寫著「吃豬肉不小心，可能致命」。

　　當時世界癌症研究基金會（World Cancer Research Fund）有
一份厚達五百頁的研究報告，而《太陽報》的報導只從幾百項
結果裡挑出了一項：每天食用五十公克加工肉品的效果。[85] 這
份小報提出的「事實」令讀者震驚：如果每天吃一個培根三明
治，會讓罹患大腸癌的風險增加 20%。

　　然而，這個數字其實是危言聳聽。如果我們用「絕對風險」
來表示「在暴露或未暴露於特定風險因素的情況下（例如吃或

不吃培根三明治），出現某種預期結果（例如罹患癌症）的人
口比例」，就可以發現事實是：每天食用五十公克加工肉品，
會讓罹患大腸癌的絕對終生風險從 5% 增加到 6%。

　　我們從圖 19 的左側，可以看到兩組各 100 人的命運。在
每天吃培根三明治的 100 人當中，比起那些放棄了培根三明治
的 100 人，只多出 1 位罹患大腸癌。

　　《太陽報》並未使用比較客觀的絕對風險，而是選擇強調
「相對風險」：相較於一般大眾，針對暴露在特定風險因素的
人（例如吃培根三明治），出現特定結果（例如罹患癌症）的
風險。只要相對風險大於 1，就代表相較於未暴露的人，有暴

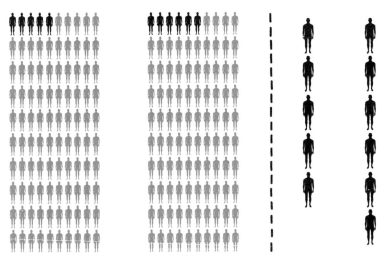

圖 19：如果比較絕對數字（100 位當中有 5 位，對上 100 位當中有 6 位）
（圖左），就很清楚每天食用五十公克加工肉品所增加的風險並不高。但如
果把關注焦點放在數量相對較少的病患人數上（圖右），看到相對風險增加
20%（5 位有 1 位），就覺得增加了非常多。

露的人更有可能罹患這種疾病。而如果小於 1，則代表風險較小。

在圖 19 的右側，排除未受到該疾病影響的民眾之後，相對風險的增加（6/5、或說 1.2）看來就更為顯著。雖然對每天食用五十公克加工肉品的人來說，相對風險確實增加了 20%，但絕對風險其實只增加了 1%。只不過，說「風險增加 1%」並無助推升報紙銷量。

果然，這篇報導的標題點起熊熊大火，在媒體上引發一波「拯救我們的培根」（Save our Bacon，本片語也有「避免落入麻煩」的意思）的風潮。接下來幾天內，可以看到科學家對這個數字大為光火，斥責有些「健康納粹分子」是在「對培根宣戰」。

不太正常的正常

另一種吸引注意力的媒體手法，則是刻意改變我們所認定為「正常」的群體。要呈現相對風險的時候，最誠實的辦法是先取得一般大眾的背景風險值，接著比較特定子群體的風險是提升或降低。

有時候，我們會以最大子群體的疾病風險做為比較基準，用來呈現其他子群體的風險高低。如果遇到罕見疾病，因為幾乎所有人口都不會有這種疾病，所以「未得病」這個子群體就幾乎等於總人口。

舉例來說，假設我們要呈現女性有 BRCA1 或 BRCA2 基因突變時罹患乳癌的風險。比較有道理的呈現方式，應該是指出女性只有 0.2% 具有此類基因突變，以及這 0.2% 女性罹患

乳癌的絕對風險會增加；而不是說沒有這些基因突變的 99.8% 女性風險會減少。

但遺憾的是，標題如果說得太透明誠實，當成新聞頭條的效果就沒那麼好，於是我們看到有許多大型新聞媒體都在不斷操縱統計數據的呈現方式，希望刺激銷量。

2009 年的《每日電訊報》就有一篇報導，標題寫著「十分之九的人，體內帶有增加高血壓機會的基因」，文中提到：「科學家發現，將近 90% 的人都帶有一種基因變體，會讓發展出高血壓的機會增加 18%。」但在《自然遺傳學》（*Nature Genetics*）期刊上，原本的數據其實是 10% 的人擁有某種基因變體，能讓他們相較於其他 90% 擁有不同變體的人，得到高血壓的機率低 15%。[86]「18%」這個數字從未出現在刊物中。

雖然《每日電訊報》的報導大致正確，但卻不懷好意的把參照族群換成了比較小的族群：那 10% 擁有低風險基因變體的人。原本的參考值是 1，減少 15% 也就是 0.85，報導的作者就認為，要再回到 1，需要的是讓 0.85 增加 18%。靠著這種數學花招，《每日電訊報》不但增加了相對風險的大小，還把「對 10% 的人來說是個好消息」的故事，變成了「對 90% 的人來說是個壞消息」的故事。

會操縱數字的媒體絕對不只《每日電訊報》而已，許多其他報紙也以同樣有問題的操作方式來編造故事，以吸引閱聽大眾。

一般來說，如果是一篇刻意聳人聽聞的文章，你會發現裡面不會提到絕對風險：絕對風險通常只會是兩個小數字（肯定

不會超過 100%），一個代表的是罹患該疾病或使用某療法的族群，另一個代表的是其他人口。另一種聳人聽聞的方法，則是會說有超過半數的人口，風險都會增加或減少。

只要發現這些現象，你就該好好考慮是否要接受那篇文章的論點。如果你想找出標題背後的真相，可以做些後續追蹤調查，看看有沒有媒體提供了絕對數據，甚至可以找出最原始的那篇科學研究（目前已經愈來愈容易在網路上免費取得科學文獻）。

────── 不同的表達方式 ──────

說到操弄各種風險與機率的數字，絕對不是報紙的專利。在醫療領域，談到醫療風險、藥物功效與副作用的時候，還有更多統計手段能讓人得逞。例如想支持某種特定詮釋的時候，一種簡單的方法就是刻意從正面或負面來呈現數字。

2010 年有一項研究，請參與者閱讀幾項與醫療程序相關、帶有數字的陳述，並要求他們為風險評分，從 1 分（完全無風險）到 4 分（非常危險）。[87] 這些陳述包括像是「羅伍先生需要動手術：接受這種手術的病患當中，每千人有 9 人會死於手術」，或是「史密斯先生需要動手術：接受這種手術的病患當中，每千人有 991 人會活過這項手術。」請思考一下，你比較想當羅伍先生，還是史密斯先生？

當然，這兩種陳述只是從不同觀點表達相同的統計數據，第一種使用死亡率，第二種使用存活率。對於計算能力比較差

的參與者來說，從存活率出發的這種正面陳述，在 4 點量表上感受到的風險低了將近快要足足 1 點。而且即使是計算能力比較好的參與者，也會覺得負面陳述時的風險似乎更高。

　　檢視各種醫學試驗結果的時候，常常會看到從相對值的觀點來報告正面結果，以放大那些感覺到的好處；並從絕對值的觀點來報告副作用，以減少那些感覺到的風險。這種做法稱為「不相等表達」（mismatched framing），在全球三大醫學期刊裡，大約有三分之一的文章都以這種方式來呈現療法的優劣。[88]

　　或許更令人擔憂的是，這種現象也普遍出現在病患的諮詢文獻資料中。在 1990 年代後期，美國國家癌症研究所（National Cancer Institute, NCI）為了教導大眾認識乳癌風險，推出線上應用程式，名為「乳癌風險工具」（Breast Cancer Risk Tool）。

　　乳癌風險工具當時刊出一項最新臨床試驗的結果，這項試驗為了評估藥物泰莫西芬（Tamoxifen）的益處與可能的副作用，收錄了超過 13,000 名乳癌風險較高的女性。[89] 受試女性分為人數大致相等的兩組（又稱為雙臂〔two arms〕試驗），第一組服用泰莫西芬，第二組則服用安慰劑，也就是對照組。評估藥物療效的方法則是在為期五年的研究結束後，比較這兩組患有侵襲性乳癌及其他類型癌症的人數。

　　國家癌症研究所在乳癌風險工具上表示，罹患乳癌的相對風險降低：「（服用泰莫西芬的）女性診斷患有侵襲性乳癌的情形減少約 49%。」49% 這麼大的數字，看起來令人印象深刻。但講到要量化表示可能的副作用時，用的卻是絕對風險：「……（試驗的）泰莫西芬組當中，每年的子宮頸癌發生率為

每10,000人23例，安慰劑組則為9.1例」。看起來比例都很低，似乎表示泰莫西芬並不會影響子宮頸癌的風險。

無論是有意還是無意，國家癌症研究所的研究人員在為這支線上風險資訊工具蒐集、提供資料的時候，一方面強調了泰莫西芬降低乳癌發生率的優點，同時也淡化了對子宮頸癌風險的感知。如果真的要平等的比較兩個統計數字，那就該同樣以相對風險來計算，既然乳癌風險降低49%，子宮頸癌的風險便是增加了153%。

而在最原始的研究報告中，也是使用49%這個數字來描述乳癌發生率的減少，卻把子宮頸癌風險增加的情況表示為相對風險比值2.53。像這樣，以百分比而非小數點來強調優點的技巧，利用的其實是一種「比率偏誤」（ratio bias）。[90]

做一個簡單的實驗，就能證實我們多麼容易落入比率偏誤的陷阱：受試者蒙上眼睛，要從盤子裡隨機拿出一顆軟糖。[91]拿到紅色軟糖，就能獲得1美元。受試者可以先選擇盤子，第一盤有9個白色、1個紅色軟糖，第二盤則有91個白色、9個紅色軟糖；雖然第二盤能讓人摸到紅色軟糖的機會比較小，但選第二盤的人卻比較多。根據推測，可能是因為盤子裡的紅色軟糖個數比較多，讓人感覺不管其他白色軟糖有幾顆，能摸到紅色軟糖的機會還是比較高。有位參與者就說：「我選了紅色軟糖比較多的那一盤，因為看起來能贏的方式比較多。」

根據泰莫西芬研究的絕對數據顯示，侵襲性乳癌的病例從不給予療法的每10,000人261例，減少到使用療法後的每10,000人133例。諷刺的是，就算採用絕對數據來避免比率偏

誤與不相等表達，乳癌風險工具的使用者還是能夠明顯看出，這種藥物所預防的乳癌病例數（每萬人減少 128 例），重要性遠遠超過引發子宮頸癌的病例數（每萬人增加 14 例）；根本沒有必要操縱原始的臨床數據。

─────── 回歸的傾向 ───────

醫療情境當中的各種統計扭曲，有大多數可能是研究人員無意為之，只因為他們並不瞭解一些常見的統計陷阱。例如在瞭解藥物療效的臨床試驗中，常常會請來一群已經身體不適的患者，提供某種建議療法，再監控病情的改善狀況。如果症狀緩解，似乎很自然就會認為是給予的療法發揮了效果。

讓我們想像一下，你找來許多關節疼痛的人，請他們坐好別動，然後讓活生生的蜜蜂來叮他們。（雖然聽起來很荒謬，但這千真萬確是一種另類療法，稱為蜂針療法〔apipuncture〕。葛妮絲派特洛〔Gwyneth Paltrow〕 最近還在她的 Goop 生活風格網站進行推廣，可能因此讓這種療法人氣大漲。）現在再想像一下，某些患者的關節疼痛奇蹟般的消失了。

平均看來，他們經過治療之後開始感覺比較好。我們能不能下個結論，說蜂針療法確實對關節疼痛有效？或許不行。實際上，目前沒有任何科學證據支持蜂針療法對任何疾病有效。而真正的事實，是這種蜂毒療法普遍會讓人類產生不良反應，已知至少有一名患者因此身亡。

這樣一來，我們到底該怎麼解釋這種試驗居然產生了正面

的結果？是什麼讓患者的關節疼痛病情好轉？

　　像關節疼痛這樣的疾病，嚴重程度會隨著時間而波動。像蜂針療法這種極端又另類的試驗，找來的患者很有可能本身病況就已經相當嚴重，一心希望只要簽下同意書，就能找到處理這些疾患的辦法。如果他們是在痛得最嚴重的時候接受治療，那麼很有可能過一段時間自然就會覺得好多了，實際上跟療效一點關係都沒有。這種現象叫做「均值回歸」（regression to the mean）。在許多試驗裡，只要結果與隨機性有關，就會受到均值回歸的影響。

　　為了解釋均值回歸的道理，讓我們假設這裡有一場很極端的考試，學生必須針對某個他們一無所知的主題，回答 50 題是非題，每題 1 分。在學生基本上只能隨機猜測的情況下，得分從 0 到 50 都有可能。但應該只有極少數的學生會全對，也只有極少數的學生會全錯。

　　圖 20 是分數的分布圖，顯然多數人的分數落在接近中間平均值 25 分。如果我們找出排名前 10% 的學生，他們的分數當然會顯著高於所有人的分數平均。但在這種時候，如果我們再拿一批新問題來重新考他們，這些學生的表現難道還會顯著高於平均嗎？當然不會。如果再考一次，他們的分數應該也會平均分布在平均值 25 分左右。把第一次得分最低的 10% 學生請來再考一次，情況也會是如此。一般來說，如果挑出第一次考試分數極端的學生，再考一次，分數都會回歸到平均值。

　　在真實的考試中，成績當然和技巧和職業道德大大有關，但也有運氣的成分，要看你的試前複習是不是剛好猜到考題。

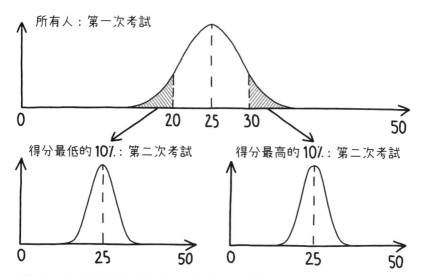

圖 20：50 題是非題的得分分布。將得分最高的 10%（右側陰影區域）請來再考一次，這些人的平均分數也會和所有人的平均分數相同。得分最低的 10%（左側陰影區域）也是如此。無論是得分高或低的族群，都回歸到了平均值。

而只要有隨機的成分在，就會受到均值回歸的影響。運氣成分在選擇題考試特別明顯，就算學生完全沒有相關知識，也可能猜到正確答案。

　　1987 年有一項研究找來二十五名對考試焦慮的美國學生，他們曾經考過一次選擇題形式的學術性向測驗（SAT），但成績意外不理想。這些人服下高血壓藥物普潘奈（propranolol），然後再考一次。[92]《紐約時報》報導了結果：「一項控制高血壓的藥物，讓有嚴重焦慮的學生大大提升 SAT 分數⋯⋯」。SAT 的分數是從 400 到 1,600，而服用普潘奈的學生，分數平均大幅提升了 130 分，乍看之下效果非常顯著。

　　但事實證明，就算是沒有焦慮症狀的學生，重考一次 SAT 也能讓分數提升大約 40 分。而那些接受實驗的學生原本獲選的原因就是 SAT 分數低於智商或其他學業指標所預期，所以成績顯著提高很有可能只是因為均值回歸，跟是否服用普潘奈沒有關係。

　　這項實驗並沒有另外一組「未服用普潘奈而重新考一次 SAT」的學生做為對照組，所以無法判斷是否真的是藥物的功效。如果光看實驗組，就很可能認定成績提升是藥物的作用。然而，根據純隨機選擇題測驗的結果顯示，找來一群極端值的受試者，測出他們的成績回歸到平均值，只是再正常不過的統計現象。

雙盲試驗

　　在醫學試驗中，必須避免做出其實不存在的因果推斷。而避免的方法之一（如第 2 章和第 3 章所見），就是採用隨機對照試驗，將病患隨機分配成兩組。如先前泰莫西芬乳癌試驗所示，「治療組」的患者接受真正的療法，「對照組」的患者則接受安慰劑療法。如果無論患者或給予治療的醫師都不知道患者分配到哪一組，就稱為「雙盲」（double-blind）試驗；一般公認這是臨床試驗的黃金標準做法。如果採用雙盲隨機對照試驗，對照組與治療組兩者病況改善的差異就可以歸因於療法本身，而排除均值回歸的效應。

　　在過去，如果對照組的患者病況有任何改善，稱為安慰劑效應（placebo effect）：雖然可能吃下的只是一粒糖丸，卻因為

自己以為是藥物，於是讓病況有所改善。但現在我們愈來愈清楚，知道安慰劑效應是由兩種不同現象組成。

其中一種的占比或許比較小，也就是真正的心身效應（心理影響身體），單純因為患者相信自己正在接受治療，於是有所好轉。這種「真正的安慰劑」作用，會讓患者對自身症狀的判斷有確切的改變。如果患者知道自己接受的是真正的療法，獲得的心身效應就會更大。有趣的是，就算只讓給予療法的醫師知道，也會有所影響，所以才需要使用雙盲的設計。

對照組患者的病況之所以改善，另一個原因或許更重要，也就是均值回歸。均值回歸只是簡單的統計效應，對患者完全沒有好處。

產生安慰劑效應的時候，想知道究竟是屬於上面哪一種，只有一個辦法：將安慰劑對照組的結果與「完全不治療」的結果進行比較。一般會認為這樣的試驗不符合試驗倫理，但過去的研究已經夠多，可以看出大多數所謂的安慰劑效應只是均值回歸，患者根本無法從中得益。[93]

許多另類療法的支持者認為，就算自己的療法只是安慰劑效應，但既然安慰劑的效用顯著，那就值得使用。然而，如果大多數的安慰劑效應其實只是均值回歸、對患者沒有好處，這種說法也就說不通了。

還有一些另類療法專家認為，不該執著於「人工的臨床試驗」結果，而該考慮「現實世界」的成果；換句話說，也就是進行「沒有實驗對照的試驗，只看病患在接受治療後的病況改變。」這並不令人意外，這些江湖郎中總會不擇手段，刻意曲

解均值回歸的效應，把它說成是自己那些不科學療法所帶來的真正好處。普利茲小說獎得主辛克萊（Upton Sinclair）就曾說：「如果某個人得靠著不懂某件事才賺得到錢，就很難讓他懂那件事。」

隱密持武法

除了醫學領域，均值回歸在法律領域也深深的影響立法機構對因果關係的詮釋。

1991 年 10 月 16 日，三十二歲的葛蕾西亞（Suzanna Gratia）和爸媽在德州基林市（Kileen）的露比餐館（Luby's Cafeteria）一起用餐。當時正是午餐尖峰，餐館熱鬧無比，一張又一張的方桌擠滿了客人，總共超過一百五十位。十二點三十九分，失業的商船船員亨納德（George Hennard）開著他的藍色福特 Ranger 皮卡車，直直衝破店門的落地窗，撞進用餐區域。亨納德立刻從駕駛座車門跳出來，一手握著克拉克 17（Glock 17）手槍，另一手握著儒格 P89（Ruger P89）手槍，開始射擊。

葛蕾西亞和爸媽原本以為這是一起持械搶劫案，三人蹲到地上，把桌子側翻，暫時擋在他們和槍手之間。但隨著槍聲一再響起，葛蕾西亞覺得心頭一涼，清楚意識到這個人不是來搶劫，而是打算無差別屠殺、盡可能奪走最多人的生命。

槍手不斷接近，離他們的桌子只剩幾公尺，葛蕾西亞把手伸向她的皮包。她在幾年前收過一件禮物，是一把 0.38 口徑的史密斯威森（Smith & Wesson）左輪手槍，給她做自衛之用。但手才伸到一半，她覺得血液彷彿突然凍結。由於德州法律規

定須公開持武，也就是隨身攜帶槍械時，必須公開不得隱蔽。而她不想違法，就在用餐前把手槍留在車裡的乘客座位下。她說這是「我一生最愚蠢的決定」。

葛蕾西亞的父親做了個英勇的舉動，希望在餐館內所有人被殺光之前制伏槍手。他從桌子後面躍起，衝向亨納德，但才沒幾公尺，胸口就中了一槍。他跌倒在地，身受重傷。亨納德繼續尋找更多被害人，轉身離開了葛蕾西亞和母親藏身的那張桌子。就在這個時候，另一位顧客沃恩（Tommy Vaughan）不顧一切，撞破餐館後方的一扇窗戶逃命。

葛蕾西亞覺得那是條可能的逃命路線，便抓著母親烏蘇拉（Ursula）堅定的說：「趕快，用跑的，我們一定要離開這裡。」葛蕾西亞全力奔跑，很快就衝過窗戶，安全到了餐館外面。她轉頭看母親有沒有跟上，卻發現只有自己一個人。烏蘇拉沒有逃跑，而是爬到躺在地上、奄奄一息的丈夫旁，輕輕抱住他的頭。亨納德緩慢、冷靜、有條不紊的走回她待的地方，朝她頭部開了一槍。

包括葛蕾西亞的父母在內，亨納德當天殺害的人有二十三名之多，並造成二十七人輕重傷。那是當時美國史上最重大的一起大規模槍擊事件。

葛蕾西亞走遍全美，以自身的經驗大聲疾呼，鼓吹政府應許可民眾合法隱密持武。在 1991 年的露比餐館屠殺事件之前，全美原本已有十州規定，只要申請許可證就可以隱密持武，而許可證採「應核可」（shall-issue）制，只要申請人符合一系列的客觀標準，政府就必須核可隱密持武的許可證，不得有差別

待遇。從 1991 年至 1995 年之間，又有十一州通過類似法律；1995 年 9 月 1 日，小布希（George W. Bush）簽署法令，讓德州成了第十二州。

可以想像，由於槍枝管制在美國廣受爭議，很多人會想瞭解這些隱密持武的法律對暴力犯罪有何影響。支持槍枝管制的人認為，隱密持武的人愈多，愈可能讓許多原本只是小爭端的情形升級成致命衝突，也會讓犯罪團體更容易取得槍枝。至於支持擁槍權的遊說團體則認為，如果每位被害者都可能有槍，就可能讓犯罪者在行動前三思，或至少在發生大規模槍擊事件的時候，讓事件盡快結束。

於是，有人開始比較法律實施前後的犯罪率。第一批研究似乎發現，在隱密持武法一通過之後，凶殺及暴力犯罪的比率立刻下降。[94]

然而，這些研究通常忽略了兩個因素。第一，在隱密持武法大量通過的那幾年，本來就是全美暴力犯罪下降的時期。從 1990 年到 2001 年，警力增加、罪犯入獄人數增加、毒品案件減少，都對治安有利。全美凶殺案從每年每十萬人有十例遭殺害降到大約六例。[95] 無論在是否通過隱密持武法的各州當中，凶殺案降低的比率幾乎完全相同。如果考慮隱密持武法各州相對於全美的凶殺率，就會發現隱密持武法的影響遠不如原本以為的高。

第二個因素或許更加重要。有一項研究發現，如果再將均值回歸納入考量，資料「並不支持應核可（隱密持武）的法律有益於降低凶殺率的假設」。[96] 在暴力犯罪局勢升溫的時候，

常常能看到各州以通過隱密持武法做為因應。雖然在法律通過後，凶殺率看來有下降的趨勢，但這個趨勢跟隱密持武法似乎沒有關係，而是因為凶殺案的比率在通過法律之前曾經上升。其實，犯罪率只是從不正常的高點回歸平均，卻讓人誤以為是通過相關法律的結果。

──────── 看穿操作的手法 ────────

　　時至今日，美國槍枝管制的論戰仍然爭吵不休。2017 年 10 月，拉斯維加斯槍擊案造成五十八人死亡、數百人受傷，剛卸任白宮職位的高卡參與了一場關於槍枝管制的圓桌辯論。我們在本章開始就已經看過，高卡很習慣做出各種魯莽、沒有根據的主張，他在會議中談到槍枝及配件銷售管制的時候，把整個討論帶到了一個沒人想得到的方向：

> ……這裡的重點不是無生命的物體。我們最大的問題並不是大規模槍擊，這些只是異常現象。要立法的時候，不能以這種極端情形做為考量。我們真正的大問題，是非洲黑人對非洲黑人的槍擊犯罪……年輕的黑人，正在大批大批彼此謀殺。

　　假設高卡講的是非裔美國人，那麼這句話聽起來很像是我們在本章一開始推翻的那一套瞎扯統計學，只是換了說法重講一遍。高卡這樣再三犯下同樣錯誤，點出了我們對於不當統計

手法最該注意的一種情形：不知悔改而一犯再犯。如果某人曾經無視數據是否準確，未來也不太可能變得比較謹慎。

《華盛頓郵報》的凱斯勒（Glenn Kessler）是政治事實查核的先驅，他會定期分析、評價政治人物的發言，再依據他們扭曲了多少事實，用一到四個「小木偶皮諾丘」來評分。在他的報告裡，同樣的名字總會一再出現。

如果我們想要判斷統計數據是否遭到操弄，還可以參考一些更細微的跡象。

第一項警訊，當簡報者對自己的數據真實性有信心，應該會很願意提供背景變項與資料來源，好讓其他人做查核。就像高卡那篇關於恐怖主義的推文，如果對背景隻字不提，通常就是對可信度的一大警訊。

第二項警訊，則是缺少關於調查結果的詳細資訊，例如樣本數、提問的內容、抽樣的族群（例如前面看過萊雅的廣告行銷活動）。

第三項警訊，在於採用了不相等的表達、百分比，用的是相對數據而非絕對數據（像是 NCI 的乳癌風險工具），也該多加留意。

第四項警訊，常常在另類療法相關的試驗結論看到：根據沒有對照試驗的研究、或是由子樣本取得的資料，就做出其實不存在的因果推論。

第五項警訊，如果本來就屬於極端值的統計數據突然上升或下降（例如美國的槍枝犯罪），則該注意均值回歸的情形。

大致上，只要發現有某個統計數據沒頭沒腦的出現，就該

自問：「比較的對象是什麼？」、「動機是什麼？」，以及「這是完整的事實嗎？」只要找出這三個問題的答案，已經能讓你在判斷數據是否真實的路上邁進一大步。光是「找不到這幾個問題的答案」，就足以說明許多事。

數據只是真理的種子

　　靠著操弄數學，我們有很多種方式可以簡化真相。綜觀報紙上、廣告上、或是政客口中大肆宣揚的統計數據，雖然常常造成誤導、有時候不夠誠實，但很少完全憑空捏造。

　　在這些數據中，通常都包含著真理的種子，只是很少會是整個真理的果實。有時候，這些扭曲是出於刻意，但也有些時候，是真心並未意識到自己的偏見或計算錯誤。下一章裡，我們就會討論這種真正的數學錯誤可能造成怎樣災難性的後果。

　　赫夫（Darrell Huff）的經典著作《別讓統計數字騙了你》（*How to lie with statistics*）就指出「雖然有著數學基礎，但統計學的藝術成分並不少於科學成分」。到頭來，我們有多麼相信自己所碰上的統計數據，要取決於那位藝術家所畫出的圖像有多完整。

　　如果這則統計數據提供了充滿細節、現實主義的景色，有著可信的來源、清晰的闡釋及推論過程，我們應該就能對這些數字的準確性有信心。但如果推論十分可疑，只是用極簡主義的單一觀點，在一片相對空曠的帆布上繪出的景象，我們就該認真考慮要不要相信這樣的「真相」。

錯的地方、錯的時間

數字系統如何演變、又如何讓我們失望

　　羅塞托（Alex Rossetto）和帕金（Luke Parkin）是諾桑比亞大學（Northumbria University）運動科學系的大二生。2015 年 3 月，他們同意參加一項試驗，研究咖啡因對運動的影響。參與試驗的學生受試者要服下 0.3 公克的咖啡因，接著開始運動。但由於一個單純的數學錯誤，讓他們倆進了加護病房，必須奮力求生。

　　為了瞭解咖啡因對無氧動力輸出的影響，羅塞托和帕金原本應該在喝下溶有咖啡因的摻水柳橙汁之後，參加溫蓋特測驗（Wingate test）。這是一項很常見的運動表現試驗，也就是騎上健身腳踏車，使出全力、騎得愈快愈好。

　　但兩人才剛喝下那杯咖啡因特調沒多久，甚至還沒走近腳踏車，就感覺頭暈、視力模糊、心悸。他們立刻被送往急診室，接上了血液透析。在後面幾天裡，兩人的體重都掉了將近十二公斤。

　　原來研究人員計算劑量時出了錯，應該放 0.3 克粉狀咖啡因，卻放成令人咋舌的 30 克。兩位學生等於是在幾秒鐘內喝下了大約 300 杯咖啡。而只要 10 克，就已經足以令成年人喪命。幸好羅塞托和帕金兩人年輕體健，能夠耐受這巨幅的藥物過量，幾乎沒有留下什麼長期後遺症。

　　這起錯誤是因為試驗人員在手機上輸入的時候，小數點向右差了兩位，於是 0.30 克變成了 30 克。這種放錯小數點所造成巨大影響，絕對不是第一次。過去類似錯誤所造成的結果，有的令人莞爾、有的荒唐可笑，但也有的相當致命。

差之毫釐，繆以千里

2016 年春天，建築工人薩金特（Michael Sergeant）完成了一週的工作，寄出一張 446.60 英鎊的發票。幾天之後，他發現對方公司主管把小數點的位置放錯了，讓他的銀行帳戶進帳 44,660 英鎊，令他又驚又喜。

有幾天時間，薩金特過得像是搖滾明星，豪擲數千英鎊，買了新車、享受毒品與美酒、賭博、穿上設計師品牌服裝，還購入許多手錶和珠寶，最後才終於被警察逮到。薩金特被迫把剩餘的錢交了出來，並且要為自己貪小便宜的行為負責，去做社區服務。

薩金特的案子還算小事，相較之下，英國 2010 年大選前夕，保守黨發表一份文件，主打在現任工黨政府領導下，英國貧富地區之間有著多大的落差。文件聲稱，在英國最貧困的地區，女孩有 54% 在十八歲之前懷孕，而英國最富裕地區的女孩只有 19% 如此。

這些數字原本預期的作用是要發出強烈譴責，痛批工黨執政十三年後造成社會的不平等，但後來工黨的名嘴與政治人物指出，實際上的數字其實只是 5.4% 和 1.9%，這下反而是保守黨灰頭土臉。

一方面，保守黨確實在小數點上犯了個離譜的大錯，但還有另一個問題在於，他們竟然會聲稱在某些地區有一半以上的女孩在青少年時期就懷孕，卻完全不覺得這可能有問題，可見他們與選區選民之間有多麼脫節。只不過，雖然保守黨因為小數點事件而臉上無光，但最後還是贏得了 2010 年大選，看來

這項失誤還不算致命。

不過，高齡八十五歲的威廉絲（Mary Williams）碰上的失誤就真的要命了。2007 年 6 月 2 日，社區護理師愛文絲（Joanne Evans）幫同事代班，前來訪視威廉絲夫人，為這位糖尿病患者注射胰島素。她在第一支胰島素注射筆裡裝進了所需的 36 個「單位」的胰島素，但要注射的時候，注射筆居然卡住了。她又試了自己另外準備的兩支注射筆，但不巧也都出了問題。

愛文絲擔心威廉絲太太如果不注射胰島素會有危險，於是回到自己車上，拿來一支一般的針筒。雖然注射筆標記的是「單位」，而針筒標記的是毫升，但愛文絲知道每個「單位」等於 0.01 毫升。於是，她把容量 1 毫升的針筒裝滿，注射到威廉絲太太的手臂上。

為了注射足夠的劑量，她總共又重複注射了三次，途中從來沒想起為什麼她其他的患者都只要注射一次就行。等到終於注射結束，她告別威廉絲夫人，繼續訪視其他病人。

直到當天稍晚，她才意識到自己犯了多麼可怕的錯誤：她該注射的是 0.36 毫升的胰島素，但她給威廉絲太太的劑量是 3.6 毫升，足足有 10 倍之多。她立刻找了醫師，但威廉絲太太已經因為胰島素誘發心臟病身亡。

這些故事的主角錯得實在離譜，很容易引人訕笑譏嘲，但看到這類事情層出不窮，顯然這種簡單的錯誤就是會發生，而且常常造成很嚴重的後果。

部分說來，這些錯誤的後果之所以如此嚴重，原因是出於我們的小數點系統。在一個像是 222 這樣的數字裡，每個 2 其

實代表的是不同的數字，分別是 2、20、以及 200，每個都比前一個大了 10 倍。正是因為「會放大 10 倍」這件事，才讓小數點放錯的後果如此嚴重。

如果我們採用二進位系統（所有現代電腦科技都使用二進位，每個數字只會比前一個大 2 倍），或許就能避免這樣的錯誤。畢竟無論是注射了 2 倍的胰島素、甚至是服下了 4 倍的咖啡因，造成的影響大概都不會那麼嚴重。

本章中，我們會看看目前大家日常生活所使用的各種數字系統，研究這些系統造成了哪些代價慘痛的錯誤。我們也會聊聊幾個似乎停用已久的數字系統，確認它們還有什麼隱藏的影響，並進一步探究人類的歷史和生物學。

我們會找出其中的缺點，也會瞧瞧現在正推動哪些替代系統，希望有助於避免常見錯誤。我們會順著計數系統自然選擇的道路，探索每條死路，也看人類文化發展過程曾有哪些平行的發展。

正如種種文化偏見，數學思維也深植於我們的潛意識中，平常很難意識到它局限了我們的觀點。接下來就會揭開數學思維的神祕面紗。

───── 位置很重要 ─────

我們目前所用的數字系統是「十進位制位值系統」（decimal place value system）。所謂的「位值」（place value）是指，不同位置的數字代表不同的數值；而「十進位」則是指，同一個數

字放在相鄰位置上，代表的數值會比隔壁大或小十倍。不同位置間的相乘係數（在十進位制中就是「10」）稱為進位基數。

　　至於為什麼基數是 10，而不是其他數字，其實並不是出於什麼深思熟慮的理由，比較是生物學上的偶然。雖然有些前人選擇了不同的基數，但在發展出數字系統的文化中（亞美尼亞人、埃及人、希臘人、羅馬人、印度人、中國人等等），多半都選擇了十進位制。原因很簡單：我們想要計數的時候（我們現在還是會這樣教小孩），用的是我們的十隻手指。

　　雖然前人最常用的系統是以 10 為進位基數，但還是有某些文化，用其他生物面向選擇了其他進位基數。例如美國加州的尤基族（Yuki），計數的時候是用指間的空隙，而非手指本身，因此他們的基數是 8。

　　至於蘇美人使用的基數是 60，原因是他們會用右手的拇指做為計算工具，計算右手另外 4 指共 12 個指關節，再用左手共 5 隻手指計算組數，因此 5 × 12 = 60。

　　而在巴布亞新幾內亞，歐克薩普敏族（Oksapmin）的基數則是 27：從一手的拇指開始（1），沿著手掌與手臂的不同位置向上數，*數到鼻子的時候是中點（14），再一路數到另一手的小指結束（27）。

　　所以，雖然十隻手指不是唯一能讓人想出數字系統的身體部位，但畢竟這最顯而易見，便成了前人最常用的數字系統。

---

* 編注：食指（2）、中指（3）、無名指（4）、小指（5）、手腕（6）、前臂（7）、肘（8）、上臂（9）、肩（10）、頸（11）、耳（12）、眼（13）；數到另一側的手掌時從拇指開始，小指結束。

　　一旦文化建立了計數系統，接著就可能發展出較高等的數學，目的則是為了實際上的應用。許多最古老的人類文明，其實都精通於極複雜的數學。像是在公元前三千年，埃及人已經懂得加、減、乘，也會使用簡單的分數。說巧不巧，他們也知道金字塔體積的公式，並且有證據顯示，他們早在畢達哥拉斯（Pythagoras）之前，就已經懂得邊長 3、4、5 的直角三角形，也就是所謂的畢氏三元數（Pythagorean triple）。

　　雖然埃及人用了常見的基數 10，但他們並沒有位值系統，而是用不同的象形文字來代表 10 的次方。這些數字的圖形表達並沒有任何固定順序，埃及人只要看到圖，就能知道數值是多少。

　　在埃及的系統裡，1 就是一豎，很像今天的寫法；10 是一副牛軛，100 是一圈繩索，1,000 則是一朵裝飾繁複的蓮花。10,000 是一隻彎曲的手指，10 萬是一隻青蛙（或蝌蚪），100 萬則是赫（Heh，代表無限與永恆的神。對古埃及人來說，100 萬這個單位實在已經夠大了）。

　　所以，如果古埃及人想寫 1999，就會畫上 1 朵蓮花、9 條圈起來的繩子、9 副牛軛，還有 9 根豎線。雖然看起來不太好用，但事實上，只要數字在 10 億以下，這套系統都還能運作自如。只不過，如果古埃及人要計算整個宇宙的星球數量（用十進位制位值系統會是 1,000,000,000,000,000,000,000,000，寫起來十分驚人），就得把赫的圖形畫上 10 億乘 10 億次，實在不太可行。

有品味的羅馬人

　　從許多方面來說，古羅馬文明都比古埃及文明遠遠更為先進。著名的一點是羅馬人大規模推廣他們的各種發明，包括書籍、混凝土、道路、室內衛浴，以及公共衛生的概念。

　　然而，羅馬人的數字系統較為原始，共有七個符號：I、V、X、L、C、D、M，分別代表 1、5、10、50、100、500、1,000。古羅馬人意識到自己的數字系統效率低落，因此規定數字永遠從左寫到右，從最大寫到最小，這樣就能方便將數字加總。舉例來說，MMXV 就是 1,000 ＋ 1,000 ＋ 10 ＋ 5，也就是 2,015。

　　因為數字太長會不好寫，所以古羅馬人又補了一項例外規則。如果在某個數字的左邊，居然有個比較小的數字，就代表要扣掉那個數字。舉例來說，2,019 的寫法會是 MMXIX，而不是 MMXVIIII。最後的數字要寫成 X 減去 I，也就是 9，這樣可以節省空間。

　　如果你覺得這似乎沒那麼複雜，有可能是因為我們現在所認定的標準羅馬數字符號與規則，根本不是古羅馬人實際使用的那一套。例如，伊特魯里亞人（Etruscan）可能用了 I、Λ、X、↑、✕ 來代替 I、V、X、L、C（雖然這點還有爭議）。而上面所講的羅馬數字制式書寫符號與規則，可能是羅馬帝國滅亡後，在歐洲發展了許多世紀才成為現在的樣子。真正的古羅馬人所用的系統很有可能沒這麼統一。

　　不過，羅馬數字並未像埃及象形文字一樣，隨著帝國滅亡而消逝。直到今日，仍有許多建物以羅馬數字裝飾，標記著竣工年分，讓近代建物也帶著一點古典風情。正因如此，十九世

紀晚期對石匠來說特別具有挑戰性。像是 1888 年完工的波士頓公共圖書館，就刻著「MDCCCLXXXVIII」，足足有十三個字元，是上個千禧年最長的羅馬數字。

並非只有建築師認為羅馬數字別具魅力。許多時尚風格指南都建議，只要用上羅馬數字，就會讓人覺得你比一般人更加品味卓絕。我同意這種說法，畢竟要寫出英國史上在位最久的君主名，還是寫「Elizabeth II」（伊麗莎白二世）比較像樣，一旦寫成「Elizabeth 2」，看起來就像是電影續集。

羅馬數字可能也會用來標示電影和電視節目的製作日期，但不是為了提升格調，而是有其他原因。由於羅馬數字難以快速閱讀，所以在電影發展初期時，不容易讓人發現自己在看的是二輪片，況且這樣仍然能滿足電影製片的版權要求。

雖然羅馬數字的使用歷史悠久，占有優勢，但這套符號系統實在太複雜，不利於高等數學的發展，因而從未通行世界。事實上，羅馬帝國的一項著名事蹟，就是沒有傑出的數學家、對數學研究也沒有什麼貢獻。

我們已經看到，用羅馬系統寫出來的任何數字都像是極為複雜的方程式，讀者需要在心裡對一串符號加加減減，才能得到結果。所以，就算只是要將兩個數字相加，都會十分困難。舉例來說，如果用羅馬數字系統，就不可能像我們現在的數學基礎課，讓小朋友把兩個數字對齊位數，再把每一位相加。

因為在羅馬數字系統裡，就算是兩個同樣的符號、放在同樣的位置，仍然可能代表不同的數字。比如 2019 年和 2015 年之間差了 4 年，但我們沒辦法直接拿「MMXIX」和「MMXV」

來向右對齊位數相減（例如說 X－V＝5，I－X＝－9 之類）。
最關鍵的一點，就在於古羅馬沒有位值數字系統的概念。

蘇美人的六十進位制

　　蘇美文明位於現今的伊拉克地區，雖然比羅馬和埃及早了
非常多，但蘇美人的數字系統卻遠遠更為先進。由於他們發明
了許多農業技術與工具，包括灌溉技術、犁，甚至可能還包括
了輪子，常有人說蘇美人是文明的發源者。

　　隨著蘇美農業社會蓬勃發展，政府為了管理，有必要準確
測量耕地面積，以及計算與記錄稅賦。因此大約在五千年前，
蘇美人發明了第一套位值系統，而這套系統的最基本概念最終
將傳遍全球：數字的書寫需按照規定的次序；愈往左的符號，
所代表的數值會比愈往右的符號大。像是在現代的十進位制位
值系統中，「2019」這個數字就代表有 9 個 1、1 個 10、0 個
100、2 個 1,000。每次往左移 1 位，同一數字的數值就會放大
10 倍。

　　儘管蘇美人所選定的基數是 60，但這套原則完全相同。
在最右的 1 位代表 1 單位，往左 1 位則是 60 單位、再往左 1
位是 3,600 單位，以此類推。在蘇美人的六十進位系統中，
「2019」會代表 9 個 1、1 個 60、0 個 3,600、2 個 216,000，
也就是十進位的 432,069。相對的，如果蘇美人想要以六十進
位來表達 2019，寫法會像是 <u>33</u> <u>39</u>，其中 <u>33</u> 這個符號代表 33
個 60（也就是 1980），而 <u>39</u> 則代表剩下的 39 個單位。

　　位值系統的發展，可說是史上最重要的科學啟發。歐洲在

十五世紀普遍採用了以10為基數的印度／阿拉伯位值系統（也就是我們現在用的系統），之後不久就迎來科學革命，實在並非巧合。有了位值系統之後，只需要幾個簡單的符號，就能表達出任何數字，再大也沒有問題。

在古埃及和古羅馬系統當中，數值的大小並不會受到符號位置影響，而是由符號本身決定。然而，可以合理用來表示數值的符號數量畢竟有限，也就讓這兩個文化受到束縛。相較之下，蘇美人有了由 60 個符號組成的符號集之後，就能表達出任何數字。先進的位值系統讓蘇美人能夠進行高等數學運算，像是解二次方程式（要分配農地的時候自然就會遇到）和三角函數。

蘇美人的數值系統之所以要用六十進位，或許主因在於能夠大幅簡化分數和除法的運算。60 有很多因數：1、2、3、4、5、6、10、12、15、20、30 和 60 都能整除 60 而沒有餘數。舉例來說，如果想把 1 英鎊（100 便士）或 1 美元（100 美分）分給 6 個人，最後就會剩下 4 便士或 4 美分，不知道該怎麼分才好。相較之下，在蘇美的貨幣單位，1 米納（mina）等於 60 謝克爾（shekel），要分給 2、3、4、5、6、10、12、15、20、甚至 30 個人都能剛好分完，不會引發任何爭議。如果用蘇美人的基數 60，像是要把蛋糕分給 12 個人的時候，也能輕輕鬆鬆就分得剛剛好。

在六十進位的位值系統裡，1/12 就是 5/60，能夠寫成簡單的 0.5（小數點後的第一位，代表的是六十進位制的 1/60 至 59/60，而不是十進位制的 1/10 至 9/10），不像我們的十進位

制系統，得寫成醜陋的 0.083333...（8/100，3/1,000，3/10,000 之類）。也因此，對於整個呈現弧形的夜空，蘇美天文學家將它分成 360 度（正是 6×60），據以推算各種天文預測。

古希臘承繼蘇美傳統，將每度分成 60 分（寫成「'」，也就是現在的「'」），每分再分成 60 秒（寫成「"」，也就是現在的「"」）。考量到天文學上的關係，有人認為用來表達「度」的圓形符號（°，例如 360°；現在也用來表達溫度）與太陽有關。從沒那麼浪漫、比較數學的角度來說，在用了「'」（分）和「"」（秒）表達細分之後，用一個上標的圓形「°」來完整這個「O I II」的系列，也是再自然不過。

事實上，英文的「minute」（分；微小的）指的就是極小的分配區域（就一個圓來說），而「second」（秒；第二）指的則是再做第二級的分配。到現在，天文學仍然使用六十進位制，讓天文學家能表達夜空之中或大或小、差異甚遠的物體體積。

───────── 時間系統 ─────────

就算我們不太熟悉天文學上的分和秒，還有另一個我們熟悉得多的系統，控制著我們的日常生活節奏：時間。從醒來的那一刻，到入睡的那一瞬間，不論是否感覺到，我們都常常會以六十進位來思考。對於這日復一日的時間，每一小時分成六十分鐘，每一分鐘再分成六十秒，並非巧合。

然而，小時本身卻是以十二為一組。古埃及雖然主要是以

10 為基數，卻把一天分成二十四個小時：十二個日時、十二個夜時，模仿的是太陽曆共有十二個月。日間是用日晷記錄時間，共分成十個小時，再加上清晨與薄暮各一個微光小時（這兩段時間的天色並非全黑，但光量不足以使用日晷）。至於夜間，則是依據特定星星的升起，一樣分成十二個時段。

在古埃及，只要是白天就會分成十二個小時，所以隨著一年四季的日照時間長短不同，小時的長度也會隨之改變：夏天較長、冬天較短。古希臘人意識到，如果在天文計算上想要有重大進展，就必須讓時間的分段每段都相同，於是推出將一整天分成二十四個等長小時的概念。但一直要到十四世紀，歐洲發明了第一批機械鐘，這種概念才真正流傳開來。等到十九世紀初期，可靠的機械鐘已經十分普及。在歐洲的大多數城市，都將一天劃分為兩組各十二個時間長度相等的小時。

在大多數英語國家，時間的標準計算方式仍然是將一天分為兩組各十二小時。但就全世界來說，大多數國家使用二十四小時制，例如早上和晚上八點就分別寫成 08:00 與 20:00，兩者很明確就是差了十二個小時。然而，如果是在美國、墨西哥、英國和大部分聯邦制的國家（澳洲、加拿大、印度等），則仍然需要使用縮寫 a.m.（*ante meridiem*，午前）和 p.m.（*post meridiem*，午後）來區分究竟是早上八點或是晚上八點。這種差異有時候會造成問題，特別是對我來說。

在我還是研究生的時候，曾有一次有機會去普林斯頓大學拜訪合作的學者。我從我父親那裡繼承的一點，就是對旅行有點緊張，每次要出國，腦中都彷彿能聽到他焦慮的聲音，叨唸

著「錢、機票、護照」。差不多也是同樣的狀況，每次想到直角三角形的畢氏定理，我腦中就會聽到教我高中數學的里德老師，用他的愛爾蘭口音說著「斜邊平方等於兩股平方和」。

　　毫不意外，我比起飛時間足足提前了四個多小時，就抵達了希斯洛（Heathrow）機場。有一位主管，要搭的飛機比我早一點。但他經驗豐富、行事從容，整整比我晚了兩個半小時才到機場。

　　我那次的學術參訪收穫豐富，但因為我的旅行偏執，不得不把最後一天的紐約觀光行程縮短，好讓自己早早回到普林斯頓早點睡覺。當晚，我收好行李、重新檢查了房間，確定錢、機票和護照都帶了，再把鬧鐘定在凌晨四點，好趕上九點整的飛機。

　　我準時在凌晨四點醒來，坐上從普林斯頓發車的火車。兩個半小時後，我到了紐瓦克國際機場。但在離境班機表上，就是找不到我那班飛機。我看了一次又一次，但在八點五十九分飛往聖露西亞（Saint Lucia）的飛機之後，下一班就是九點零一分飛往傑克森維爾（Jacksonville）。

　　我去了服務台，詢問值班小姐這班飛機究竟怎麼了。「先生，真是抱歉，今天唯一往倫敦的航班是晚上才起飛。」我不敢相信，我怎麼會犯這種錯誤？我的準備工作再小心不過，卻沒發現自己想趕的航班根本不存在？接著我才忽然想通究竟怎麼了。我問那位小姐，飛機今晚是幾點起飛？她回答：「起飛時間是晚上九點。怎麼了嗎？」

　　原來，是我記錯了 a.m. 和 p.m.，而這是二十四小時制絕

不會發生的錯誤。幸好，我雖然記錯，但至少不是把上午記成下午。我那次吃的苦頭，是得等上十四個小時才能登機，但網路上有許多苦主的故事，是把上午記成下午，結果自己徹底晚了十二個小時，只能再掏錢重買一張票。不用說，那次經歷完全無助於減緩我的旅行焦慮。

當地時間造成混亂

對我來說，光是要在二十一世紀準時抵達機場已經夠難，但想像一下，在十九世紀初期，整個時間系統既令人困惑又不同步，會給長途旅行造成多大的挑戰。在 1820 年代，雖然歐洲國家已經多半將一天分成二十四個時間等長的小時，但想比較各國的時間則非常困難，而且也沒有多大意義。幾乎沒有國家能夠規定全國使用同樣的時間，更別談要和鄰國做什麼協調。像是在英國西部的布里斯托（Bristol），時間可能比巴黎晚二十分鐘，但倫敦則會比位於法國西部的南特（Nantes）早六分鐘。

一般來說，之所以會有這種差異，是因為每個城市是根據太陽來到天頂位置來訂出當地的時間。二十四小時對應到地球繞地軸自轉一圈 360 度，代表經度每差一度，就會差四分鐘。由於牛津比倫敦偏西 1.25 度，所以太陽會晚五分鐘才到天頂，也就讓牛津當地的時間比倫敦時間晚五分鐘。布里斯托位於倫敦西邊 2.5 度，所以時間又要比牛津晚五分鐘。

到最後，是因為英國鐵路網迅速發展，如果各地採用各自的當地時間，會讓長途旅行十分混亂，才讓英國決定統一全國

各地的時間。原本在不同城市採用不同當地時間的做法，造成時間表一團混亂，也因為司機和信號員之間的溝通誤會，幾次差點釀成大禍。

1840 年，大西部鐵路公司（Great Western Railway）決定採用格林威治標準時間（Greenwich Mean Time, GMT）。1846 年，利物浦和曼徹斯特這兩個工業城市也跟進這項做法。隨著電報技術問世，格林威治皇家天文台幾乎可以立刻將時間報給全英國各地的城市，讓各個城市將時間調整到同步。

儘管英國絕大多數地區很快也搭上了這種「鐵路時間」，但仍然有些城市認為，鐵路所推廣的實用主義沒有靈魂，而不願意放棄「神所賜予」的太陽時（solar time），這種主張在宗教信仰堅定的城市裡特別明顯。一直要到 1880 年，英國國會通過立法，才讓那些擁護太陽時的人屈服遵從。話雖如此，在牛津大學的基督教會學院，湯姆塔（Tom Tower）的鐘聲仍然是在整點過了五分才會響起。

義大利、法國、愛爾蘭和德國很快就跟進，在全國採用統一的時區，巴黎時間比格林威治標準時間早九分鐘，都柏林時間則是晚二十五分鐘。但在美國就沒那麼簡單了。美國本土疆域的經度東西差了 58 度，太陽時相差近四小時，採用單一時區絕不可行。在冬天，緬因州已經要迎來落日，在西岸還只是午餐時分。

顯然，使用當地時間還是比較方便，所以在十九世紀中葉的時候，美國的狀況相當極端，每個大城市都堅持使用自己的當地時間。因此，大多數在 1850 年於新英格蘭各地營運的鐵

路公司，都會有自己用的一套時間，常常是根據公司總部、或是某個熱門車站所在的時間。於是在一些繁忙的轉運站，甚至會有五套不同的時間。

一般認為，這種不一致的狀況造成了混亂，導致許多事故發生。等到 1853 年，有十四名乘客在一場特別嚴重的事故中喪生，新英格蘭各個鐵路公司才開始推動時間標準化。最後有人提議，將全美劃分為一系列時區，由東到西，每個時區比隔壁時區晚一小時。

1883 年 11 月 18 日，美國本土各地的車站重新調整時鐘，這一天又叫做「有兩次正午的一天」（The Day of Two Noons）。從此，美國分成五個時區：跨殖民地時區（Intercolonial）、東部時區（Eastern）、中央時區（Central）、山區時區（Mountain）、太平洋時區（Pacific）。

受到美國劃分時區啟發，加拿大佛萊明爵士（Sir Sandford Fleming）提議將整個地球劃分為二十四個時區，打造一個全球標準化的時鐘。1884 年 10 月，國際子午線會議（International Meridian Conference）在華盛頓召開，各國決議用二十四條從南極到北極的虛擬線條（稱為子午線），將地球分成不同時區，而通過格林威治的子午線稱為「本初子午線」，全球的一天就從這裡的午夜十二點開始。

在 1900 年時，地球上幾乎所有地區都已經加入某個標準時區，但一直要到 1986 年，尼泊爾才終於將當地時間調整為比格林威治時間早五小時四十五分鐘，而讓全球都是以本初子午線為基準來衡量時間。

　　讓每個時區相差固定的小時單位，能夠避免諸多麻煩與混亂，並大幅簡化相鄰各國之間的時程及貿易安排。然而，光是引用時區制還無法完全消除混亂。一般說來，如果用了時區制而計算錯誤，通常錯的就不會只是幾分鐘，而有可能長達一小時，足以造成重大的災難。

讓美國丟盡顏面的豬灣事件

　　1959 年，菲德爾・卡斯楚（Fidel Castro）身為七二六運動（26th of July Movement）的領導人，夥同弟弟勞爾（Raúl）和戰友格瓦拉（Che Guevara），一起推翻了美國所支持的古巴獨裁者巴蒂斯塔（Fulgencio Batista）。卡斯楚按照馬克思列寧主義的哲學，迅速讓古巴轉為一黨制國家，並將產業及企業收歸國有，做為全面社會改革的一部分。

　　自家門前出現一個支持蘇聯的共產國家，美國政府可無法容忍。1961 年，冷戰氛圍接近頂峰，美國統治集團想出一個辦法，打算推翻卡斯楚。由於擔心蘇聯在柏林發動報復行動，美國總統甘迺迪堅持，表面上絕不能看出美國跟這場政變有任何關係。

　　於是，古巴異議分子組成了「2506 旅」（Brigade 2506），他們的人數破千，在瓜地馬拉的祕密訓練營受訓，準備入侵古巴。美國還在尼加拉瓜附近部署了十架 B26 轟炸機（曾提供給卡斯楚前任領導人的舊機型），以便協助入侵行動。4 月 17 日，這支流亡突擊旅已準備好，要在古巴南部海岸的豬灣（Bay of Pigs）發動入侵。當時的構想，是希望召喚起大批遭到壓迫

的古巴國民，共同起義響應流亡者的訴求。

　　然而，這項計畫甚至還沒實行，就已經遇上大麻煩。早在
4 月 7 日，《紐約時報》得到風聲，用頭版報導指稱美國正在
訓練反卡斯楚的異議分子，這比預計的突擊時間還早了整整十
天。卡斯楚當下提高了警覺，對這場可能的入侵採取了嚴格的
預防措施，將可能協助起義的知名異議人士關押入獄，並且讓
軍隊都做好準備。

　　即便如此，在入侵前兩天的 4 月 15 日星期六，美國 B26
轟炸機仍舊飛往古巴，試圖摧毀卡斯楚的空軍。這項任務可說
是完全失敗，卡斯楚手中可用的戰機只有極少數遭到摧毀，而
且 B26 轟炸機還因為遭到低空掃射，在古巴北部海域損失至
少一架。

　　這項計畫不僅千瘡百孔，更讓古巴的外交部長羅亞（Raúl
Roa）怒氣衝衝的找上聯合國。在聯合國大會的緊急會議裡，
羅亞點出了正確的事實，也就是美國轟炸了古巴。由於已經被
全球盯上，甘迺迪決定不再冒險讓美國介入的證據落人把柄。
原本美國安排在 17 日上午發動空襲，掩護流亡分子登陸，但
此時決定取消。

　　至於 2506 旅，反正他們完全是由古巴異議分子組成，跟
美國之間沒有明顯的關係，甘迺迪大可表示自己與他們毫無瓜
葛。4 月 17 日上午，甘迺迪批准讓他們在豬灣海灘登陸，而
他們所面對的是兩萬名早有準備的古巴部隊。甘迺迪擔心遭到
國際報復，拒絕下令對卡斯楚的軍隊進行轟炸、也拒絕發動空
中援助。

4 月 18 日傍晚，流亡異議分子的入侵行動已經無以為繼。甘迺迪最後試圖營救，要求駐尼加拉瓜的 B26 對古巴軍方發動轟炸，也對古巴東部海平面上的美軍航空母艦下令，出動戰機護航。空襲時間訂在 19 日上午六點三十分。

隨著原訂時間到來，戰機出發迎接 B26，卻發現找不到這批轟炸機。實際上，這批 B26 轟炸機根據的是尼加拉瓜中部時間，於是抵達時間是古巴東部時間上午七點三十分，整整晚了一小時。這時，戰機早已放棄執行任務而返航，於是卡斯楚的空軍成功擊落兩架帶有美國標誌的 B26，無疑證明美國參與了這場功敗垂成的政變。

就因為犯了一個單純的時區錯誤，國際政治掀起了巨大波瀾，古巴堅定的投入蘇聯懷抱，導致一年後的古巴飛彈危機。

———————— 以十二為基準 ————————

豬灣入侵之所以失敗，有部分原因出於我們劃分一天的方式，因為現在是以 12 為基數來劃分，所以整個世界就分成了二十四個時區。然而，就算採用不同的基數，下場可能還是一樣悽慘；不論是以 60、甚至只用 10 下去做為基數，尼加拉瓜的時區仍然會比古巴晚了差不多的時間。†

事實上，有許多人都認為以 12 為基數的系統（稱為十二

---

† 編注：如果最早是以 6 做為基數的話，地球會分成十二個時區，那麼尼加拉瓜和古巴就有可能屬於同一個時區。

進位）其實遠比現在的十進位制更優秀。不論是大不列顛十二進位協會（Dozenal Society of Great Britain）或美國十二進位協會（Dozenal Society of America），都認為十二進位制有六個因數：1、2、3、4、6、12，而十進位制只有四個（1、2、5、10），因此十二進位制有其優勢。而我也認為這確實有道理。

我的兩個小孩讓我學到一項痛苦的教訓：分東西的時候一定要公平，這點很重要。我敢打包票，他們寧願兩個人都只有1個糖果，也不希望自己只有5個、對方卻有6個。在我們去找他們爺爺奶奶的路上，我在休息站停了一下，買了一包星爆（Starburst）水果軟糖。我把那包軟糖傳到後座，讓兩個小孩自己去分。但我不知道那包軟糖總共是11個，等於要他們平分奇數的軟糖。

在接下來的漫長旅程中，兩個孩子吵個沒完，讓我從此戒慎恐懼，所以後來糖果只能買偶數。同樣的道理，我的朋友有三個孩子，他們買零食的時候也只會買3的倍數。如果你是這種以兒童為重點的產品製造商，以12為一組的賣法就能讓客群最大、也最不容易惹惱客戶，無論是要應付有1、2、3、4、6、甚至12個孩子的家庭都沒問題。

也就是說，如果下次你要分配東西，又必須讓每個人都得到同樣的數量（像是在小孩的派對上切蛋糕），分成十二份能讓你更靈活應對各種人數。雖然說是這麼說，我相信問題就算不是出於糖果或蛋糕，小孩還是能找到一些別的事情來吵。

一如蘇美人用的基數60，十二進位制優於十進位制的主要原因，在於有更多的分數能夠有個「漂亮」的終結。舉例來

說，在十進位制裡，1/3 會寫成麻煩的無限小數 0.33333...，而在十二進位制裡，1/3 就是 4/12，小數表示寫成 0.4（小數點後的第一位，代表的是十二進位制的 1/12 至 11/12）。

　　然而，這到底重要在哪？重點在於，重複測量的時候，不夠精確的數字會造成差異。像是假設有一根長 1 公尺的木材，你想裁成三等分，做成三腳凳的椅腳。你如果用粗略的十進位制量尺，第一個 1/3 是 33 公分、第二個 1/3 也是 33 公分，但最後的 1/3 就會變成 34 公分。這樣一來，三隻椅腳不一樣長，這凳子坐起來大概不會太舒服。而如果是十二進位制的量尺，想量出 1/3（也就是 4/12）會有個精確的標記，讓你能夠精確將木材裁成三等分。

　　十二進位制的擁護者認為，這套制度能夠減少四捨五入的必要性，解決許多常見的問題。在某種程度上，他們說的並沒錯。雖然凳子不穩只有些許不便，但光是目前十進位制所引起的捨入誤差（rounding error），就可能會造成更嚴重的影響。

　　像是在 1992 年德國大選，正因為一項數值的捨入誤差（綠黨的得票率是 4.97%，卻四捨五入成了 5%），差點讓其實勝出的社會民主黨黨魁進不了國會。[97]

　　至於 1982 年的案例，又是完全不同的情境。溫哥華證券交易所指數那時剛成立沒多久，雖然市場的表現相當強勁，指數卻有將近兩年的時間持續暴跌。[98] 原因在於，每次交易後，指數會無條件捨去到小數點後第三位，所以指數一直減少。當時每天約有三千筆交易，就這麼讓溫哥華證券交易指數每月下跌約二十點，破壞了市場的信心。

———— 帝國的英制單位 ————

　　雖然從十進位改成十二進位有可能減少和數值捨入相關的錯誤，但卻會造成種種動盪不安，所以短期內不太可能看到工業國家做出這樣的轉換。然而，過去許多新興工業國家都廣泛採用英制度量衡，十分依賴基數 12。例如 1 英尺是 12 英寸，1 英寸是 12 線（line）‡；而原本的 1 英磅也是 12 盎司。

　　英文的「ounce」（盎司）和「inch」（英寸）有同一個拉丁字源「*uncia*」，指的就是 12 等分。事實上，用來測量貴金屬和寶石的英國金衡制系統，1 金衡制磅仍然是 12 金衡制盎司。在舊制的英國貨幣中，每鎊是 20 先令，每先令是 12 便士。這樣一來，由 240 便士所組成的鎊，就可以有 20 種不同的平均分配方式。

　　雖然英制系統看來確實有優勢（最常見的說法，是讓小孩熟悉難以理解的乘法表），但由於實在太不統一（1 磅是 16 盎司、1 石〔stone〕是 14 磅、1 桿〔rod〕是 11 肘〔cubit〕、1 大麥是 4 罌粟籽 § 等等），讓人投向了十進位公制系統的懷抱。

　　直到如今，全世界只剩下美國、賴比瑞亞和緬甸並未廣泛使用公制系統。其中，緬甸正打算轉換為公制。美國之所以不統一，主要是因為許多公民對公制抱持懷疑，又對英制有種傳統的固執。我們常說《辛普森家庭》是當代美國生活的縮影，

‡　譯注：目前英制所公認的長度單位不包括 line。
§　編注：這裡的大麥和罌粟籽都是長度單位，1 罌粟籽等於 1 line。

荷熊‧辛普森爺爺（Grampa Simpson）就曾在其中一集抱怨：「公制是魔鬼的工具。我的車每加 1 豬頭桶（hogshead）的汽油可以跑 40 桿的距離，我就是愛這樣講！」[1]

英國從 1965 年開始轉為公制，現在名義上已經是個使用公制的國家。然而，對於自己所培養出來的英制，英國其實從未真正放手。直到今日，講到高度和距離仍然會用英里、英尺和英寸，講到牛奶和啤酒仍然會用品脫，講到重量仍然習慣用石、英磅和盎司。

甚至到了 2017 年 2 月，英國環境、食品及農村事務部（Environment, Food and Rural Affairs）部長兼兩次保守黨黨魁候選人利德索姆（Andrea Leadsom）仍提議，在英國離開歐盟後，或許可以允許製造商使用舊的英制來銷售商品。

雖然這可以吸引少數像辛普森爺爺那種懷舊的人，讓他們想起那已逝去的「黃金年代」，但要是真改回英制，將使英國在國際貿易幾乎完全孤立。這就像是要把單位改成用「打」來計數，不但得付出極高昂的成本，還會製造出如山般的官僚體制，根本沒有必要。

也正是因為官僚體制、成本支出，加上少數非公制國家的國民不願改變，才讓全世界尚未一致採用公制。然而，雖然美國已經幾乎可說是最後一個仍然使用英制的工業國家，[99] 人們在換算數字時一樣分不清東西南北。

---

[1] 編注：換算下來 1 公升汽油大約可以跑 84 公分。非常沒有效率，但辛普森爺爺就是愛這樣。

摧毀火星探測器

1998 年 12 月 11 日，美國國家航空暨太空總署（NASA）將價值一億二千五百萬美元的火星氣候探測者號（Mars Climate Orbiter）發射升空。這具機器的目的是研究火星的氣候，並做為火星極地登陸者號（Mars Polar Lander）的通訊中繼站。

探測者號的設計與極地登陸者號不同，它不會接觸到火星表面。實際上，探測者號與火星的距離只要小於 85 公里，就會因為大氣造成的顫震而支離破碎。

1999 年 9 月 15 日，經過長達九個月的太陽系旅程，探測者號成功抵達火星附近，準備開始最後一系列的操作，讓探測者號維持在火星地表上方約 140 公里的理想高度。9 月 23 日上午，探測者號發動主推進器，接著比預期時間早了 49 秒，就消失在火星的背後，再也不見蹤影。

事故調查委員會的結論認為，是因為探測者號的飛行軌道出了問題，讓它距離地面只有 57 公里，而讓大氣層破壞了這具脆弱的探測器。

委員會又進一步調查問題起因，發現在計算探測者號需要多少飛行推進力的時候，美國航太與國防承包商洛克希德馬丁公司（Lockheed Martin）所提供的軟體用了英制單位。而 NASA 身為全球頂尖的科學機構，理所當然的認為度量衡用的是國際標準單位。

這項錯誤使得探測者號的推進力太過猛烈，於是在火星大氣中支離破碎，成了另一堆 338 公斤（你如果堅持，也可以說是 745 磅）的太空垃圾。

空中危機

1970 年，加拿大發現全球多數國家都已改用公制，也預料到可能會出現像 NASA 那樣的錯誤，於是決定改用公制。等到 1970 年代中期，加拿大的各項產品已經改採公制單位標記，溫度用的是攝氏而非華氏，降雪量也用公分為單位。

到了 1977 年，所有路標改用公制，速限開始是每小時多少公里而非英里。但出於現實因素，某些產業轉換為公制的所需時間較長。

1983 年，加拿大航空（Air Canada）的新型波音 767 率先改用公制，計算燃料的單位改用公升與公斤，而不再是加侖和英磅。

1983 年 7 月 23 日，一架經過改裝的波音 767 從艾德蒙頓（Edmonton）起飛，完成例行航程，降落在蒙特婁。經過短暫的折返準備（turnaround，包括加油、更換機組人員），這架 143 號航班在下午五點四十八分從蒙特婁起飛返航，機上有六十一名乘客、八名機組員。

機長皮爾森（Robert Pearson）把飛機帶到 41,000 英尺（或依公制的電子儀表板顯示是 12,500 公尺），接著就讓飛機進入自動駕駛，他也可以輕鬆一點。

飛行大約一個小時後，忽然傳來刺耳的嗶聲，控制面板上的警示燈也開始閃爍，令皮爾森大吃一驚。警告指出，飛機左引擎的燃油壓力過低。

皮爾森覺得大概是燃油泵故障了。不過，就算燃油泵沒有作用，光靠重力也應該能繼續將燃料導進引擎。於是皮爾森很

鎮靜的把警報器關上。

幾秒鐘後，同樣的警報又響了起來，控制面板上的警示燈也再次閃爍。這次的警告是右引擎。

皮爾森再次關閉警報器。但他意識到，說不定這兩具引擎真的都出了問題。當他正打算轉向到附近的溫尼伯（Winnipeg）做一下檢查的時候，左引擎就突然在劈啪作響後熄火。

皮爾森呼叫了溫尼伯的塔台，緊急通知表示自己將進行單引擎緊急著陸。在他還竭盡全力想重啟左引擎的時候，右引擎同樣熄火了。由於供應電子飛行儀表的電力都來自引擎，所以儀表全部變成一片空白。

此時，控制面板發出了另一種警報聲，不論皮爾森或副機長昆塔爾（Maurice Quintal）都從未耳聞。他們之所以沒聽過這種警報聲，是因為他們的受訓內容從未包括解決兩具引擎同時熄火的狀況。一般認為，兩具引擎同時故障的可能性極小，幾乎可以忽略而不用擔心。

引擎失效事出有因

其實，引擎熄火並不是那架班機當天遇到的第一項故障。皮爾森稍早接手班機的時候，就有人告訴他油表運作有問題。

當時皮爾森並未選擇停飛等待二十四小時更換零件，而是決定手動計算航程所需的燃油量。身為具有十五年以上經驗的資深飛行員，這件事他已經十分熟悉。

根據一般的燃油效率、再加上一點允許的誤差，地勤人員計算認為，這架飛機飛往艾德蒙頓需要 22,300 公斤的燃油。

而在蒙特婁降落的時候,使用量油尺測量得知飛機剩餘的燃油還有 7,682 公升。將這個體積乘以燃油的密度（1.77 公斤／公升）,可知飛機的燃油還有 13,597 公斤。

也就是說,地勤只要再加 8,703 公斤,就能讓總燃油重量達到 22,300 公斤。既然燃油密度是每公升 1.77 公斤,那麼只要再加 4,917 公升,就是增加了 8,703 公斤。

到這裡,皮爾森早就該發現問題,而不是飛到半空中才想到。檢核地勤人員計算結果的時候,他理論上應該要記得,噴射燃油的密度應該比水的密度（1 公斤／公升）小才對,但畢竟當時加拿大也才剛採用公制,一切並不那麼熟悉。

不巧的是,雖然加拿大航空花了好一段時間才轉為公制,但文件裡提到的燃油密度 1.77 卻是錯的:1.77 所用的單位是英磅／公升,而不是公斤／公升。如果真要換算成公斤／公升,正確數字應該是 0.803,還不到 1.77 的一半。

這代表班機在蒙特婁的時候,其實只剩 6,169 公斤,也就是地勤應該要再加 20,088 公升,足足是最後計算數字 4,917 公升的四倍有餘。這趟航程需要 22,300 公斤燃油,但由於這個數字問題,143 號航班起飛時攜帶的燃油還不到一半。所以,引擎熄火並非機械故障,而是根本就沒油了。

這架大難臨頭的班機繼續向溫尼伯滑翔,唯一的希望就是抓準時機,完成無動力降落。幸好皮爾森駕駛滑翔機的經驗豐富,立刻開始計算飛機的最佳滑翔速度,把飛抵溫尼伯的機會提到最高。然而,在 143 號航班滑出雲層的時候,根據備用電源勉力維持的少數儀表顯示,他們不可能一路滑翔到溫尼伯。

　　皮爾森呼叫了溫尼伯的塔台，說明當時的情況。塔台告訴他，飛行範圍內唯一能用的跑道在吉姆利（Gimli），距離 143 號航班大約 12 英里。幸運之神似乎二次降臨：昆塔爾過去在加拿大皇家空軍服役擔任飛行員，曾駐紮在吉姆利，對這座機場瞭如指掌。

　　但無論是昆塔爾或溫尼伯塔台的人都不知道，吉姆利已經從軍用機場改為公共機場，而且還有一部分改建成了賽車場。就在此時，場上正進行著賽事，跑道周圍有幾千人坐在房車或露營車裡觀看比賽。

　　隨著飛機接近跑道，昆塔爾試著放下起落架，但在引擎熄火後，液壓系統也無法使用。所幸靠著重力，還能把後起落架拉到定位卡住。而前起落架雖然也能放下，卻無法卡在定位：這可說是塞翁失馬，許多人後來因此大難不死。

　　由於飛機的引擎熄火，整個過程寂靜無聲，直到要降落的前一刻，地面上的觀眾才發現有個重達一百公噸、自由滑翔的大錫罐不斷逼近。

　　飛機撞上跑道的時候，皮爾森竭盡全力剎車，後輪有兩個輪胎因此爆胎。同時，並未卡在定位的前起落架無法支撐飛機的重量，被壓回架艙。機頭撞擊到地面，底盤不斷摩擦而迸出火花。

　　巨大的摩擦力讓飛機迅速停下，距離目瞪口呆的觀眾只有短短幾百公尺。反應敏捷的賽道工作人員立刻衝上跑道，將機鼻摩擦引發的小型火災撲滅。乘客和機組人員全體六十九人都安全從緊急滑梯溜下。

──────── 千禧蟲的麻煩 ────────

在幾乎沒有任何儀表或機載電腦的情況下，皮爾森居然能安全將飛機降落，實在非常了不起。隨著我們在二十一世紀愈走愈遠，許多現代科技的發展與傳播都會遇上我們在第 1 章所提的指數加速現象。特別是電腦對現代生活無孔不入，電腦故障對我們的影響也就愈來愈難以避免、日益嚴重。

在西元 2000 年來臨之前，曾有幾年時間，營運依賴電腦軟體的企業都擔心著「千禧蟲」的問題。這些軟體是在 1970 年代和 1980 年代設計，當時的程式設計還會有些簡單到近乎荒謬的問題。

例如回答什麼時候出生，我們為了俐落一點，很多時候用的是六位數的西元年月日。雖然這樣的同一套數字有可能是十歲的孩子、也可能是一百一十歲的人瑞，但通常還是能從情境脈絡推斷出正確的年分。然而，電腦運作通常不會考慮到這樣的情境脈絡。

在電腦發展的早期，記憶空間十分昂貴，所以為了盡可能節省，多數的程式設計師都會使用六位日期格式。當時程式一般預設的日期是在 19xx 年，而如果這個日期其實是在 20xx 年，就可能出現問題。隨著新千禧年即將到來，開始有電腦專家警告，許多電腦或許無法區分 2000 年、1900 年，或是其他任何世紀的第一年。

等到時間終於來到 2000 年 1 月 1 日的午夜，世界似乎什麼都沒有改變。沒有飛機從天上掉下來，沒有人的存款一夕歸

零，也沒有核武飛彈滿天亂飛。

正因為沒有看到什麼戲劇性的直接災難，讓許多人都認定千禧蟲的影響是杞人憂天。某些酸民甚至認為，是電腦產業故意誇大問題，好藉此大撈一票。但從另一面來看，正是因為在事件前做了極為充分的準備，才避免掉許多原本可能發生的災難。

至於並未事先修補的系統，有很多像是軼事笑料般的小故事。例如負責宣布美國官方時間的美國海軍天文台，網站就曾顯示日期是「19100 年 1 月 1 日」。然而，也有某些千禧蟲症狀讓人笑不出來。

1999 年，雪菲爾德北區總醫院（Northern General Hospital）的病理實驗室是負責唐氏症檢測的區域中心。只要是英國東部的孕婦，檢測結果都會送到雪菲爾德，用英國國家健保局精良複雜的 PathLAN 運算模型加以分析。

這套模型會把孕婦的一系列數據（包括出生日期、體重、驗血結果）拿來計算，推斷嬰兒患有唐氏症的風險。經過風險評估，可以讓孕婦決定是否繼續懷孕，而高風險的孕婦也可以接受結果更明確的檢測。

在整個 2000 年 1 月，雪菲爾德的工作人員發現 PathLAN 系統出現了一些個別的小錯誤（與日期有關），但都能夠迅速輕鬆排除，沒人感到擔憂。但等到 1 月稍晚，在與北區總醫院合作的某間醫院裡，一名助產士提出報告，認為唐氏症的高風險案例比她預期的要少得多。

三個月後，她再次提出相同的警告，但實驗室工作人員兩

次都向她保證，絕無差錯。5 月，另一家醫院的助產士也提出相同的警告，認為高風險案例少得異常。病理實驗室主任終於被說動，仔細檢查了檢測的結果。他很快就發現，事情確實有問題。千禧蟲的攻擊早已全力發動。

在病理實驗室的電腦模型裡，會用當下的日期減去孕婦的出生日期，計算出孕婦的年齡。由於高齡孕婦生下唐氏症寶寶的風險較高，孕婦年齡一向是重要的風險因子。而在 2000 年 1 月 1 日之後，假設孕婦是 1965 年生，電腦計算孕婦歲數時並不是用 2000 − 1965 = 35，而是用 00 − 65 = −65，形成電腦無法理解的負數。

這種沒有道理的年齡並未在系統中觸發警告，反而讓整套風險計算大受扭曲，將許多高齡孕婦歸類成風險較低的族群。

於是，有超過一百五十名孕婦的寶寶原本屬於高風險，卻被通知屬於唐氏症的低風險族群，而形成「偽陰性」的情形。（第 2 章提過，芙蘿拉產下克里斯多夫，也是這種令人心痛的偽陰性案例。）在這群孕婦當中，最後有四名產下了唐氏症寶寶（她們原本可能會接受進一步檢查），兩名出現創傷性晚期流產。

——— 只有 0 與 1 的二進位制 ———

現代人愈來愈依賴電腦，而電腦運算用的基數是最原始的基數 2，或稱為二進位制。在以 10 為基數的十進位制中，我們需要九個數字加上 0，才能表達出所有數字；但在基數 2 的

二進位制系統中，只要一個 0 加上其他任何一個數字就行了。所以，所有的二進位制數字都只是 1 和 0 的組合字串。

實際上，英文的「binary」（二進位制；雙）字源就是拉丁文的「*binarius*」（由兩個部分組成）。在我們所熟悉的十進位制中，同一個數字如果往左移一位，數值變大的倍數是 10；但在二進位制的位值系統中，往左移一位，變大的倍數則是 2，如果最右邊的第一位是一個單位，從右邊數來第二位就會是二個單位、第三位則是四個單位、第四位則是八個單位，以此類推。

所以，如果要用二進位制來表達「11」這個數字，需要的是 1 個 1、1 個 2、0 個 4、1 個 8，所以二進位制的寫法就是「1011」。或許有人聽過這個數學老笑話：「世界上的人分成 10 種：懂二進位的，和不懂二進位的」，而這裡的「10」，當然就是二進位制裡的「2」。

電腦運算之所以用二進位制為基礎，並不是因為這有什麼運算上的優勢，只是因為電腦一開始就是這樣製造出來的。

在現代的電腦裡，每台都有幾十億個稱為電晶體的微電子零件，資訊的傳輸與儲存就是靠著電晶體之間的溝通。只要藉由流過電壓的不同，就能讓電晶體表達出不同的數值。在這種時候，如果想讓電晶體以十進位制來運作，就得讓每個電晶體都有十種明確不同的電壓；比較合理的做法，則是只需要兩種不同的電壓選項：開和關。

用這種「非黑即白」的系統，就算訊號稍有波動也不用擔心判斷失誤，所以不用太大的電壓，也能穩定傳遞出可靠的訊

號。數學家已經證明，就理論而言，只要運用電晶體的開關、搭配像是「and」（和）、「or」（或）、「not」（非）之類的邏輯運算符號，不論是多複雜的數學問題，只要確實有解，都能算得出來。

而在實現這項理論的路上，現代的電腦已經有了長足的進展。電腦只要先將各種需求轉換為一系列的 0 與 1，再套用絲毫不談任何情面的硬邏輯，反覆運算直到取得清楚的解答，就能完成極為複雜的任務。

靠著桌上和口袋裡的機器，奴役著二進位制的位值系統，我們的日常生活天天都在見證這樣的奇蹟。但還是有些時候，這個最原始的基數會讓主人失望。

二進位制造成的麻煩

梅絲（Christine Lynn Mayes）在 1986 年加入美軍，當時才十七歲。服役期間，她在德國擔任軍廚三年，退役返美後，在賓州印地安納大學主修商業，並認識了男友菲爾班克斯（David Fairbanks）。

為了籌措學費，梅絲在 1990 年 10 月以預備役身分重新入伍，加入負責淨水任務的第十四軍需分隊（14th Quartermaster Detachment）。1991 年情人節，軍方要求第十四軍需分隊加入「沙漠風暴」作戰行動，三天之後，梅絲就會被派往中東。

在她要離開美國的那一天，菲爾班克斯單膝下跪，向她求婚。梅絲很高興的接受了，但擔心會把戒指弄丟，所以不想帶戒指去。「好吧，反正等妳回來，戒指就在這。」在梅絲前往

沙烏地阿拉伯之前，這就是菲爾班克斯對未婚妻說的最後一句話。

菲爾班克斯把戒指帶回家，放在音響旁的梅絲照片上。但他再也沒有機會把戒指套上她的手指了。

沙烏地阿拉伯的產油大城達蘭（Dhahran）有一座空軍基地，而第十四軍需分隊就從這裡出發，打算前往不遠的波斯灣沿岸城市胡拜爾（Al Khobar），駐紮在臨時軍營中。梅絲的部隊及其他英美單位要駐紮的臨時建物，差不多就是一座鐵皮倉庫，最近才改裝成能住人的環境。

抵達六天之後，2 月 24 日星期日，梅絲打電話回家向母親報平安，並說部隊很快就會北移四十英里，駐紮在離科威特邊界不遠處。隔天值班結束，部隊其他人不是在休息就是在健身，梅絲也抓住機會小眠一下，完全沒想到已經有些事件開始發生，即將永遠決定她的命運。

波斯灣戰爭期間，雖然伊拉克曾向沙烏地阿拉伯發射超過四十枚飛毛腿飛彈，但真正造成重大損害的不到十枚。就算真正射到沙烏地阿拉伯，多數飛彈並未擊中預定的軍事目標，而是偏離路徑落向了平民區。

伊拉克飛毛腿飛彈的成功率之所以這麼低，部分原因在於美國的愛國者飛彈系統能夠偵測飛彈來襲，在空中加以攔截。系統在初步的雷達偵測之後，會進行更詳盡的確認，以確保目標是真正的飛彈，而不只是雷達反應過度所偵測到的雜訊。

為了更詳盡的確認，系統會將第一次偵測到的飛彈時間及位置資訊傳送給輔助雷達，同時也會估算飛彈的速度。用這些

資訊，就能預估飛彈接下來可能的位置，定出一個小方框，以便進一步驗證。

為了追求精準無誤，愛國者飛彈系統所使用的時間單位是 1/10 秒。不幸的是，雖然「1/10」用十進位制寫起來是個簡潔有力的「0.1」，但在二進位制之下卻是個無限循環小數 0.0001100110011001100... 在一開始的「0.0」之後，會不斷重複 0011 這四個數字。由於沒有任何電腦能夠真正儲存無限多位的數字，所以愛國者飛彈系統要表達 1/10 的時候是用近似值，只用了小數點後二十四位。

由於省去了在那之後的數值，這個數字與真正的 1/10 秒差了大約 1/1,000 萬。愛國者飛彈系統的程式設計師認為，只差這麼一點應該不會有什麼實際的影響，但隨著系統長時間持續運作，內部時鐘的時間誤差不斷累積，最後就會造成相當大的差異。只要大約十二天，愛國者飛彈系統所記錄的時間就會差到將近一秒。

2 月 25 日晚上八點三十五分，愛國者飛彈系統已經連續運作四天。在梅絲睡夢之中，伊拉克向沙烏地阿拉伯東岸發射了一枚飛毛腿飛彈。幾分鐘後，飛彈飛越沙烏地阿拉伯領空，愛國者飛彈系統的第一具雷達偵測到飛彈，並將數據傳輸到第二具雷達做驗證。在數據傳輸的過程中，偵測的時間差了將近 1/3 秒。

由於飛毛腿飛彈的速度是每秒一千六百多公尺，位置計算的誤差也就超過五百多公尺。第二具雷達搜尋認定會出現飛彈的範圍，卻沒有找到飛彈的蹤跡，於是將這次的警報判斷為假

警報，從系統中予以刪除。[100]

　　晚上八點四十分，飛彈擊中了梅絲睡夢中的軍營，讓她與二十七位同袍命喪當場，另有近百人受傷。當時距離雙方結束敵對只剩三天，在第一次波斯灣戰爭當中，單單這次攻擊就占了美軍所有死亡人數的三分之一。只要電腦講的是另一種語言（使用另一種基數），說不定就能防止這次攻擊。

　　然而，無論使用任何基數，都不可能只用有限的位數就表達出所有數字。如果採用不同的基數，或許可以避免這次的愛國者飛彈系統問題，但絕對會造成其他的錯誤。因此，雖然電腦系統常常因為二進位制而出現錯誤，但有鑑於在耗能與可靠度上的優勢，二進位制仍然是目前電腦最合理的選擇。然而，如果在現實社會使用二進位制，會發現這些優勢並不存在。

二元性思維

　　假設你在擠滿人的公車上，和一位美麗／帥氣的陌生人聊天。你快到站了，想問對方的電話，對方一口氣就說出十一位數字 07XXX-XXX-XXX（這是英國手機號碼的通用格式）。但如果想用二進位制說出一樣的數字，所需的位數就得來到至少三十位。想像一下，你得在公車到站之前，記住「11101110 01101011001001111111111」，然後就得下車了。在第七個 0 之後，接的到底是 1 還是 0 ？

　　二元性思維與我們的關係更為直接，這種思維模式不僅遍及整個社會，還有可能會造成危害。自古以來，快速的「是／否」二選一常常就決定了生死。

　　我們的原始大腦可沒有時間慢慢計算，落石有多少機率會砸在自己頭上。而在面對危險的動物時，也得匆匆決定或戰或逃。一般來說，迅速（並且偏向謹慎）的二元性決定，會比慢慢考量所有因素的決定更好。

　　就算我們的社會愈發展愈複雜，這些二元性的判斷卻依然保留著。例如我們會認為別人是好人或壞人、聖人或罪人、朋友或敵人，都是這樣的二元性區別。這些區別雖然相當粗略，但卻能夠讓我們迅速判斷，該用怎樣的態度面對不同的人。許多流行的宗教都會強調這種二元性，而隨著時間的流逝，這樣的刻板印象也愈來愈根深柢固，成為這些宗教的必要前提。只要是這些宗教的信徒，就沒有質疑善惡的空間。

　　但對今日的大多數人來說，已經不再需要這樣迅速做出決定，也不再需要如此強調二元特性。我們現在比較有時間，可以更深入思考一些重要的生活選擇。

　　人類本來就十分複雜、模糊、微妙，無法用二元性的標記來區分。如果真要做二元性思維的判斷，不論是《哈利波特》的石內卜、《大亨小傳》的蓋茲比、莎士比亞筆下的哈姆雷特，這些我們最愛的文學角色都不會有發揮的空間。這些角色之所以令人愛恨交織，正是因為他們個性複雜、遊走在道德的模糊地帶，反映著我們自身那種複雜、帶著缺點的人格特性。

　　不過，我們還是可以用某些二元性的標籤，輕鬆明確告訴外界我們是怎樣的人：共和黨或民主黨、左派或右派、有神論或無神論。我們騙了自己，以為只能把自己定義成兩種選項之一，但其實這是一道光譜，在兩者間還有許多不同的顏色。

沒有人不懂數學

　　我是學數學的，在這個領域最辛苦的一件事，就是有很多人給自己強加了錯誤的二分法：一派人相信自己懂數學，另一派人則相信自己不懂數學。而相信自己不懂數學的人又占大多數。可是，我們幾乎找不到完全不懂數學的人，畢竟哪有人不會數數呢？

　　在光譜的另一個極端，幾百年來，也從來沒有任何數學家能夠瞭解所有已知的數學領域。每個人其實都處於光譜上的某個位置，至於到底是多偏左、或是多偏右，要看我們覺得這項知識對自己多有用處而定。

　　舉例來說，如果瞭解身邊的數字系統，就能讓我們對人類的歷史和文化有另一種觀點。雖然這些系統乍看之下很怪異陌生，但我們的心態不該是害怕，而該是喜愛、讚揚。藉由這些系統，可以明白前人如何思考、看出前人傳統的各種面向。

　　況且，這些系統也具體反映出人類的基本生物特性，讓我們看到，數學根源於我們自身，就像手上的手指、腳上的腳指一般自然。我們可以從中瞭解現代科技的語言，並避免某些簡單的數學錯誤。也正如我們將在下一章所見，靠著分析過去的錯誤，基於數學的現代科技（有時候成敗還很難說）就有辦法避免未來重蹈覆轍。

永不停歇的改善

從演化到電子商務，展現
演算法的無限潛力

　　「一百公尺後右轉……請右轉。」衛星導航裝置的機械語音發出指示，法哈特（Roberto Farhat）載著太太和兩個孩子，聽令照辦。法哈特是新手駕駛，拿的是學習駕照。他的太太則是自信滿滿的老手，已經開車開了十五年，法哈特幾分鐘前才從她手裡接過方向盤。就在他轉下 A6 公路的時候，一輛兩噸重的奧迪從對向車道以七十公里的時速撞向他們的乘客側。*

　　原來法哈特專心聽著導航語音，忽略了「不得右轉」的警告路標。令人驚訝的是，他在這場車禍中毫髮無傷。然而，他的四歲女兒愛米莉亞就沒那麼幸運，三小時後在醫院過世。

　　現代生活有愈來愈多事要煩心，為了讓生活簡單一點，我們開始依賴著衛星導航系統之類的設備。衛星導航設備要判斷從 A 點到 B 點怎麼走最快，這樣的工作相當複雜，唯一可行的方式是以演算法的形式，隨需進行運算。

　　但在起點與終點相距遙遠的時候，實在不可能用一台設備就算出所有的可能路線。而且，每個人想查詢的起點與終點各不相同，形成的路線數量無法勝數，計算的難度也就呈天文數字般增加。雖然問題如此艱巨，但衛星導航演算法的確極少出錯，叫人佩服。只不過導航一旦出錯，通常都會造成災難。

　　演算法其實是一連串的指示，用來明確完成某一項任務，從整理手邊蒐集的唱片到做出一道菜都有可能。然而史上最早的演算法，本質上就是很單純的數學。

　　像是古埃及有一套簡單的演算法，用來將兩個數字相乘；

---

*　編注：英國的駕駛座在右邊，開車時靠道路左邊。

巴比倫也有一套演算法，用來計算平方根。在西元前三世紀，古希臘數學家厄拉托西尼（Eratosthenes）發明了「質數篩法」（sieve），這套簡單的演算法可以找出一定範圍內的質數；而阿基米德則發明「窮舉法」（method of exhaustion），用來計算圓周率。

電腦帶動演算法發展

在啟蒙運動前，歐洲的機械工藝逐漸提升，開始能將演算法化為實體，套用在一些工具上面，像是鐘錶，以及後來的齒輪計算機。

到了十九世紀中葉，這項技術已經發展十分成熟，讓博學家巴貝奇（Charles Babbage）打造出第一台機械式計算機，最初只是用來做數學運算。而深具創新頭腦的數學家勒芙蕾絲（Ada Lovelace）則為這台機器寫出第一套電腦程式。也正是她體認到，巴貝奇這項發明的應用絕不僅僅於此：不論像是音符、或是更重要的字母，都能夠寫成程式，用這台機器加以操作。

後來電腦先轉為機電式，再走向純電子式。在第二次世界大戰期間，同盟國為了破譯德國的密碼，就是用電腦來執行演算法。雖然這些演算法理論上也可以人工計算，但光是用簡單的電腦原型，計算的速度和準確度就遠遠超過一大群的人工。

現在電腦執行的演算法愈來愈複雜，當我們想要有效率的處理日常事務時，演算法成為不可或缺的一環，不論是在搜尋引擎裡查資料、用手機照相、玩電腦遊戲、又或是問問數位個人助理今天下午天氣如何，都要演算法來幫忙。

　　但是，以往的解答已經無法讓我們滿足：我們希望搜尋引擎能找出最相關的答案，而不只是搜尋到的第一個答案；我們希望能明確知道下午五點下雨的機率，才好決定早上出門上班的時候要不要帶傘；我們希望衛星導航提供的是最快抵達的路線，而不只是它算出的第一條路線。

演算法也有限制

　　在大多數的定義裡，演算法是用來完成某項任務的一系列指示，但這些定義顯然漏了輸入和輸出，而輸入和輸出正是演算法能否實用的關鍵。以食譜為例，你的輸入是食材，輸出則是最後放上桌的菜餚。再以衛星導航為例，輸入是你指定的起點與終點，再加上設備內部儲存的地圖，輸出則是設備最後決定帶你走的路線。

　　如果這些輸入和輸出沒有與現實世界連結，演算法就只是抽象的規則。一般而言，每當新聞報導演算法失誤，探究實際情形後都能發現，問題往往是輸入錯誤，或是輸出令人意外，而不是規則本身有毛病。

　　本章要談的重點，就是在我們每天不斷試著改進演算法的情況下，談談演算法背後的數學原理：從谷歌搜尋結果究竟是如何排序，到臉書如何決定給我們看到哪些動態消息。

　　我們會指出那些看似簡單，卻能解決各種難題，而現代科技龍頭企業十分依賴的演算法：從谷歌地圖的導航系統，到亞馬遜的送貨路線。

　　我們也會從現代科技這個電腦化的世界暫時抽身，提供一

些你可以親手控制的演算法：只要運用簡單的演算法來尋求最佳化，你就能在火車上找到最棒的座位，或在超市結帳的時候挑到最短的隊伍。

雖然有些演算法的功能極為強大，但有時候它們的實際效果卻只能說是差強人意。像是法哈特一家遇到的悲劇，就是因為地圖資料過時，而讓衛星導航給出了錯誤的指示。這裡錯的並不是規劃路線所用的規則本身，如果用的是最新的地圖，就不會發生這場事故。

從他們的案例，可以看出現代演算法強大的功能。這些了不起的工具已經滲透到我們日常生活的方方面面，帶來各種便利。我們雖然無須太過畏懼，但仍然該有一定的小心，並且時時注意它們的輸入與輸出。

然而，只要用了人力來注意監督，就可能出現審查與偏見的問題。於是有時候為了公正，會禁止人工介入，但我們研究這種情況，卻發現演算法本身可能天生藏有偏見：由創建者的意志所留下的印記。

不管演算法多有用，只要我們多瞭解一點演算法的內部運作，避免盲目相信演算法能夠永遠完美運作，就有可能讓我們省下時間、金錢，甚至挽救生命。

——— 價值百萬美元的問題 ———

克雷數學研究所（Clay Mathematics Institute）在 2000 年宣布了七項「千禧年大獎難題」（Millennium Prize Problem），公認

是數學領域最重要的未解問題。[101]

　　這七項難題是：

1. 霍奇猜想（Hodge conjecture）；
2. 龐加萊猜想（Poincaré conjecture）；
3. 黎曼假設（Riemann hypothesis）；
4. 楊－米爾斯存在性與質量間隙問題（Yang–Mills existence and mass gap problem）；
5. 納維－斯托克斯存在性與光滑性問題（Navier–Stokes existence and smoothness problem）；
6. 貝赫和斯維訥通－戴爾猜想（Birch and Swinnerton-Dyer conjecture）；
7. P/NP 問題。

　　雖然可能只要出了某些數學小圈子，一般人大概不會覺得這些名字有多重要，但克雷數學研究所的同名主要出資者克雷（Landon Clay）顯然對這些問題的重要性深信不疑，只要有人能夠證明或反證任何一項，他就支付一百萬美元的獎金。

　　在本書寫作時，只有龐加萊猜想已經解開。龐加萊猜想是拓撲學數學領域的問題。我們可以把拓撲學視為幾何學（關於形狀的數學），只是用麵團來做研究。

　　在拓撲學裡，物品本身的實際形狀並不重要；重點是物品上有幾個洞，那是分類物品的依據。舉例來說，拓撲學家覺得網球、橄欖球、甚至飛盤，三者沒什麼區別。只要想像這些物品都是由麵團製成，理論上就能將它們壓扁、拉長，或做其他任何操弄調整，讓它們看來一模一樣，而無須在麵團上新增或

減少任何孔洞。

然而，對拓撲學家來說，上面三樣東西跟橡皮筋、腳踏車內胎、或籃球球框完全不同，因為後三樣都像貝果，中間有個洞。另外，像是「8」有兩個洞、德國蝴蝶餅有三個洞，這兩者對於拓撲學而言又再次是完全不同的類別。

1904 年，法國數學家龐加萊提出猜想，認為在四維空間裡，最簡單的形狀就是四維的球體。（第 3 章提過，正是龐加萊介入，才糾正了一項數學錯誤，還給德雷福清白。）

為了解釋龐加萊所謂的「簡單」，請想像某個物品的表面上繞著一個閉合的圈。只要你能維持這個圈一直接觸在物品表面上，再經過不斷收緊、最後讓整個圈收縮成一點而消失，這個物品在拓撲學上就跟球體沒兩樣。這項想法稱為「簡單連通性」（simple connectivity）。

如果無法用一個圈完成這件事，就代表這個物品在拓撲學上是個更複雜的物品。舉例來說，假設現在有個貝果，而你繞的圈是從貝果的下面向上、通過中間的洞、繞過上方再回到原點。這樣一來，不管你怎麼想讓圈縮小，永遠會被貝果本身擋住，無法讓圈縮成一點而消失。

所以，有一個洞的貝果，本質上就是比沒有洞的足球更複雜。這件事在三維空間的結果眾所皆知，但龐加萊認為，同樣的想法應該也適用於四維空間。接著，這個猜想被繼續推廣到高維，認為應該在任何維度都適用。

而在宣布千禧大獎難題的時候，這項猜想在其他維度都已經證明無誤，只剩下龐加萊最初的四維猜想尚未得到證明。

在 2002 年和 2003 年，隱居的俄羅斯數學家佩雷爾曼（Grigori Perelman）向拓撲社群發表了三篇深奧的數學論文，[102]據稱解決了四維的龐加萊猜想。接下來，幾個數學家團隊花了三年，才終於確定他的證明準確。

2006 年，佩雷爾曼在四十歲獲頒菲爾茲獎（Fields Medal，有數學界的諾貝爾獎之稱，獲獎的年齡上限剛好就是四十歲）。只要一出數學圈，很少有新聞會關注這座獎項；但佩雷爾曼成了史上第一位拒絕菲爾茲獎的人，倒是引起不少注意。在他拒絕受獎的聲明中，佩雷爾曼表示：「我對錢或名聲都沒興趣，我不想像動物園裡的動物一樣被展示。」

等到 2010 年，克雷數學研究所終於確信，認定佩雷爾曼解開了一項千禧大獎難題，可以獲得這一百萬美元的大獎，佩雷爾曼也同樣拒絕接受這筆獎金。

──────── **P/NP 問題** ────────

佩雷爾曼證明了龐加萊猜想，在純數領域可說是一大成就，但並沒有什麼實際應用。在本書寫作時尚未解決的其他六項千禧大獎難題，多數也是如此。但第七項難題的情況不同，這個數學界所謂的「P/NP 問題」雖然名稱看來簡潔、或說神祕，卻可能影響許多網路安全和生物科技領域。

P/NP 問題的核心，是認為「針對問題的答案做驗證，通常比找出問題的解答更容易」。這項數學未解之謎真正要問的是：如果某個解答能夠用電腦快速驗證，是否就也能用電腦快

速求解？

　　打個比方，假設你正在拼一幅純色拼圖（例如整片湛藍的天空），只能一片一片嘗試拼不拼得上，這工作做起來十分艱巨，肯定得耗上非常久的時間。然而等到拼完，要檢查有沒有拼對卻非常容易。

　　數學上所謂的「效率」高低，指的是在問題變得更複雜的時候（像是拼圖的片數變多），演算法能夠多快解出問題。如果有一組問題，能夠在多項式時間（polynomial time）之內快速解開，就稱為 P 問題。而有另一大組問題，可以快速驗證、但不一定能快速解開，就稱為 NP 問題（NP 指的是非多項式時間〔nondeterministic polynomial time〕）。一旦能快速求解，當然就可以驗證求得的解是否正確，所以 P 問題可說是 NP 問題的子集合。

　　現在假設要打造一套演算法，用來拼好一幅普通的拼圖。如果這套演算法是多項式時間（P），求解的時間可能取決於片數、片數的平方、片數的立方、甚至是片數的更高次方。舉例來說，如果這套演算法求解的時間取決於片數的平方，代表解開 2 片的拼圖需要 $2^2 = 4$ 秒，10 片的拼圖就需要 $10^2 = 100$ 秒，100 片的拼圖就需要 $100^2 = 10,000$ 秒。雖然聽起來好像很久，但仍然是幾小時就能解決的事。

　　但如果這套演算法是非多項式時間（NP），而且求解的時間會隨著片數增加呈現指數成長。雖然解開 2 片拼圖的時間同樣只要 $2^2 = 4$ 秒，但 10 片的拼圖就需要 $2^{10} = 1,024$ 秒，等到拼圖的數量增加到 100 片，花費的時間更是來到天文數字般的

$2^{100} = 1,267,650,600,228,229,401,496,703,205,376$ 秒，這已經超越了自從宇宙大爆炸以來的時間。

　　雖然兩種演算法所需的求解時間都因為片數增加而變多，但要解開真正 NP 問題的演算法會在問題規模增加的時候很快就變得不再可行。所以我們大可說這裡的 P 是指求解過程「可行」（Practical），而 NP 則是指「不可行」（Not Practical）。

　　歸類為 NP 的問題都能快速驗證，但現有的演算法還無法迅速求解。所以 P/NP 問題想問：NP 問題會不會實際上也屬於 P 問題？ NP 問題是不是也有可行的求解演算法，只不過我們還沒有找到？用數學的語言來問，就是 P 等不等於 NP ？如果答案是「等於」，那麼這件事就會對我們的日常生活帶來巨大的影響。

氣泡排序法

　　尼克‧宏比（Nick Hornby）在 1990 年代寫下《失戀排行榜》（*High Fidelity*）這部經典小說，主角佛萊明（Rob Fleming）熱愛音樂，開了一家二手唱片行「冠軍黑膠片」。佛萊明會定期把自己的大量唱片依照不同的系統重新排列：可能是按字母順序、時間順序、甚至是按自己的生命自傳來排列（依自己買這些唱片的時間，講出自己的人生故事）。

　　像這樣重新整理的舉動，除了對音樂愛好者來說有種情緒宣洩的效果，也可以用來迅速查詢及記資料，展現其中不同的特色。就像是整理電子郵件的時候，只要點一下就能選擇排列方式是依日期、寄件人、或是郵件主旨，這正是電子郵件的客

戶端執行了一套有效率的演算法來做分類排序。

　　而在 eBay 上，你可以選擇要用「精準度」、「價錢由低到高」或「即將結束」來排序，這也是因為 eBay 用了有效率的分類排序演算法。

　　至於谷歌，在它判斷了各個網頁與你搜尋的關鍵字匹配程度後，也需要迅速加以排序，用正確的順序顯示。人們夢寐以求的，就是能實現目標的高效演算法。

　　要排序一定數量的項目時，一種做法是盡可能窮盡所有排法，再一一檢查是否正確。假設我們就只蒐集了五張唱片，齊柏林飛船（Led Zeppelin）、皇后合唱團（Queen）、酷玩樂團（Coldplay）、綠洲合唱團（Oasis）和阿巴合唱團（Abba）各一張。光是五張專輯，就已經有一百二十種不同排法。六張會有七百二十種排法，到了十張，就有超過三百萬種排法。隨著唱片數量增加，排法的數量會急速成長，不管多痴狂的樂迷都不可能窮盡所有的排法：這單純就是件不可行的事。

　　但幸好，你應該已經從自己過去的經驗發現，整理自己收藏的唱片、書籍或 DVD 其實是個 P 問題，也就是確實有某種可行的解決方案。在此，最簡單的演算法稱為「氣泡排序法」（bubble sort），原理如下。

　　讓我們先把那五張唱片依樂團原文名稱的縮寫 L、Q、C、O 和 A 來排序。氣泡排序法會從左到右檢查過去，只要相鄰的兩張順序不對，就互換位置。這個過程不斷重複，直到任何相鄰的兩張順序都正確，也就代表整個列表都排序完成。

　　第一次排序的時候，L 在 Q 之前沒錯，所以位置不變，

但比到 Q 和 C 的時候，就會發現順序有誤，於是兩者互換位置。氣泡排序法就這樣繼續，於是 Q 再與 O 互換、接著與 A 互換，到此時完成了第一次排序，結果是 L、C、O、A、Q；Q 已經排到了列表最後面的這個正確位置。

第二次排序，L 與 C 互換、O 與 A 互換，於是 O 也來到了正確的位置：C、L、A、O、Q。接著只要再兩次排序，A 就會到達列表最前面，整個列表也成功依字母排序。

我們把算式簡化一點好了。如果要排序五張唱片，就得將未經分類的唱片做四次排序，每次做四次比較。如果有十張唱片，就得排序九次，每次做九次比較。這意味著，我們每次排序過程中的工作量，幾乎就是需要排序的項目數量平方。

倘若你收藏了一堆唱片，這件事做起來當然還是相當費功夫，三十張唱片就得做幾百次的比較；然而，相較於暴力破解法需要列出天文數字的所有可能排法，採用氣泡排序法仍然省力不少。

雖然這已經是一大進步，但電腦科學家一般認為氣泡排序法的效率還是太低。在實際應用上，不論像是臉書的動態消息、或是 Instagram 的最新動態，隨時都有幾十億則發文必須依據這些科技龍頭的最新優先順序來排序顯示，於是簡陋的氣泡排序法也就被更新、更有效率的類似方法取代。例如「合併排序法」（merge sort），做法就是先將所有發文分成幾小批，經過迅速分類排序，再組合成正確的順序。

2008 年美國總統大選期間，馬侃（John McCain）成為候選人之後不久，受邀到谷歌發表演講，討論他的政策。谷歌當時

的執行長施密特（Eric Schmidt）和馬侃開玩笑，說整個競選過程就像是谷歌的面試，接著就問了一個谷歌確實會問的面試問題：「如果只有 2 MB 的 RAM，你要怎麼將一百萬個 32 位元整數進行排序？」馬侃看起來一頭霧水，而施密特玩笑開夠了，立刻問了下一個真正的問題。

六個月後，輪到歐巴馬（Barack Obama）來到谷歌接受考驗，施密特也拋出了同一個問題。歐巴馬看向觀眾，擦了一下眼睛，說道：「這個嘛，嗯……」施密特以為歐巴馬一時語塞，本來想接過話題，但歐巴馬直視著施密特的眼睛，繼續說著：「……不、不、不，我只是在想，絕不能用氣泡排序法吧」，全場的電腦科學家對此報以熱烈掌聲及歡呼。

歐巴馬的回應，反映出他出乎意料的博學多聞：他說了一個內行人才懂的笑話，笑點就在於這種排序演算法的效率有多麼低落。他的整個競選過程不斷顯露這種舉重若輕、信手捻來的魅力（唯有經過精心充分的準備才能做到），最後一路送他進白宮。

怎麼送貨最快？

只要你的排序演算法足夠有效率，至少下次你要重排藏書或是 DVD 的時候，可以很慶興不用花上比整個宇宙壽命還長的時間。

但不是每個問題都能取得有效率的演算法，有些問題雖然說來容易，但要求解卻得花上天文數字的時間。假設你在像是 DHL 或 UPS 這種大型快遞公司工作，每次值班都得把大量包

裏送完，才能把貨車開回倉庫下班。由於薪水是依送貨件數、而不是所花時間來計算，所以你絕對想找出有什麼最快路線，能送完所有包裹。

這正是一個古老而重要的數學難題，稱為「旅行推銷員問題」（travelling salesman problem）。隨著送貨地點增加，會出現所謂的「組合爆炸」（combinatorial explosion），而讓問題變得極度棘手。每次加入一個新的位置，可能的解決方案甚至會增加得比指數成長還快。

假設一開始有 30 個點要送，第一站就有 30 種選擇，第二站有 29 種選擇，第三站有 28 種選擇，以此類推。這樣一來，可能的不同路線就有 $30 \times 29 \times 28 \times \cdots \times 3 \times 2$ 種。實際算起來，只要有 30 個點要送，不同的路線就大概有 265×10^{30} 種。

這個問題和排序問題不一樣，它並沒有捷徑，也就是目前沒有任何可行的演算法能在多項式時間內找出答案。而且，就算只是想驗證某條路線是否最短，也得先找出所有其他路線來比較才行，所以驗證和求解一樣困難。

當你回到了送貨總部，可能會看到某個物流主任，希望能把每天要送的貨分配給許多不同的送貨員，並安排每個人的最佳路線。這稱為「車輛路徑問題」（vehicle-routing problem），難度比旅行推銷員問題更高。

以上這兩種問題，在我們的生活中無所不在，像是規劃城市的公車路線、郵筒收信的路線、倉庫取貨的路線，或是在電路板上打洞、製造晶片、給電腦接線。

面對這一切問題，唯一令人寬慰的一點在於：某些任務一

旦找到優秀的解決方案，我們一看就看得出來。如果我們想規劃出長度低於一千英里的送貨路線，即使一開始不太容易找，一旦找到，很容易就能檢查是否符合需求。一般把這稱為旅行推銷員問題的「決策版本」，只要回答是或否即可。這也是一種 NP 問題：不容易找到解法，但很容易驗證。

如果能夠明確列出想造訪的目的地有哪些，雖然規劃路線仍非易事，但確實有機會找出最佳解方。2012 年，庫克（William J. Cook）在加拿大安大略省滑鐵盧大學（University of Waterloo）擔任組合數學與最佳化教授，他想找出走遍英國所有酒吧的最短路徑。

這場規模宏大的串酒吧（pub crawl）活動，一共要造訪的酒吧有 49,687 家，但總路徑只有四萬英里長，平均每 0.8 英里就能造訪下一家酒吧。庫克用一部超級電腦進行平行運算，結果花了將近二百五十年的電腦時間，總算找出最短的路線。

然而，早在庫克開始這項計算許久之前，英國貝德福德郡（Bedfordshire）的馬斯特斯（Bruce Masters）先生就決定親身實踐解決這項問題。他擁有造訪最多酒吧的金氏世界紀錄。時至 2014 年，這位六十九歲的先生已經在 46,495 家不同的酒吧來過一杯。†

馬斯特斯估計，從 1960 年開始，他已經為了造訪英國所有酒吧而旅行超過一百萬英里，足足是庫克那條最佳效率路線

---

† 編注：馬斯特斯仍持續進行挑戰，根據 2019 年的報導，他造訪過的英國酒吧已經來到 51,695 家。

的二十五倍有餘。如果你也打算來一場這樣的漫長冒險，或者只是想串串自己當地的酒吧，說不定都值得先參考一下庫克的那套演算法。[103]

P 等於 NP 嗎？

絕大多數的數學家都認為 P 和 NP 就是兩套本質不同的問題：我們永遠找不到有什麼演算法能夠快速解出派遣推銷員問題或是安排車輛路徑問題。但這或許是一件好事。

旅行推銷員問題有個「決策版本」，它只問有沒有比某長度更短的路徑，是「NP 完全」（NP-complete）問題的經典範例。理論上，如果能夠提出一套可行的演算法，解出某個 NP 完全問題，就能轉換這套演算法來解決其他的 NP 問題；這樣子就證明了 P 等於 NP，代表兩者實際上是同一類問題。

一旦證明 P 等於 NP，線上安全性就可能發生災難，因為我們正是靠著某些難以解決的 NP 問題，才有目前幾乎所有的網路加密技術。

但如果看看好的一面，這樣說不定就能研發出迅速的演算法，能夠解決各種物流問題。工廠可以排出最有效率的製造排程，快遞公司可以找出最有效率的送貨路線，就算從此無法在線上安全購物，卻有可能讓價錢降低。在科學領域，一旦證明 P 等於 NP，就有可能找出有效率的方法發展電腦視覺（computer vision）、完成基因定序，甚至預測自然災害。

諷刺的是，如果真的證明 P 等於 NP，科學或許會是大贏家，但科學家本身卻可能是最大的輸家。從牛頓的運動定律、

達爾文的自然選擇演化論、愛因斯坦的廣義相對論，到懷爾斯（Andrew Wiles）的費馬最後定理證明，至今最驚人的一些科學發現，都仰賴那些在各自領域深耕多年、訓練有素又發揮創意思維的人。

如果 P 等於 NP，那麼任何可證明的數學定理，電腦都能在一定的程式序列內找出證明（又稱為形式證明）。這代表過去人類許多最偉大的智力成就，只需一台機器人就能複製並取代。許多數學家會因此失業。

從本質來看，P 與 NP 的對抗其實就是在確認：人類的創意是否能夠自動化？

貪婪演算法

旅行推銷員問題已經十分困難，最佳化問題也不遑多讓，因為我們總是想在多到難以想像的各種選擇當中，挑到最好的那一個解決方案。

不過，我們有些時候不一定想要完美但緩慢的方案，反而寧願接受普通但迅速的方案。像是在上班前，我不太需要研究怎麼擺才能讓公事包裡的物品占據最小的空間，只要能把東西全塞進去就行了。

在這種情況下，我們就會試著找出解決問題的捷徑。我們可以使用啟發式演算法（heuristic algorithm，又稱經驗法則），讓我們在面對許多不同種類問題的時候，得到與最佳解法相去不遠的解決方案。

　　而這種解題技術中，又有一派稱為「貪婪演算法」（greedy algorithm），它是一種短視的解答過程，靠著找出當下問題的最佳方案，希望最後能找出整體問題的最佳解。雖然這種做法迅速有效率，卻無法保證最後得到的是最佳解，有時甚至還算不上普通解。

　　舉例來說，假設你初次造訪某地，希望能爬上當地最高的山，一覽四周景色。這時如果採用貪婪演算法，做法就是先根據你現在的位置，找出四周坡度最陡的方向，接著開始往那個方向邁出一步。只要不斷重複這個步驟，總會到達某個點，無論接下來往哪個方向都只能下坡。這種時候，你肯定是到了某個山頂，只不過不一定是最高的那個。

　　如果你真的想爬上最高的山、看到最好的風景，這種貪婪演算法無法保證你能達到目的。很有可能你面前有兩條路，一條通往剛才說的那個小山丘，只不過一開始的路比較陡，另一條則是通往到當地的高山山頂，但一開始的路比較平緩。如果你一時短視，那就會挑錯了路。

　　貪婪演算法一定能找出某種解決方案，但不保證一定是最好的解決方案。但確實有一些特殊的問題，能用貪婪演算法找出最佳解。

衛星導航用的演算法

　　衛星導航系統裡都存有地圖，我們可以把地圖上的每個路口都想像成一個節點，再由各種長短不一的道路互相連結。而衛星導航系統要解決的問題，就是在連接兩地的眾多道路與節

點中，找出最短的路徑。

　　找出最短路徑聽起來跟旅行推銷員問題一樣困難。隨著道路與節點數量增加，可能的路線數量確實會以天文數字迅速增加。只要幾條路再加上幾個節點，可能的路線數量就會逼近幾兆條。如果真要計算出所有的可能路線，並比較每條路線的總距離，這件事會變成 NP 問題。

　　對於所有使用衛星導航的人來說，幸好有戴克斯特拉演算法（Dijkstra's algorithm）。事實證明，這個有效率的辦法能夠在多項式時間內就找出「最短路徑問題」的答案。[104]

　　舉例來說，我們可以用戴克斯特拉演算法找出從住家到某電影院的最短路徑。想找到最短路徑，只要不斷找出當下最好的選項就行（正是貪婪演算法的概念）。

　　這裡的基本想法，就是先確定從住家到電影院整個路網的所有路口節點，接著不斷找出從住家到每個「未造訪」節點的最短路徑、並記錄下來，讓它成為「已造訪」的節點，再繼續往下一個節點前進。於是，從住家開始，我們一步一步用最短路徑來接近電影院，等到電影院也成為「已造訪」的節點，就能確保這條是最短的路徑。

　　想要谷歌地圖找出前往電影院的最佳路線時，谷歌很有可能用的就是某種戴克斯特拉演算法。

怎麼付錢最方便？

　　當你看完電影，準備付停車費的時候，繳費機有可能不會找零。假設你的口袋裡各種硬幣都足夠，或許你會想要以最快

速度投到所需的金額。此時我們多半會直覺採用一種貪婪演算法，也就是依序不斷投入「在餘額以下、面值最大的硬幣」。

　　包括英國、澳洲、紐西蘭、南非與歐洲在內，大多數貨幣的面值都是採用 1-2-5 的結構向上增加。舉例來說，英國貨幣有 1、2、5 便士的硬幣。然後是 10、20、50 便士硬幣，1、2 英鎊硬幣，接著是 5 英鎊紙鈔，再來是 10、20、50 英鎊紙鈔。

　　所以，如果你要用貪婪演算法在這個系統付出 58 便士，會先選擇一枚 50 便士硬幣，餘額剩下 8 便士；由於 20 便士和 10 便士就會超出餘額，所以下一枚是 5 便士，再來是 2 便士，最後再加上一枚 1 便士。

　　事實證明，包括美國在內的所有這種 1-2-5 貨幣系統，只要運用上面所說的貪婪演算法，都能夠以最少的硬幣數量達到總額。

　　但同樣的演算法卻不一定適用於每種貨幣。假設也有面值 4 便士的硬幣，那麼在剩下 8 便士要付的時候，兩枚 4 便士就會比 5、2、1 便士各一枚更簡單。想要符合貪婪演算法的話，每種硬幣或紙鈔的面額就必須是前一個較小面額的兩倍以上。

　　正因如此，可以解釋為何 1-2-5 結構如此普遍：這些面額的倍數是 2 或 2.5，能夠保證貪婪演算法順利運作，同時也能維持簡單的十進位制系統。因為找零這件事實在太常見，最後也就讓世界上幾乎所有貨幣都接受了 1-2-5 結構，以符合貪婪演算法的需求。

　　塔吉克（Tajikistan）是唯一一個硬幣結構不符合貪婪演算法的國家，她的硬幣面額分別有 5、10、20、25、50 迪拉姆

（diram）。所以在付 40 迪拉姆的時候，貪婪演算法會建議各拿出一枚 25、10、5 迪拉姆的硬幣，但拿出兩枚 20 迪拉姆其實比較快。

麥克雞塊數

講到貪婪演算法的話題，我就想問一下，你有沒有在麥當勞點過 43 個麥克雞塊？雖然這問題聽起來很扯，但麥克雞塊確實曾引發一些有趣的數學討論。

在英國，麥克雞塊一開始只有 6、9、20 塊的盒裝。數學家皮喬托（Henri Picciotto）和兒子在麥當勞吃午餐的時候，忽然想知道靠著這三種單位，到底有哪些數量是他沒辦法點的。

他列出的清單是：1、2、3、4、5、7、8、10、11、13、14、16、17、19、22、23、25、28、31、34、37，以及 43。除此之外，其他的數字都能夠搭配組合而成，從那之後，這些組得出來的數字也就稱為「麥克雞塊數」。

至於運用特定一組數字的倍數所無法組合出的最大數字，則稱為弗比尼斯數（Frobenius number，以下簡稱 F 數）。所以，當時麥克雞塊的 F 數就是 43。遺憾的是，後來麥當勞開始推出 4 塊裝的麥克雞塊，於是 F 數掉到只剩 11。

諷刺的是，就算現在已經有新的 4 塊裝選項，我們仍然無法運用貪婪演算法來計算如何購買 43 塊麥克雞塊（兩盒 20 塊裝就已經來到 40 塊，但接著並沒有 3 塊裝的選項）。所以，你如果在得來速點了 43 塊麥克雞塊，就算其實做得到，應該還是會讓點餐人員大傷腦筋。

───── 向自然界的演算法致敬 ─────

　　只要用對地方，貪婪演算法可以很有效率的解決問題；一旦用錯，不但解決不了問題，還會有反效果。想像一下，如果你熱愛走向戶外、擁抱自然、攀登附近最高的山峰，可就絕對不會想要因為聽從不知變通的貪婪演算法，最後困在某個偏僻的小土丘上。幸好，自然界本身就給了人類許多啟發，創造出多種演算法，讓我們能夠克服各種比喻上與現實上的高山。

　　像是一種稱為「蟻群最佳化」的演算法，就能夠派出大批由電腦模擬的螞蟻，探索由現實問題所啟發的虛擬環境。舉例來說，想解開旅行推銷員問題的時候，會讓虛擬螞蟻在附近的目的地之間走動，就跟真正的螞蟻感知個體周遭的環境一樣。

　　如果螞蟻發現各點之間有一條短的路徑，牠們就會分泌留下費洛蒙，告知其他螞蟻。而愈熱門、通常也是愈短的路徑，就會不斷得到增強，吸引更多「蟻流」。真正的螞蟻所留下的費洛蒙會隨時間而蒸發，好讓螞蟻能夠在目的地改變的時候，靈活的重新規劃路徑，虛擬螞蟻也是這樣。

　　蟻群最佳化演算法除了能夠有效解決車輛路徑這種 NP 問題，還能找出生物學裡某些最困難的答案，像是蛋白質如何從簡單的一維胺基酸鏈，折疊成複雜的三維胺基酸結構。

　　蟻群最佳化演算法其實只是一種群體智慧演算法（swarm intelligence algorithm），而群體智慧演算法也是師法自然。以椋鳥群或魚群為例，雖然其中每個成員都只會和自己身邊局部的少數個體進行溝通交流，但整體卻能極度迅速且一致的改變方

向。假如魚群的一邊出現一條捕食者，這項資訊就能迅速傳播到魚群另一邊。

演算法設計人員從這樣的局部互動得到靈感，可以派出大量彼此連結緊密的人工智慧體（artificial agent），讓它們去探索某個環境。這些人工智慧體能夠進行如動物群體般的迅速溝通交流，在搜尋最佳環境的過程中，互相掌握其他個體的發現。

演化

自然界中最為人所知的演算法就是「演化」。簡單說來，演化的運作方式就是結合父母的性狀（trait），生育出下一代。如果在當時的環境中，孩子具備的性狀比其他人更適合生存及繁殖，就能將自己的這套特徵傳給更多的下一代。

有時候，每一代之間會發生突變，於是引入新的性狀，表現可能優於、也可能劣於族群中已有的性狀。生物僅僅靠著選擇、組合、突變這三項簡單的規則，已經足以打造生物多樣性，解決地球上某些最棘手的問題。

我們在野生動物紀錄片或自然界相關文章裡，常常都會聽說有什麼動物「完全」適應了當地的環境。像是住在沙漠裡的跳囊鼠（kangaroo rat），牠們經過演化，能從食物取得所需水分，一輩子都不必另外喝水；抗凍魚類（notothenioid fish）則演化出「抗凍」蛋白，能活在水溫攝氏零度以下的海洋。在各種艱難的環境中，演化確實生產出了一些適應良好的動物。

就算這樣，也別以為生物演化是能治百病的靈丹妙藥。演化所提出的解決方案雖然通常還不錯，但很少完美，或者該說

從來就不完美。我們不該把演化的「盲目探索各種可能性」看成「追求完美」。針對特定環境，演化通常能找到比過去更優秀的解決方案，但不一定是解決問題的最佳辦法。

英國紅松鼠族群就是典型的例子。紅松鼠爪子鋒利、後尾靈活，還有著方便平衡的長尾巴，很適合在樹林裡爬上爬下、尋找食物。而且紅松鼠的牙齒能夠一輩子不停生長，所以牠們能夠恣意啃開各種堅果堅硬的外殼，不用擔心牙齒會磨光。乍看之下，紅松鼠似乎完美適應了所處的環境，直到後來，出現了一位更適合這個環境的親戚：灰松鼠。

灰松鼠的體型大得多，不僅能夠找出更多食物，也會消耗更多食物，而且無論是消化或儲存都更有效率。灰松鼠未曾與紅松鼠鬥爭、或殺害紅松鼠，但由於適應性更高，就迅速主宰了英格蘭和威爾斯的闊葉林地，贏過並占領紅松鼠的生態區位（ecological niche）。

遺傳演算法

在我們眼裡，有許多物種適應良好，堪稱典範。但有可能演化還沒找出最佳方案，只是我們的想像力不足，才會誤以為這已經是真正「完美」的解決方案。

雖然演化不一定會找到最佳的解決方案，但它依然是自然界裡最著名的解題演算法，電腦科學家也早已多次致敬演化的核心原則，當中最明顯的莫過於所謂的「遺傳演算法」（genetic algorithm）。

遺傳演算法不但可以用來解決排程問題（包括為重要體育

聯賽設計賽程表），還可以為困難的 NP 問題提出良好、甚至
是完美的解決方案，「背包問題」（knapsack problem）便是其
中一例。

　　所謂的背包問題，是想像有一位商人要帶許多貨品到市場
去販售，但他只有一個容量固定的背包，不可能全部都帶，而
必須有所選擇。不同品項的尺寸不同，利潤也不同。所以，背
包問題的優良解決方案，指的就是挑出那些能裝進背包、利潤
最高的貨品。

　　類似的問題還包括：怎麼把蛋糕切成不同的形狀、在耶誕
節包禮物時怎麼節省包裝紙、怎麼把貨物裝上輪船和卡車。另
外，像是在網路頻寬有限的時候，下載管理程式為了有效運用
頻寬，會判斷哪些資料片段應該優先下載，這也是在解決背包
問題。

　　遺傳演算法怎麼解決問題呢？第一步是為問題找出一定數
量的可能解決方案，這些解決方案就成為「親代」（parent）。
以背包問題而言，親代就是把各種能夠裝進背包的貨品組合，
列成一個又一個選項。

　　接下來，遺傳演算法會判斷各個選項解決問題的成效（如
果是背包問題，也就是利潤的高低），選擇兩個成效最佳（利
潤最高）的選項。然後，將這兩種貨品組合各自丟掉某些、又
保留某些貨品，交互組合成兩個新的貨品組合選項；在這個過
程中還可能出現突變，也就是隨機拿掉某選項裡的某貨品，再
換成其他貨品。

　　一旦新的「子代」形成，就再找兩個親代重複上面的動作。

這樣不斷選擇成效最佳的親代解決方案，進行生育複製，就能將親代之中較佳的性狀傳給更多的子代解決方案。直到有足夠的子代替換掉所有的親代解決方案，就可以讓原本的子代成為新的親代，再次開始整個選擇、組合、突變的循環。

這種產生子代解決方案的方式帶著隨機成分，無法保證所有子代都會比親代更優秀，而且事實上有很多會更糟。然而，由於子代也只有成效最佳的組合能夠獲選進行生育複製（等於是虛擬世界的適者生存），遺傳演算法就可以淘汰掉不佳的解決方案，只讓最佳的解決方案將性狀傳給下一代。

遺傳演算法跟其他的最佳化演算法一樣，有可能在找到最佳解決方案之前，手邊的解決方案已經達到局部最大值（local maximum），此時再做任何更動，都會造成適應性下降。幸好有了隨機的組合與突變，能讓我們擺脫這些局部最大值，進一步尋找更好的解決方案。

隨機變化的好處

隨機除了是遺傳演算法的重要特性，也能在我們的日常生活中派上用場。例如你發現自己的播放歌單已經變得老套，總是在聽同一批歌曲、同一批樂團，就可以去按一下隨機播放，讓它為你隨機挑出一首歌。這就像是沒有選擇與組合階段的遺傳演算法，提供的是突變的效果。

藉由這個方式，或許能找到另一個你喜歡的新樂團，只不過在那之前，可能得先聽過一大堆的小賈斯汀（Justin Bieber）或一世代（One Direction）。

現在有許多音樂串流服務，它們為了讓你的聆聽體驗有所變化，使用了更為細膩的演算法。假設你最近一直在聽披頭四和巴布‧狄倫（Bob Dylan），遺傳演算法就會建議一些結合了兩者特徵的樂團，像是漂泊合唱團（Traveling Wilburys，披頭四的喬治‧哈里遜〔George Harrison〕和巴布‧狄倫都是團員）。

演算法還會參考你是把歌整首聽完、或是半途就切歌，評估這些歌曲對你來說適應性如何，就可以知道該讓哪些性狀再遺傳下去。

此外，網飛（Netflix）也有外掛程式，能根據你以前的偏好，為你隨機選擇你可能喜歡的電影。同樣的，最近也有許多餐飲業者會隨機選擇產品，寄送資訊給你參考，以免你吃膩同樣的食物。

這下，從起司、紅酒到各類蔬果，你可以開始把自己的美食體驗最佳化，探索那些你過去可能從來沒嘗過的滋味，而餐飲業者也會根據你的反應，判斷接下來該寄給你哪些資訊。從時尚圈、飲食圈，甚至是小說圈，各家業者都在運用演化演算法工具，為日常消費者的體驗注入活水。

────── 最佳停止時機 ──────

上面提到的某些最佳化演算法，都是以大規模施行的方式來取得商業利益，似乎會讓人覺得，只有科技龍頭才有辦法使用那些背後的數學道理。但也有一些更直接簡單的演算法（雖然隱藏的數學原理很複雜），可以為日常生活帶來一些微小但

重要的改善。其中一類稱為「最佳停止策略」（optimal stopping strategy），能讓人知道在決策過程中何時該停止選擇，開始實際行動。

比方來說，假設你和另一半在陌生的地方逛街，正在想該去哪裡吃晚餐。雖然你們都很餓，但你不想隨便遇到一間餐廳就進去，寧願再走走，挑間好的來吃。你自認眼光精準，一看就能知道這家餐廳的品質如何，還可以跟其他餐廳比較。你更判斷出在另一半不耐煩之前，大概有時間逛到最多十間餐廳。而且，因為你不想留下優柔寡斷的印象，所以決定只要走過，絕不回頭。

遇到這樣的問題，最好的策略是先瞭解一下大致的狀況，也就是前幾間餐廳都只是觀察，卻不走進去。其實你也可以隨便遇到一間餐廳就走進去，但既然你完全不知道這個環境的情況，能夠挑到最佳餐廳的機率就只有 1/10。所以，最佳的做法是先看過幾間，接著在剩下的選擇當中，只要看到「比先前幾間都好」的選擇，就決定是它了。

圖 21 正是說明這樣的餐廳挑選策略。前三間餐廳是做為品質判斷的基準，單純觀察品質如何，而不會進去用餐。當你逛到了第七間餐廳，發現它比過去幾個選擇都優秀，那麼就可以在這裡停下，進去用餐。

然而，選前三間做為基準，這個數字正確嗎？在這種最佳停止時機的問題裡，重點在於到底該先觀察幾間餐廳（而不進去用餐），才能瞭解這個環境大致的情況？如果看得不夠多，就無法充分瞭解環境，但如果觀察（並排除）了太多間，可能

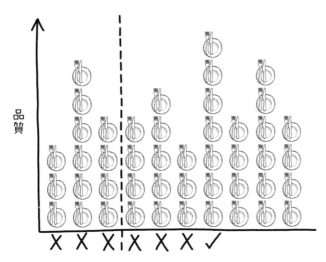

圖 21：在此的最佳策略，就是在某個分界點（虛線）之前，都只是觀察而不做選擇，接著只要遇到比先前都優秀的選項，就以此為最後決定。

剩下來的選擇就十分有限。

這項問題背後的數學原理十分複雜，總而言之就是：你應該觀察前 37% 的餐廳（在只有十間的時候，捨去算成三間），接著只要遇到比先前都優秀的餐廳，就以此為最後決定。

說得更精確一點，就是先拒絕所有可得選項個數的 $1/e$，這裡的 e 是歐拉數（Euler's number）的簡寫，[105] 因為歐拉數大約是 2.718，所以 $1/e$ 大約是 0.368，或是寫成大約 37%。

圖 22 所說明的是：如果要從一百間餐廳當中挑選，到底該先觀察幾間餐廳，能夠讓選到最佳餐廳的可能性達到最高。我們可以料想到，如果太早做出決定，等於是盲目選擇，所以能選到最佳餐廳的機率很低；同理，如果太晚做出決定，很有

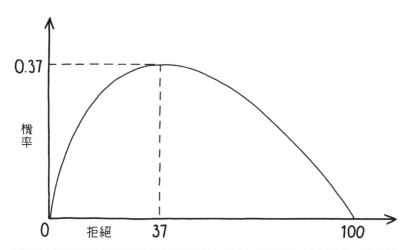

圖 22：如果我們先觀察前 37% 的選項，並在接下來遇到比先前都優秀的選項時做為最終決定，就能讓挑到最佳選項的機率最大。在這種情況下，你能有 37% 的機率選到最佳的餐廳。

可能已經錯過最佳的選擇。倘若你觀察的是前三十七個選項，就能把挑到最佳餐廳的可能性提升到最高。

　　只不過，如果最佳餐廳就在前 37% 裡怎麼辦？那不就錯過了嗎？在此要提醒各位，這種「37%」的規則本來就不是成功的保證，它只是一個機率法則，告訴你有 37% 的時候能夠挑出最好的餐廳。37% 已經是這種情況下的最高機率，高於有十間餐廳可選而隨便選的 10%，更遠遠高於有一百間餐廳可選而隨便選的 1%。在選項個數愈多的時候，相對成功率也會愈高。

　　最佳停止時機的規則並不只適用於挑餐廳。事實上，數學家一開始是把這套規則用在「雇用問題」上。[106] 假如你得依

序面試一定數量的應徵者，並在面試每個人後立刻告知是否錄用，那就該採用 37% 的規則。先面試 37% 的應徵候選人（但都不錄用），以此做為基準。而在接下來，只要出現比先前都優秀的應徵者，就直接錄用。

我家附近的超市有十一個結帳台，我也會先走過前 37%（四個）結帳台，觀察現在的隊伍有多長，接著只要看到更短的隊伍，就排那一排。

如果我和朋友出門夜歸，打算趕上最後一班列車，但乘客似乎不少，而我們又希望能找到空位最多的車廂，好讓我們坐在一起；這時也可以運用 37% 的規則。要是遇到的列車總共有八節車廂，我們就會先走過前三節，觀察空位的狀況，接著在空位比先前都多的車廂坐下來。

活用 37% 法則

以上的場景雖然已經盡量舉實際的例子，但還是有一部分略為牽強，再修正一下或許會更加貼近現實。例如在觀察餐廳的時候，如果發現有一半都沒有空桌了，你該怎麼辦？在這種時候，很顯然該減少拒絕的餐廳。所以，不要再堅持觀察完前 37%，而是觀察了前 25% 之後，一出現比先前都優秀的選項時，就該做出決定。

像是在搭上末班列車的時候，如果有時間可以回頭走進剛才經過的車廂，但車廂有 50% 的機率坐滿了乘客，那又該怎麼選擇？可以回頭，代表選項變多、也有餘裕可以挑久一點，所以此時就可以先觀察並拒絕前 61% 的車廂，接著選擇下一

節最空的車廂。當然，你得在列車跑掉之前上車才行。

　　此外，不管是想知道賣房的最佳時機，或是該離電影院多遠才最有機會找到不必走太久的車位，這些問題都有相關的最佳停止時機演算法。只不過，隨著條件愈來愈貼近現實，相關的數學也會愈來愈複雜，無法再用一個簡單的百分比來表示。

　　甚至，還有一套最佳停止時機演算法，算的是你應該先跟多少人約會，再決定你的最佳終生伴侶。首先，你得判斷在自己定下來之前，大概可以交幾個男女朋友。假設你大概一年交一個，那麼從十八歲到三十五歲之間，就有十七人可供選擇。這時，根據最佳停止時機法則，你應該先遊戲人間六年到七年（大約是十七年的 37%），觀察自己可以遇上怎樣的對象。接著，只要出現比過去都優秀的選擇，你就該認定這是今生的伴侶。

　　對於像這樣由一套預定規則來支配自己的愛情生活，很多人都會感到懷疑。如果在那前 37% 裡，真的有很合得來的人怎麼辦？難道真的要為了執行這套求愛演算法，就狠心放下對方嗎？如果你自己遵守了一切規則，但認定是最佳選項的對方卻不認為你是最佳選項，又該怎麼辦？如果走到一半，發現自己喜歡的條件不一樣了，又要怎麼辦？

　　還好，講到內心、或是其他更明顯的數學最佳化問題時，我們並不一定需要找到絕無僅有的真命天子／天女、最好的解決方案。世界上可能有很多人都會跟我們處得不錯，能讓我們有幸福的一生。最佳停止時機的策略，並不會提供所有人生問題的答案。

　　雖然演算法潛力無窮，能夠協助我們處理日常生活的許多面向，但絕不是所有的問題都能用演算法找出最佳解答。

　　我們雖然可以利用演算法來簡化、加速單調乏味的任務，但風險也常常伴隨而來。因為演算法包含輸入、規則和輸出這三個面向，也就代表有三個可能出錯的地方。就算使用者確信所用的規則完全符合自身需求，只要輸入不小心，或是輸出不合規範，就有可能造成災難。

　　美國的網路商場賣家福勒（Michael Fowler）身受其害，他曾在演算法的啟發之下推出一項爆紅的零售企畫，卻在 2013 年遭受重挫。追根究柢來說，整件事可以追溯到第二次世界大戰時的英國。

── 保持冷靜，檢查你的演算法 ──

　　1939 年 7 月下旬，英國還籠罩在戰爭的烏雲之下。空氣裡瀰漫著擔憂，害怕遭到轟炸、毒氣攻擊、甚至是納粹占領。英國政府擔心民眾士氣不振，決定重啟原本成立於一次大戰最後一年的部門：資訊部。這個鮮有人知的部門，負責的是影響海內外的新聞報導。這個新的新聞部，就像是歐威爾（George Orwell）筆下真理部與和平部的結合，負責戰時的宣傳和審查。‡

　　1939 年 8 月，新聞部設計了三張海報。三張的最上方都

---

‡　歐威爾是英國左翼作家，作品有《動物農莊》、《一九八四》等。真理部與和平部出自《一九八四》，分別負責宣傳與戰爭。

是一個都鐸皇冠的圖樣，第一張寫著「自由正受到威脅，盡你所能來保衛它」（Freedom is in peril, defend it with all your might）。第二張則寫著「你的勇氣、你的開朗、你的堅毅，將給我們帶來勝利」（Your courage, your cheerfulness, your resolution will bring us victory）。時至 8 月下旬，這兩張海報已經印了幾十萬份，準備在戰爭爆發時派上用場。在戰爭最初幾個月，這兩張海報大量發送了出去，但英國民眾不是無動於衷，就是覺得這像在哄小孩。

至於第三張海報，雖然也同時印刷，卻先另外保留，準備在未來出現慘重的空襲、人心大受打擊時使用。但等到德國在 1940 年 9 月實際發動閃電戰，已經是開戰後一年多的事，由於紙張短缺，加上民眾對前兩張海報的反應冷淡，讓這三張海報都落得大規模回收製成紙漿的下場。於是，除了新聞部內部，外面幾乎沒人看過第三張海報。

2000 年，在安靜的集鎮安尼克城（Alnwick），二手書商曼利夫婦（Mary and Stuart Manley）在拍賣會上買了一箱舊書。清空木箱後，發現箱底有張折起來的紅紙，打開看到的正是當初新聞部傳說中的海報，寫著：「保持冷靜，繼續前進」（Keep calm and carry on）。

曼利夫婦很喜歡這幅海報，將它裱了框，掛在店裡的牆上。這張海報也吸引了顧客的注意，時至 2005 年，海報的複製品每週能賣出三千張。但一直要到 2008 年，這張海報所形成的迷因才真正在全球爆紅。

當時全球的經濟衰退，很多人希望喚起當初英國度過艱難

時那種堅毅不拔、泰然自若的風範。而「保持冷靜，繼續前進」這句標語再適合不過。於是，這句話做成了馬克杯、滑鼠墊、鑰匙圈，以及所有你想像得到的商品，就連廁所衛生紙也不在話下。

而且，這句英文也被改編成許多廣告宣傳語，用途包羅萬象，包括印度餐廳的「保持冷靜，咖哩前進」（Keep calm and curry on），以及保險套的「保持冷靜，帶著前進」（Keep calm and carry one），不一而足。

看起來，幾乎只要用「Keep calm」（保持冷靜）當開頭，後面放什麼動詞名詞都是百搭。但「幾乎」並不是「一定」。

福勒在網路上經營商店，也運用了這個簡單的概念。2010年，他的服飾公司「純金炸彈」（Solid Gold Bomb）賣的是事先印好標語的 T 恤，當時公司的產品品項約有一千種。但福勒忽然有了個念頭，覺得可以大幅增加工作流程的效率。與其大量事先印製各種 T 恤，接著還得負擔倉儲成本，還不如採用隨需印製 T 恤的方式。這樣一來，公司能夠大幅增加設計品項、向外宣傳，成品等到有人實際下單再來印製就好。

福勒精簡了印製流程之後，就寫出電腦程式。程式能夠自動產生各種設計，所以幾乎在一夜之間，純金炸彈的設計品項就從一千種躍升到超過一千萬種。

在 2012 年寫出的演算法中，有一套的規則正是「Keep calm and [動詞] [名詞]」。程式形成這樣的標語之後，會自動檢查語法是否有誤，接著就把形成的標語疊加在 T 恤的圖像上，並在亞馬遜上架，每件售價大約二十美元。

在公司生意最好的時候，這樣的 T 恤每天可以賣出四百件，寫著像是「保持冷靜，給他教訓」（Keep calm and kick ass）或是「保持冷靜，大笑怡情」（Keep calm and laugh a lot）之類的字樣。但問題就在於，在這個全球最大的網路商城上，也因為電腦程式採自動運作，而有某些 T 恤寫著「保持冷靜，踹她一下」（Keep calm and kick her）或是「保持冷靜，強姦到爽」（Keep calm and rape a lot）。

令人驚訝的是，幾乎有一年的時間，都沒有人注意到這些字樣。一直要到 2013 年 3 月的某一天，福勒的臉書頁面才突然湧入大量死亡威脅與厭女指控。雖然他迅速回應、撤下相關設計，可是損害已經造成。亞馬遜暫停了純金炸彈的網頁，讓該公司業績幾乎歸零，苦撐三個月後終歸倒閉。福勒所設計的那套演算法在當初似乎是個好主意，但最終卻讓他和員工失去生計。

這次事件也讓亞馬遜共同遭殃。在純金炸彈對此事件正式道歉的第二天，亞馬遜上仍可以買到「保持冷靜，亂摸到爽」（Keep calm and grope a lot）、或是「保持冷靜，捅她一刀」（Keep calm and knife her）之類的 T 恤。眾人開始抵制這家零售業龍頭，就連英國的前副首相普雷斯科特動爵（Lord Prescott）也在推特加入戰局，寫道：「亞馬遜先是逃避在英國繳稅，現在又用家暴在賺錢。」

由於亞馬遜這家科技公司是企業龍頭，高度依賴電腦自動化程序其實並不令人意外，所以對這間全球市值最高的零售商來說，這起事件並非唯一，還有許多因為無人監督演算法而出

現的錯誤。

達到天價的二手書

　　亞馬遜在 2011 年就曾引發演算法爭議，那次是因為商家採用自動定價策略。該年 4 月 8 日，柏克萊大學的計算生物學家艾森（Michael Eisen）請研究人員替實驗室買一本已經絕版的演化生物學經典《蒼蠅的構造》（*The Making of a Fly*）。這位研究人員上了亞馬遜，很高興看到架上還有兩本。但他定睛一看，卻發現一本的賣家是波夫奈斯（profnath），售價 1,730,045.91 美元，另一本的賣家是博迪書城（bordeebook），要價更是二百萬美元。

　　不管多需要這本書，這種價錢都實在叫人買不下手，所以他決定繼續觀察，看看價格會不會下跌。隔天他再查看價格，卻發現書價又向上飆了：現在兩位賣家的售價已經都來到將近二百八十萬美元。再一天，又飆到超過三百五十萬美元。

　　艾森很快就想通了為什麼會有這種瘋狂的情形。每天，波夫奈斯都會設定自己的售價是博迪書城售價的 0.9983 倍，但在同一天稍晚，博迪書城也會掃描抓出波夫奈斯的售價，再把自己的售價定為大約是 1.27 倍。於是，博迪書城的售價就這樣一天又一天水漲船高、指數成長，而波夫奈斯的售價也跟著向上。

　　如果是真人賣家在控制售價，很快就會發現開價超出合理價格。但不幸的是，調整這種動態定價的並不是人，而是重新定價演算法。有的亞馬遜賣家會使用這類演算法，不過當初顯

然沒人想到該給這些演算法規定某個上限，又或者是這兩位賣家沒有想到要去設定。

　　雖然講了這麼多，至少波夫奈斯那種比別人定價稍低的做法確實有道理，能夠確保自己的售價最便宜，顧客搜尋時就會出現在列表最上方，而且這樣做也不算太過犧牲利潤。但這樣說來，博迪書城到底為什麼要選擇那樣的定價演算法呢？這樣一來，他們的定價不就永遠高於行情、乏人問津、還得占用倉庫空間？除非博迪書城根本沒有這本書，否則怎樣都說不通吧？

　　艾森懷疑，博迪書城在這裡玩的手法，是仗著自己可靠而備受信賴（使用者評分高），以此營利。如果真有人決定向他們購買這本書，他們就會立刻向波夫奈斯買下真正的那本，再寄給買家。由於他們已先把價錢提高，不僅足以支付買書的郵資，還能夠從中獲利。

　　在艾森首次發現書價不像話之後過了十天，書價已經逐步攀升到了兩千三百萬美元。但實在可惜，在 4 月 19 日，波夫奈斯的某位員工發現他們竟把一本二十年前的教科書訂出這種荒唐的天價，就把價錢狠狠砍回 106.23 美元，這對艾森來說實在掃興。隔天，博迪書城的書價也變成 134.97 美元，仍然大約是波夫奈斯的 1.27 倍，整個循環即將重新開始。

　　書價在 2011 年 8 月再次達到頂峰，不過這次只來到五十萬美元，而且在接下來的三個月裡一直沒什麼動靜。顯然有人學到教訓，訂出了書價的上限，只不過他訂的上限還是不太實際。在我寫這本書的時候，亞馬遜架上的《蒼蠅的構造》大約

有四十本，起價大約七美元，這就合理多了。

　　雖然《蒼蠅的構造》確實要價頗高，但還不是亞馬遜網站史上列出或成交最高價的商品。2010 年 1 月，工程師克魯格（Brian Klug）發現亞馬遜上有一張名為《細胞》（Cells）的光碟片，還只與 Windows 98 相容，卻要價將近三十億美元（另外再加上 3.99 美元的郵資和包裝費用）。

　　可以想見，這個天價又是另一次演算法價格螺旋的結果。另一位賣家也有同樣的光碟片，價錢已經來到他所設定的上限，所以相對較低，只有二十五萬美元。

　　克魯格輸入了信用卡詳細資訊，要買那張三十億美元的光碟。幾天後，亞馬遜寄來電子郵件向他道歉，表示無法履行訂單。克魯格雖然失望，但可能也同樣鬆了一口氣。他回信問亞馬遜，因為他是在亞馬遜網站使用亞馬遜信用卡下訂，理論上可以有 1% 的回饋金，可不可以還是把回饋金給他呢？

程式交易

　　價格螺旋不一定都像前面提到的亞馬遜一樣，只會往上增長。如果你曾經投資股市，又或者只是開過證券戶，大概都聽過一句老話：「投資理財有賺有賠。」現在的股市交易，已經有愈來愈多是程式交易（algo trading），因為面對市場上的種種變化，電腦察覺並做出回應的動作要遠比人類交易員更為迅速。

　　如果螢幕忽然跳出訊息，指出某項金融產品出現一筆大賣

單，可能代表這項產品價格正在下跌，而交易員也會希望在價錢還可以的情況下盡快脫手，以免價格進一步下跌。如果是真人，得花時間閱讀這則訊息，再點擊「賣出」的按鈕；但與此同時，採用高頻（high-frequency）程式交易的人早已將資產脫手，也因此使得價格大跌。

面對高頻程式交易員的速度，真人毫無招架之力。據估計，現在整個華爾街的交易已經有大約 70% 都是由這種所謂的黑盒子機器來處理。因此，各大券商和銀行現在需要的愈來愈是數學和物理背景的畢業生，而不是股票經紀人，重點除了協助買賣，更要瞭解這些程式交易員。

閃電崩盤

2010 年 5 月 6 日上午，美國股市的市場表現相當不好。到了下午，沒沒無聞、在倫敦自家臥室裡操盤的交易人薩勞（Navinder Sarao），打開了他最近剛自己修改完成的演算法程式。他設計這套程式的目的，是要營造出實際上並不存在的市場趨勢，而讓其他交易人採取行動，靠著欺騙市場來讓自己迅速累積財富。這套程式會針對 E 迷你期貨快速布下大量賣單，然後在成交前迅速撤單。

薩勞所設定的賣價會稍高於當前的最佳價格，因此絕不會有任何人（包括反應迅速的演算法）會接受他的報價，他也就能順利撤單。程式一啟動，就像是施展了一道魔法。高頻程式交易員察覺到有大量的賣單，擔心價格會不斷下跌，於是就會盡快賣出自己手中的 E 迷你期貨合約；而市場充斥賣單，價

格自然也就無可避免的向下。

　　等到期貨價格跌到薩勞滿意的水準，他就會把程式關掉，並買進這些便宜的合約。等到程式交易員發現沒有搶賣情事發生，又會很快恢復信心，再次購買期貨合約，於是讓價格恢復水準。薩勞就這樣大撈一票。

　　據估計，薩勞這次欺騙市場的舉動讓他賺進四千萬美元。他的這套演算法非常成功——或許還太成功了，而讓市場上的高頻程式交易演算法對這一大批賣單有了反應。在短短十四秒內，市場上就賣出超過兩萬七千份 E 迷你合約，占當日總交易量的 50%。

　　接著，高頻程式交易還開始賣出其他期貨合約，以避免進一步損失。這波賣壓接著捲向股票，再蔓延到整體市場。道瓊指數在下午兩點四十二分到四十七分這五分鐘內就下跌近七百點，使當日跌幅來到近千點（成為道瓊指數史上最大單日跌幅），股市蒸發一兆美元市值。

　　我們或許不能說是高頻程式交易造成這場崩盤，但它們的交易不經人工審查、動作極度迅速，無疑使崩盤情事加劇。只不過，正是因為高頻程式交易的這些特性，所以在市場觸底反彈、演算法恢復信心的時候，才能讓市場上的多數股票迅速回到先前的價格。

　　有五年多的時間，美國金管機構都以為這次閃電崩盤是因為其他諸多原因，也就讓薩勞一直逃過司法制裁。直到 2015 年，他終於被捕、引渡到美國，要負起他在 2010 年股市崩盤應負的責任。他承認自己非法操縱市場，面臨最高三十年有期

徒刑，而且必須交出所有非法交易所得。這樣看來，犯罪（就算是用演算法輔助的犯罪）實在不是一筆好生意。

<h1 style="text-align:center">—————— 趕上潮流 ——————</h1>

　　薩勞在自家臥室就成功操縱了市場，正說明用演算法發動惡意攻擊是多麼容易的事。我們太常把演算法想像成一系列公正、不帶偏見、不受情緒影響的指令，而忘了所有演算法的背後都隱藏著一開始研發的目的。

　　就算演算法的規則本身是在事前定義，在執行時也能公正不阿，但即使設計者確實抱著公正的初衷，也不代表當初設計的目的完全不帶偏見。

　　一般人常常將推特譽為社群媒體平台中堅守透明原則的堡壘，因為它用來判斷哪些主題正在流行的演算法相對比較直接明確，不單只用討論聲量來決定該推播哪些主題，而是觀察主題標籤（hashtag，由「#」加上一個沒有空白的詞）的使用有沒有突然爆增。

　　這看起來很合理：藉由觀察主題標籤使用的增長率，而不只是看流量大小，就能找出那些為時短暫卻十分重要的事件。像是 2015 年巴黎恐攻事件之後，就出現了關於捐血的請求（#dondusang〔# 捐血〕），以及有人提供臨時的住宿（#porteouverte〔# 開門〕）。相較之下，如果只以討論聲量做為唯一的流行趨勢標準，所有推播的主題大概就只剩從一世代單飛的哈里·史泰爾斯（#harrystyles），以及《冰與火之歌》（#GoT）。

　　不幸的是，根據同樣這套規則，也代表某些慢慢累積熱度的社會話題很少能得到應有的重視。像是在 2011 年 9 月和 10 月「占領華爾街」運動的過程中，雖然整個推特上最熱門的主題標籤是 #occupywallstreet（# 占領華爾街），但在運動發源的紐約市卻從未成為流行話題。

　　相較之下，另外一些事件雖然整體聲量較低，但因一時爆起，符合了演算法的要求，就出現在推特當時的流行趨勢榜，例如賈伯斯去世出現了 #ThankYouSteve（# 謝謝你，史蒂夫），或金卡達夏結婚是 #KimKWedding（# 金卡達夏結婚）。

　　我們不該忘記，就算是那些真正務實導向的演算法，本身也可能帶著偏見，於是影響了全球舞台聚光燈的方向。

　　或許更令人擔憂的，則是某些看似獨立，其實卻受到人工干預的演算法。像是在 2016 年 5 月，科技新聞網站吉茲摩多（Gizmodo）出現一篇爆料文章，指控臉書的動態消息「趨勢話題」（trending）有反保守主義的偏見。

　　吉茲摩多的證人曾負責管理臉書的動態消息，聲稱臉書進行人為干預，讓關於羅姆尼（Mitt Romney）和保羅（Rand Paul）這些美國政治人物的右翼新聞一直上不了臉書的趨勢話題。就算保守派的消息已經自然在臉書上形成流行，據稱臉書也刻意不將這些消息列入趨勢話題。但在其他的時候，似乎又有某些根本不夠流行的事件，被刻意加進了趨勢話題。

　　對於遭到指控有政治偏見，臉書的回應方式就是開除整個趨勢話題編輯團隊，好讓「這項產品更自動化」。透過將更多權力交給演算法、降低人為控制的程度，臉書其實是利用了民

眾認為演算法比較客觀的觀感。

臉書做出這項決定之後才短短幾小時，趨勢話題的版面就已經出現了右翼人士的一則假新聞，誣指福斯新聞主播凱莉（Megyn Kelly）是個「躲在櫃裡不肯承認的自由主義分子」，而且已經因為涉嫌支持希拉蕊而遭到解雇。

上面的例子還只是個開頭。在接下來兩年內，臉書的趨勢話題版面就充斥著這樣的右傾假新聞。相較之下，過去批評臉書反保守主義的指控完全是小巫見大巫。

因為這些新聞消息的可靠程度大有問題，終於導致臉書在 2018 年 6 月完全關閉整個趨勢話題的版面。

判斷始終出於人性

我們之所以相信號稱公正的演算法，是因為我們很清楚人類會出現偏見與行事前後不一。然而，就算電腦可以根據一套預設的規則來客觀執行演算法，我們也不能忘記規則本身仍然是由人類寫出來的。無論有心或無意，程式設計師都可能把自己的偏見帶進演算法本身，寫成程式之後，令人一時看不出那就是先入為主的偏見。

像臉書這種在世界上重要性數一數二的科技公司，即使它把權力交給了自己旗下的某種演算法，也不代表那些趨勢話題就絕對中立客觀。

正如純金炸彈那些寫著不堪字眼的 T 恤，以及亞馬遜網站螺旋上漲的價格，臉書惹出的麻煩代表我們需要的其實不是降低人為監督，反而應該加強。

　　隨著演算法日益複雜，輸出的結果也可能愈來愈無法預測，所以需要更嚴格的控制與監督。然而，這些控制與監督絕不只是科技龍頭企業的責任。

　　當最佳化演算法滲透到日常生活的方方面面，我們身為第一線使用者，在享受這些便利之餘，也該負起部分責任，以確保自己得到的輸出產品真實無偽。對於自己讀到的新聞，我們是否要相信消息來源？對於衛星導航建議的路線，我們是否能照著走？對於網站上自動訂出的售價，我們是否應覺得合理？

　　雖然演算法能夠提供各種資訊，協助我們做出重要決策，但到頭來還是不該用演算法來取代我們那些微妙、有偏見、不理性、難以捉摸、但始終是出於人性的判斷。

　　下一章將會談到各種在第一線對抗傳染病的工具，而我們會發現同樣的論點依然成立：雖然現代醫學有長足的進步，制止傳染病傳播的功效卓著，但數學仍然證明，要控制流行病最有效的方法，就是每個人的簡單舉動與選擇。

易感者、感染者、排除者

將疾病控制在我們手中

2014 年底的耶誕節期間，迪士尼樂園這個「地球上最快樂的地方」，卻給許多家庭帶來了極度的痛苦。幾十萬名父母孩子在連假期間造訪加州迪士尼樂園，希望帶走讓人一生難忘的美好回憶。但有些人帶回去的卻是意想不到的紀念品：一種傳染力極高的疾病。

只有四個月大的莫比烏斯・路普（Mobius Loop）就是受害者之一。他的母親愛瑞兒（Ariel）和父親克里斯（Chris）都是迪士尼迷，甚至 2013 年結婚的時候，正是在迪士尼舉辦婚禮。愛瑞兒自己是訓練有素的護理師，相當清楚早產的兒子免疫系統還在發育，如果接觸到傳染病會十分危險，所以寶寶剛出生的時候幾乎是整天都關在家裡。她也十分堅持，在莫比烏斯兩個月大、接種第一輪疫苗之前，任何想來看寶寶的人，都得自己先打過季節流感、破傷風、白喉和百日咳的疫苗。

2015 年 1 月中旬，莫比烏斯打完了第一輪疫苗，夫妻倆的迪士尼年票感覺也像是在口袋裡燃起熊熊火焰，於是他們終於決定帶莫比烏斯去迪士尼「體驗那股魔力」。他們逛了一整天，看了許多遊行，還和許多超大卡通人物見面，看到莫比烏斯的第一次迪士尼冒險之旅如此快樂，夫妻倆也很開心。

兩週後的一個晚上，愛瑞兒發現兒子一直睡不著，胸口和後腦還出現了紅色斑點。她給莫比烏斯量了體溫，發現已經燒到攝氏 39 度。在一直無法退燒的情況下，愛瑞兒打電話給醫師，而醫師要她立刻將寶寶帶到急診室。

抵達醫院的時候，有一整個感染控制小組穿著全套防護服，在醫院外迎接他們，請夫妻兩人也各自戴上口罩、穿上隔

離衣，從醫院後門進了負壓隔離病房。在病房裡，醫務人員先
仔細檢查莫比烏斯，接著請愛瑞兒幫忙按著寶寶，讓他們抽
血，好做最準確的檢測。雖然急診室的人從未親眼看過這種病
症，但大家都有同樣的懷疑：麻疹。

自從 1960 年代以來，由於有效推行疫苗接種，西方國家
的民眾很少親眼目睹麻疹症狀會有多嚴重，連醫療專業人員都
不一定看過。然而，在奈及利亞之類開發程度較低的國家，每
年都有上萬麻疹病例，就比較能感受到這種疾病的可怕，併發
症可能包括肺炎、腦炎、失明，甚至死亡。

2000 年，美國正式宣布麻疹在國內絕跡，[107] 代表麻疹已
經不在美國流行，所有後續的新病例都是境外傳入。從 2000
年到 2008 年，美國在九年間只有 557 例麻疹確診。但接著光
是 2014 年一年，就有高達 667 例。

等到 2015 年，疫情從迪士尼樂園爆發，包括路普在內的
許多家庭都受到影響。這波疫情迅速流傳到全美，結束時一共
感染了二十一州，患者超過一百七十人。迪士尼這次的疫情，
只是反映了日益普遍的大規模爆發趨勢。在歐美，麻疹疫情蠢
蠢欲動，脆弱的人群面臨風險。

人類史就是瘟疫史

自從人類先祖開始與黑猩猩和倭黑猩猩形成不同分支以
來，我們就一直面臨著疾病的困擾，許多歷史故事都隱藏著不
為人知的傳染病情節。

像是最近才發現，在超過五千年前，瘧疾和肺結核就曾經

影響許多古埃及人。西元 541 年至 542 年，查士丁尼大瘟疫（Plague of Justinian）肆虐全球，估計造成當時全球兩億人口有 15% 至 25% 過世。科爾特斯（Hernán Cortés）入侵墨西哥後，當地人口從 1519 年的三千萬，下降到五十年後的只剩三百萬人；西方征服者帶來各種前所未見的疾病，阿茲提克的醫師實在無力應對。這份清單還能繼續再列下去。

就算到了今天，人類文明的醫學愈來愈先進，我們身邊仍充斥著會造成疾病的病原體，無法徹底清除。大多數人每年總難免感冒個一兩次，就算你自己從來沒得過流感，也一定曾聽說別人得過。至於霍亂或肺結核，已開發國家或許比較陌生，但在非洲和亞洲的許多地區，這些大流行性疾病並不罕見。

耐人尋味的是，就算在盛行率高的社群裡，也不見得人人都會得病。疾病乍看之下的隨機性，雖然給某些人帶來難以言喻的傷害威脅，但在同一群人裡面，仍會有人全身而退、絲毫不受影響。這也是我們之所以對疾病有種病態般著迷的部分原因。

「數學流行病學」（mathematical epidemiology）這門科學領域雖然少有人知，但成就斐然。它在幕後努力揭開傳染病的神祕面紗，不僅提出預防 HIV 傳播的做法，也扼止伊波拉病毒的危機，在對抗大規模感染的戰役中，扮演著關鍵的角色。

利用數學，我們知道聲勢日益浩大的反疫苗接種運動，其實令全人類暴露在風險之中；利用數學，我們才能對抗全球流行病。在種種攸關生死、希望能將疾病從地球掃除的作為當中，數學正是這一切的核心。

─────── **天花的危害** ───────

天花在十八世紀中葉於世界各地造成流行。光是在歐洲，估計每年就有四十萬人死於天花，約占歐洲總死亡人口的20%。即使倖存，也有半數會失明、毀容。

那時在格洛斯特郡（Gloucestershire）鄉間行醫的醫師金納（Edward Jenner），發現當地病患相信的一則民間傳說似乎確有其事：擠奶女工不會得天花。金納判斷，或許是牛痘這種輕症疾病（多數擠奶女工都曾感染牛痘），能讓人對天花有一定的免疫力。

為了驗證這套假說，金納在 1796 年開始實驗。這次的實驗算是疾病預防的先驅，但如果放到今日，大概會被認定為不符合醫學倫理：[108] 他找來感染牛痘的擠奶女工，從女工手臂上的病灶取出膿液，接著又在八歲男童菲普斯（James Phipps）的手臂上劃出傷口，再把膿液抹上，幫男童接種了牛痘。

很快的，男童染上牛痘、開始發燒，但他在十天內就痊癒，而且像接種牛痘之前一樣健康。金納似乎覺得感染一次還不夠，在兩個月後再次給菲普斯接種疾病，但這次就是危險性較高的天花。幾天後，菲普斯並未發展出天花症狀，金納提出結論，認定這位男童已經對天花免疫。金納把這種醫療過程命名為「vaccination」（疫苗接種；牛痘接種），字源正是拉丁文的 *vaccas*（牛）。

1801 年，金納寫下他對這項發現的期望：「這種療法到最後，必然能……滅絕天花這種人類所面對最可怕的危害。」

到了近二百年後的 1977 年，靠著世界衛生組織推動讓各方協調進行疫苗接種，金納的夢想終於實現。

　　金納研發疫苗接種的故事，是天花與現代疾病預防史之間不可磨滅的連結。至於數學流行病學的根源，其實也來自於人類消滅天花的企圖，而且要追溯到遠比金納還要早的時間。

用模型探討疫苗效益

　　在金納提出疫苗接種觀念的許久之前，印度和中國為了應付日益盛行的天花，用的是天花接種（variolation，又譯「人痘接種」）。相較於疫苗接種使用牛痘，天花接種則是使用人類感染天花後的人痘，只是盡量將量減少。

　　天花接種的做法，是把天花病人的痘痂研細，吹進人的鼻腔，或是取得少量的天花膿液，抹在手臂的傷口上。這樣做是為了帶出症狀不那麼嚴重的天花，雖然過程仍然不舒服，但至少危險性低得多，而且患者能夠終生免疫，不用擔心未來會發展出天花的嚴重症狀。這種做法迅速傳到中東，並在天花肆虐的十八世紀初傳進歐洲。

　　雖然天花接種看似有效，卻有一些缺點。在某些案例中，當患者免疫力一下降，天花病毒就捲土重來，而且病情會更為嚴重。不過重創天花接種名聲的缺點或許是另一個：大約有2%的患者會在療程中過世。英國國王喬治三世的四歲兒子屋大維（Octavius），就是知名的犧牲者，使大眾對這種療法的接受度進一步拉低。

　　雖然 2% 的死亡率已經遠低於天花自然造成的 20% 至

30%，但評論認為，許多接受天花接種的人有可能一輩子根本不會自然染上天花，因此推廣天花接種其實是不必要的風險。此外，接受天花接種的患者也可能將完整的天花傳染給別人，傳染力完全不下於感染一般天花的患者。

在沒有控制對照試驗的情況下，實在很難將天花接種的效果量化，更別提驅散籠罩在這種療法頭上的烏雲。

這種跟公共衛生有關的問題正好引起了瑞士數學家白努利（Daniel Bernoulli）的興趣。十八世紀有許多科學研究者貢獻良多，但名聲卻低得不成比例，白努利也是其中之一。他擁有諸多數學成就，像是對流體力學的研究讓他寫出白努利定律，解釋了機翼如何產生足以讓飛機飛起來的浮力。

其實，在白努利投入高等數學研究之前，他已經先拿了一個醫學學位。他後來的流體力學研究結合了他的醫學知識，讓他找出了史上第一種測量血壓的方式：以一根空心導管刺穿液體管的管壁，再觀察液體在導管裡上升到多高，就能判斷液體管裡的液體壓力。根據他的發現，後來就發明了一種不太舒服的血壓測量法，需要將一根玻璃導管直接插進病患的動脈中。這種方式後來用了超過一百七十年，原因是醫界一直沒能找到其他比較不具侵入性的方法。[109]

也因為白努利在許多學術領域都有涉獵，讓他想到要用數學方法來判斷天花接種的整體療效，解答這個傳統醫界只能猜測答案的問題。

白努利提出一道方程式，用來表示到了一定年齡而從未感染天花（也就是仍然可能被感染）的人口比例。[110] 這項方程

式的校準還用了哈雷（Edmund Halley，哈雷彗星的發現者）所整理的壽命表，表上可以查詢活產嬰兒活到各種歲數的比例。

這樣一來，白努利能計算有多少比例是得過天花、後來康復，又有多少比例會死於天花。再透過第二道方程式，他就能計算出如果對所有人進行天花接種，將拯救多少生命。

根據白努利最後的結論，如果全民都進行天花接種，將有50%的嬰兒能夠活到二十五歲。雖然以今日的水準來看並不高，但在當初天花肆虐的年代，原本能活到二十五歲的比例只有43%，所以可說是大有改善。

白努利指出的另一點更引人注意，只要運用這項簡單的醫學措施，就能讓平均壽命提高三年以上。在他看來，這項醫療措施值得國家實施，道理再明確不過。白努利在論文結論寫道：「我只是希望，對於一個與人類福祉如此息息相關的問題，在做出決定之前，應該要參考所有只需要一點點的分析和計算就能取得的完整知識。」

時至今日，數學流行病學的使命其實與白努利當初的目標相當一致。靠著基本的數學模型，我們就能預測疾病的進程，也能瞭解各種干預措施能夠如何影響疾病傳播。只要使用更複雜的模型，還能回答其他的問題，包括像是推算分配有限資源最有效率的方式，又或是找出各種公共衛生措施的意外結果。

───── 鼠疫肆虐印度 ─────

十九世紀末，殖民下的印度衛生條件惡劣、生活環境擁擠

不堪，霍亂、麻瘋、瘧疾等致命流行病肆虐全國，數百萬人死亡。[111] 後來又爆發第四種疾病：鼠疫。鼠疫在接下來幾百年間令人聞之喪膽，也推動了流行病學史上最重要的一項發展。

沒有人敢肯定鼠疫究竟怎麼在 1896 年 8 月來到孟買，但這種疾病就這樣帶來了無以言喻的災難。[112] 最有可能的解釋似乎是有艘商船從英國殖民地香港啟航，而船上躲了幾位極度不受歡迎的偷渡客。經過兩週航行，商船在孟買的港口靠岸。

碼頭的裝卸工人頂著 30°C 的高溫卸貨，忙得渾身是汗，而幾位偷渡客則神不知鬼不覺的下了船，向孟買的貧民窟奔去。這些不速之客身上帶著一些自己也不想要的貨物，即將先讓孟買陷入混亂，再橫掃整個印度其他地方。這些偷渡客就是老鼠，牠們身上的跳蚤會傳播鼠疫桿菌（*Yersinia pestis*），正是造成鼠疫的罪魁禍首。

首批病例出現在孟買港周圍的曼德維區（Mandvi），接著襲捲整座城市；時至 1896 年底，每月造成八千人死亡。1897年初，鼠疫已經蔓延到附近的浦那區（Poona，現改名 Pune），隨後傳遍全印度。1897 年 5 月，在嚴格管制措施下，鼠疫似乎已經滅絕。但在接下來的三十年間，鼠疫還是每隔一段時間就重新籠罩印度，總共造成超過一千兩百萬印度人民喪生。

S-I-R 模型

1901 年，在一次鼠疫爆發期間，麥肯德里克來到了印度。這名年輕的蘇格蘭軍醫接著在印度待了將近二十年，不僅進行各種研究（第一章也提過，麥肯德里克率先指出細菌會如同羅

吉斯成長模型所示，增殖到環境承載力的上限）、推動公共衛生措施，也對各種人畜共通的傳染病（像豬流感，同時可傳給人及動物）有更深入的瞭解。

麥肯德里克在理論與實務上的表現都很優異，後來在卡紹利（Kasauli）的巴斯德研究所（Pasteur Institute）擔任所長。但諷刺的是，他喝的牛奶沒有經過巴斯德殺菌法殺菌，就在卡紹利染上了布氏桿菌病（brucellosis），結果讓他有幾段期間因病休假，回到蘇格蘭。

麥肯德里克在一次病假期間想起，他在早先的會議中曾與印度軍醫所（Indian Medical Service）的同事羅斯爵士（Sir Ronald Ross，1902 年獲諾貝爾獎）對談。受到那次對話的啟發，麥肯德里克決定進行數學研究。他在印度的最後幾年就是以數學研究為重心，直到 1920 年，因為感染一種熱帶腸道疾病，退役回國。

回到蘇格蘭之後，麥肯德里克成為愛丁堡皇家內科醫學院（Royal College of Physicians）的實驗室負責人，認識了年輕有才華的生化學家柯馬克（William Kermack）。雖然兩人認識才沒過多久，柯馬克就遭到嚴重爆炸波及，當場永久失明，但他與麥肯德里克的合作仍然成果豐碩。兩人根據麥肯德里克在印度蒐集的孟買鼠疫爆發資料，做出了數學流行病學史上最有影響力的研究。[113]

兩人的成果正是史上最早、也最重要的疾病傳播數學模型。這套模型根據病況，將群體分成三類。

尚未患病的人，標記為「易感者」（susceptible）。雖然這

名詞聽起來有點觸霉頭，但基本上，這套模型假設每個人一出生都是易感者，也就是有可能感染疾病。

至於確實染病、能夠將疾病傳給易感者的人，就是「感染者」（infective）。

第三類，則是委婉的稱為「排除者」（removed），指的有可能是曾經患病，但現在已經康復免疫的人，或是代表已經死於該疾病的患者。身為「排除者」，就不再會造成該疾病的傳播。

這項經典的疾病傳播數學模型，就稱為 S-I-R 模型（S-I-R model）。柯馬克和麥肯德里克的論文指出，S-I-R 模型能夠準確重現 1905 年孟買鼠疫病例數的起伏，也就證明了這套模型的實用性。

在問世後這九十年間，S-I-R 模型（及各種變體）成功描繪出各種疾病如何進展。從拉丁美洲爆發登革熱、荷蘭爆發豬瘟，再到比利時爆發諾羅病毒，S-I-R 模型都能為防疫提出重要的經驗教訓。

—— 勉強出勤、預測和瘟疫問題 ——

近年來，隨著零工時合約及臨時聘雇的增加（所謂「零工經濟」蓬勃發展的象徵），讓愈來愈多人雖然生病還是勉強抱病上班。雖然過去早有許多學者研究員工缺勤的影響，但這種勉強出勤（presenteeism）的做法會造成怎樣的代價，一直要到最近才有人開始討論。

　　學者結合數學模型與出勤資料後，研究的結論令人驚訝。由於企業採用了各種措施（例如減少有薪病假）來減少員工缺勤，使得不論病得多重仍然勉強上班的人數顯著增加，無意間導致更多人生病、整體效率降低。

　　員工勉強出勤的情形，在醫療保健與教育這兩個領域裡特別容易出現。諷刺的是，護理師、醫師和老師的工作就是要保護大批的病患或學生，他們其實是因為太有責任感，才會決定抱病出勤。

　　但勉強出勤影響最嚴重的可能是餐旅業。一項研究發現，單單在美國，2009 年至 2012 年這四年間就有超過一千起的諾羅病毒感染事件，[114] 影響超過兩萬一千人，而其中 70% 都與食品服務人員生病有關。

　　研究提出結論過了五年之後，知名的奇波雷墨西哥燒烤快餐店（Chipotle Mexican Grill）也因為勉強出勤而損失慘重。從 2013 年到 2015 年，奇波雷都獲評為美國最強的墨西哥餐廳品牌。雖然公司提供帶薪病假，但全美許多分店都有員工爆料，指稱經理要求他們帶病出勤，否則就有可能丟了飯碗。

　　2017 年 7 月 14 日，康奈爾（Paul Cornell）出門到奇波雷位於維吉尼亞州史特林市（Sterling）的分店，吃了一份墨西哥捲餅。該晚，該店曾有一名員工雖然覺得噁心、肚子痛，但還是勉強上班。二十四小時後，康奈爾在醫院吊著點滴，伴隨有嚴重的胃痛、噁心、腹瀉、嘔吐，一切症狀都顯示是諾羅病毒感染。除了康奈爾，還有另外一百三十五位員工與顧客也在前往該餐廳後感染諾羅病毒。

疫情爆發後，奇波雷的股價在接下來五天內暴跌，公司市值蒸發十億美元，遭到股東提起集體訴訟。2017 年底，在美國最受歡迎的墨西哥連鎖餐廳排行榜上，奇波雷甚至無法擠進前半。

S-I-R 模型告訴我們，一旦覺得身體不舒服，就不該去上班。這點相當重要，如果你待在家裡直到完全康復，其實是讓自己直接從感染者重新分類成排除者。模型顯示，只要採用這項簡單的措施，就能減少疾病傳播給易感者的機會，進而縮小疾病爆發的規模。此外，由於你不用死撐著上班，也能讓自己康復得更快。根據 S-I-R 模型，如果每個患上傳染病的人都這麼做，就能避免讓更多餐廳、學校和醫院必須停業封閉，於是人人都能受惠。

用模型預測瘟疫疫情

雖然 S-I-R 模型描繪過去疫情的成效卓著，但更受讚許的是強大的預測能力。S-I-R 模型除了讓柯馬克與麥肯德里克得以回顧過去的流行病，更讓他們能夠展望未來：預測疾病爆發時的爆炸性動態，並揭開疾病進程有時令人困惑的神祕面紗。

他們用這套模型，解開了當時最受爭議的一些流行病學問題，其中一項就是「傳染病要怎樣才會平息？」是要等到感染了族群裡的所有人嗎？是不是等到完全沒有易感者，疾病也就再也無處可去？又或者，是不是病原體會隨著時間愈來愈弱，最後無法再感染健康的個體？

而在柯馬克與麥肯德里克的重要論文中，他們證明情況並

不見得是前兩種。模擬疫情爆發結束之後，他們檢查模擬群體的狀態，發現一定還是會剩下一些易感者。這可能和我們的成見大不相同，畢竟我們過去看多了災難電影和媒體上面聳人聽聞的報導，可能以為要等到沒有人可以再被傳染了，流行病才會止息。

實際上，隨著感染者康復或死亡，剩下的感染者愈來愈不容易接觸到易感者，每個感染者在成為排除者（死亡，或是康復而具備免疫力）之前，能夠傳播疾病的機會也愈來愈小。根據 S-I-R 模型預測，疫情最後的消散是因為沒有了感染者，而不是因為沒有了易感者。[115]

在 1920 年代，研究流行病建模的人並不多，而柯馬克與麥肯德里克的 S-I-R 模型令人仰之彌高，將疾病進程的研究一下子提升，超越了純粹的描述性研究，除了回顧過去，更能用以展望未來。

然而，畢竟當初建模時的資料過少，能提出的見解也就有限，必須符合諸多條件前提才能適用，難以做出實用的預測。這些條件前提就包括：疾病人傳人的速率固定；人一旦被感染，會立刻具備感染性；人口總數不變。雖然這適用在某些流行病的情況，但並不符合大多數情況。

舉個諷刺的例子來說，柯馬克與麥肯德里克用來「驗證」這套模型的孟買鼠疫資料，就不符合其中許多條件。第一，孟買鼠疫主要並非人傳人，而是由老鼠帶著跳蚤、跳蚤又帶著鼠疫桿菌而傳播。第二，這套模型假設疾病從感染者傳染給易感者的速率固定不變，但實際上，孟買鼠疫的傳播深受季節因素

影響（就像第 1 章提過的冰桶挑戰），在 1 月到 3 月之間，無
論是跳蚤的密度或細菌的總量，都遠高於其他月份，因此傳染
速率也較高。

　　儘管如此，後世的數學家仍會繼承這一套開創性的 S-I-R
模型，再逐步調整改進、減少所需的條件限制，讓更多疾病的
研究都能得益於這種數學的協助。

不止息的性病

　　衍生自原始 S-I-R 模型的首批新模型當中，有一個就用來
模擬受害者不會產生免疫力的疾病。這類疾病永遠不會出現排
除者的族群，性病正是其中的代表，例如淋病。即使人們得過
淋病後康復，也可能立刻再次受到感染。由於沒有人會因為淋
病症狀而過世，所以也不會有生命遭到「排除」的情況。

　　這樣的模型通常稱為 S-I-S 模型，呈現的是個人會從易感
者成為感染者，最後又變回易感者的病程。由於康復後又會成
為易感者，所以根據 S-I-S 模型的預測，就算是在某個沒有出
生或死亡的孤立族群當中，此類疾病也可能不斷持續下去，呈
現「地方流行」（endemic）的狀態。例如淋病在英格蘭呈現地
方流行，是當地常見性病的第二名，單單在 2017 年就有超過
四萬四千例。

　　實際上，如果希望能夠真正呈現出淋病這類性病的傳播模
式，原本的基本模型還需要進行更多修改調整。畢竟普通感冒
的情況比較單純，就是患者有可能傳染給每一個人，但性病傳
播不同，通常只會感染符合患者性取向的人。

　　由於大多數性接觸都發生在異性戀之間，所以最顯然的數學模型是將整個群體分成男性和女性，並假設這兩個群體只會互相感染，而不會在各自群體內感染。相較於不考慮性別及性取向、認定每個人都可能互相傳染的模型，這種認定異性戀只會與異性發生關係的模型，預測出來的疾病傳播速度就比較慢。然而，這樣的性病傳播模型還是藏著許多問題。

────── **人類乳突病毒** ──────

　　我對自己的五歲生日至今記憶猶新：當時母親四十歲，診斷出患有子宮頸癌。她經歷了一輪又一輪的化學與放射治療，備受折磨，大傷元氣。幸好在完成這些辛苦的療程之後，醫生判斷她已完全緩解。

　　我後來才很驚訝的得知，原來有少數幾種癌症主要是由病毒引起，子宮頸癌就是其中之一，通常是因為性交而感染。對我來說，父親造成母親罹癌這件事實在令人難以接受，他怎麼會是病毒帶原者呢？

　　畢竟，在母親癌症復發時，是父親竭盡心力照護著她；當母親在四十五歲生日前幾週過世時，也是靠著父親堅強撐著，才讓我們一家還能團結在一起。就算他完全不知情，但他看起來實在不像染有病毒。

　　其實，子宮頸癌有超過 60% 是由人類乳突病毒（HPV）的兩種病毒株所引起，[116] 而造成子宮頸癌的 HPV，有絕大多數是透過性交傳播感染。事實上，HPV 正是全世界最常見的

性病。[117] 男性有可能身為無症狀帶原者，再傳染給自己的性伴侶，使得子宮頸癌成為女性常見癌症第四名，每年全球新增約五十萬病例，並造成約二十五萬人死亡。

2006 年，美國食品藥物管理局核准了第一批針對 HPV 的革命性疫苗。由於子宮頸癌的發病率實在太高，大家對這批疫苗的成效自然寄予極高期許。

在這批疫苗部署接種的同時，英國研究顯示，讓十二歲至十三歲的青少女（未來可能的子宮頸癌患者）接種疫苗，應該是最具成本效益的策略。[118] 而其他國家的相關研究考量了子宮頸癌由異性傳播的數學模型，也確認只讓女性接種是最佳的做法。[119]

但這些初步研究到最後卻證明，數學模型的效果完全取決於背後的假設和資料數據，一旦背後的假設和資料不夠好，模型的效果也受限。在這些分析裡，建模時多半都忘了納入 HPV 的一項重要特性：這隻疫苗所對抗的 HPV 病毒株，無論對男對女都可能引發其他幾項與子宮頸無關的疾病。[120]

男性最好也接種 HPV 疫苗

如果你長過病毒疣，那麼你身上至少帶有一種 HPV。在英國，80% 的人一生中都會感染至少一種 HPV。HPV 16 型和18 型除了可能引發子宮頸癌，還有 50% 的陰莖癌、80% 的肛門癌、20% 的口腔癌、30% 的喉癌與它們有關。[121]

美國影星麥可道格拉斯（Michael Douglas）的案例相當有名，記者在他治療喉癌期間，問他後不後悔一輩子抽菸喝酒。

他坦率告訴《衛報》記者，自己並不後悔，因為他的喉癌是口交感染 HPV 造成的，跟菸酒無關。

就英美兩國來看，HPV 所引起的癌症大部分不是子宮頸癌。[122] 我們很容易從數據中看到，肛門生殖器疣（俗稱菜花）約有九成也是由 HPV 6 型和 11 型所引起。[123] 在美國，非屬子宮頸癌的 HPV 感染當中，約有 60% 的醫療費用都是用來治療這些疣。[124] 子宮頸癌確實是 HPV 的重要情節，但絕非故事的全貌。

2008 年，德國病毒學家楚爾郝森（Harald zur Hausen）因為「發現人類乳突病毒導致子宮頸癌」獲得諾貝爾醫學獎。那時疫苗開始上市接種，但無論授獎委員會或世界上大多數其他地區，都似乎忽略了 HPV 與其他癌症和疾病的關聯。

當時只有一項英國研究談到 HPV 在非子宮頸癌上的影響，但那時候還不清楚這些其他疾病造成的負擔，也不知道疫苗對這些疫病的效果，所以無法提出確切的結論。大多數模型都認為，只要讓夠高比例的女性接種疫苗，就算是未得到疫苗保護的男性，也能看到與 HPV 相關的疾病盛行率下降。

至於一般大眾，或許只知道 HPV 會造成子宮頸癌，以及這種常見癌症會像傳染病一樣蔓延，所以也就沒有再提出其他疑問，接受了只讓女孩接種疫苗的決定。畢竟，如果男孩不用擔心會得到這種 HPV 的頭號癌症，又何必接種疫苗呢？

在此請先想像一下，如果某天開發出了人類免疫缺乏病毒（Human Immunodeficiency Virus, HIV）的疫苗，又規定只有女性可以免費接種，認為只要女性免疫，男性就能因此得到保護，

肯定會引發大眾強烈抗議。

這裡除了有施打率和疫苗效率的問題之外，大眾可能會質疑的第一點在於男同性戀得到保護的權利：難道要讓他們對這種致命的病毒毫無防禦嗎？ HPV 也是同樣的道理。

由於早期的 HPV 數學模型並未考量同性戀關係，於是忽略了同性戀性行為的影響。相較於只考慮異性戀關係的模型，納入同性戀關係的模型所得出的疾病傳播率比較高。[125] 在與同性發生性行為的男性當中，HPV 的盛行率明顯高於一般大眾。[126]

以美國來說，同性戀族群的肛門癌發病率比一般大眾高出十五倍以上，每十萬人就有三十五例，已經相當於過去在子宮頸癌篩檢之前的子宮頸癌發病率，而且更遠高於美國目前的子宮頸癌發病率。[127]

等到後來重新校正模型的時候，新納入考量的因素包括了同性戀關係、疫苗對於非子宮頸癌疾病的保護作用，以及疫苗能夠提供保護的效期等最新資訊，就發現比較有成本效益的做法是讓男孩和女孩都接種疫苗。

2018 年 4 月，英國國家健保局終於決定，提供 HPV 疫苗給十五歲到四十五歲的同性戀男性接種。同年 7 月，根據一項新的成本效益研究，建議英國所有男孩都應和女孩在同齡接受 HPV 疫苗接種。[128]

對此我深深感恩，知道一對兒女能夠得到同樣的保護，避免感染到那隻帶走他們祖母的病毒。這讓我們看到，如果背後的假設有問題，數學模型再複雜也無力彌補。

——— 下一次大流行 ———

　　HPV 感染的另一個混淆因素在於無症狀帶原者，這些人雖然沒有症狀，身上卻有這種病毒，而且可以感染他人。所以，基本 S-I-R 模型的一種常見調整方式就是再加進無症狀帶原者，好讓模型更能呈現實際的疾病傳播狀況。加進了這類帶原者（carrier）之後，讓原本的 S-I-R 模型成為 S-C-I-R 模型。這套模型十分重要，能夠呈現許多疾病的傳播情形，其中就有許多現代最致命的疾病。

　　感染 HIV 後數週，部分患者會短暫出現如同流感的症狀。症狀的嚴重程度差異很大，部分帶原者甚至完全沒有任何感受。然而，就算沒有明顯的外顯症狀，這種病毒還是會緩慢破壞患者的免疫系統，讓他們難以抵抗正常免疫系統能處理的伺機性感染（opportunistic infection，例如肺結核）或癌症。

　　在 HIV 感染的後期，我們就會說這些患者是罹患了後天免疫缺乏症候群（AIDS）。而 HIV/AIDS 之所以會形成全球大流行（pandemic），主因之一就在於潛伏期相當長。相較於清楚知道自己是 HIV 陽性的人，那些毫無所覺的無症狀帶原者，反而以更快的速度傳播這種疾病。在過去超過三十年間，HIV 一直是全球傳染病致死的主因之一。

　　一般認為，HIV 是在二十世紀初期，出現於中非的非人類靈長類動物之中。可能是人類在處理野味的過程中，接觸到感染的靈長類動物，一種突變後的猿猴免疫缺乏病毒（SIV）就這麼跨物種傳至人類，並透過體液交換繼續人傳人。對於公共

衛生來說，像原始的 HIV 病毒株這種人畜共通的疾病，正是最大的一種潛在威脅。

2018 年，英國副首席醫療官范塔姆（Jonathan Van-Tam）特別點名 H7N9 病毒（一種新型禽流感病毒），認為它可能造成下一波全球流感大爆發。這隻病毒目前盛行於中國鳥類，並且已經感染超過一千五百人。做為對比，西班牙流感是二十世紀最致命的流行傳染病，當時感染全球大約五億人，但致死率大約只有 10%。至於 H7N9，感染者約有 40% 因此喪命。

幸運的是，H7N9 目前為止尚未發展出人傳人的能力，否則規模有可能迅速爆增到西班牙流感的程度。動物實驗顯示，只要再三次突變，H7N9 就有可能開始人傳人；但 H7N9 也可能像先前的 H5N1 禽流感病毒一樣，一直沒有走到這一步。很有可能，下一波全球大流行的疾病並不是什麼新疾病，而是我們早已見過許多次的舊疾病。

——————— 零號病人 ———————

2013 年尾的一天下午，在西非國家幾內亞偏遠的美良度村（Meliandou），兩歲的埃米爾・烏瓦穆諾（Emile Ouamouno）正和其他孩子玩在一起。他們最喜歡的一個地方，是村外一棵巨大、空心的可樂樹，躲在裡面再好玩不過。

然而，這裡也住著一群食蟲的游離尾蝠（free-tailed bat），又深又黑的樹洞正好是理想的棲息地。埃米爾在這棵住了蝙蝠的樹裡玩耍時，可能是接觸到了蝙蝠新鮮的排泄物，又或者是

直接接觸到了蝙蝠本身。

12 月 2 日，埃米爾的母親發現這個通常精力充沛的小孩無精打采、昏昏欲睡。她發現埃米爾在發燒，於是把埃米爾帶到床上休息。但埃米爾很快就出現嘔吐症狀，並排出黑色血便。短短四天後，埃米爾過世。

埃米爾的母親一直陪在兒子身邊照料，此時也同樣染病，一週後身亡。接著過世的是埃米爾的姐姐菲洛美（Philomène），祖母也在新年當天死亡。這段期間一直幫忙照顧這家人的助產士，則在不知情的狀況下，把疾病傳播到附近的村莊；她後來自己也出現症狀，前往最近的蓋凱杜（Guéckédou）鎮上的醫院看病，但就這麼將疾病帶了過去。

以蓋凱杜為中心，這項疾病開始透過許多管道傳開，其中包括一位治療這位助產士的醫務人員。她將病毒傳播到東邊約五十英里遠的馬薩塔（Macenta），在那裡感染了治療她的醫師。接著，那位醫師又將病毒帶到西北八十英里遠的基西杜古（Kissidougou），感染了他的兄弟，病毒就這樣繼續蔓延。

到了 3 月 18 日，病例數量和程度已經令人十分擔憂。衛生官員公開宣布，這波爆發的疫情是一場不明原因的出血熱，「發作得像閃電一樣快。」兩週後，無國界醫生確認了這項疾病的狀況，指出其傳播規模「前所未見」。

從這時候開始，原本應該沒沒無聞的埃米爾・烏瓦穆諾成了全世界絕不會忘記的人。但令人傷心的是，他背負的是「零號病人」的臭名：在這場史上規模最大、最不受控制的伊波拉病毒爆發當中，他正是第一例動物傳人的受害者。

　　我們之所以能知道這次疾病的傳播進程，是靠著科學家和醫護人員自己進入傳播路徑上，分析了數量龐大的細節。我們把這套方法稱為「接觸者追蹤」（contact tracing），能讓流行病專家不斷向前追溯許多受感染的世代，直到追出最初發病的那一例，也就是所謂的零號病人。

　　科學家會請感染者列出在疾病潛伏期（已感染但可能無症狀）期間與之後曾接觸的所有人員，藉以重建感染者的人際接觸網路。如果能掌握到接觸網路裡的所有人，多次重複這項調查，常常就能把疾病傳播的源頭縮小到唯一的來源。

　　接觸者追蹤除了能讓我們瞭解疾病傳播的複雜模式，設法預防未來再次爆發，還能讓我們即時應對、控制疾病傳播。利用接觸者追蹤，就能在傳播初期提出有效的控制策略。任何人只要曾與感染者在潛伏期內有直接接觸，就必須隔離到證明並未受到感染為止。如果在隔離期間發現確實遭到感染，則可以繼續維持隔離，直到確認不會再傳染該疾病為止。

用數學有效防疫

　　然而在實務上，人與人之間的接觸網路常常並不完整，也有許多無症狀帶原者並不為行政當局所知。就實際狀況來說，正因為從感染到發病有潛伏期的關係，許多人根本不知道自己已經感染疾病。

　　在伊波拉病毒的案例中，潛伏期平均為十二天，但也可能長達二十一天。到了 2014 年 10 月，情況已經十分明顯，這場在西非的流行病可能蔓延至全球。為了保護國民，英國宣布在

英國五個主要機場，以及位於倫敦的歐洲之星（Eurostar）車站，對來自高風險國家的乘客進行伊波拉病毒檢疫。

　　而在 2004 年 SARS（嚴重急性呼吸道症候群）流行期間，加拿大也有類似措施，篩檢了將近五十萬名旅客，但並未發現有人出現 SARS 典型的發燒症狀。這項篩檢計畫讓加拿大政府投入一千五百萬美元，雖然可能有一些安定民心的作用，但做為醫療干預策略並沒有什麼效果，在事後看來只是徒勞。

　　考量到篩檢費用如此高昂，還有可能引發民眾不必要的擔憂，倫敦衛生與熱帶醫學院（London School of Hygiene & Tropical Medicine）的數學家團隊就提出了一套簡單的數學模型，將潛伏期也納入考量。[129]

　　由於伊波拉病毒的潛伏期平均長達十二天，而從獅子山的首都自由城（Freetown）飛到倫敦只要六個小時半，數學家團隊計算認為，如果真有伊波拉的帶原者登機，用了這種昂貴的篩檢措施也只能抓出其中大約 7%。因此他們建議，更好的做法是把這些經費投入解決愈演愈烈的西非人道主義危機，從源頭解決問題，也就能減少病毒傳播到英國的風險。

　　這正是數學介入措施的典範做法：簡單、明確、以證據為基礎。用數學的方式，就能將整體情況簡單呈現出來，進一步取得有力的見解、做為政策的指引，而不是只能猜測篩檢措施是否有效。

R$_0$ 值與指數爆炸

在那次伊波拉病毒爆發的疫情中，伊波拉病毒其實是從美

良度村這個疾病震央，順著許多條不同的途徑而向外界傳開，用來確認埃米爾・烏瓦穆諾是零號病人的傳播途徑只是其中一條。就像第 1 章曾提過的迷因或病毒式行銷活動，伊波拉病毒的發展早期也是從許多獨立管道傳播，而呈現指數成長。一個人感染另外三個人，這三個人再感染其他人，依此類推，就讓病毒嚴重爆發。

　　至於每次疫情究竟是會一發不可收拾，又或是會默默平息下去，都要視每次疫情所獨有的基本傳染數（basic reproduction number，又譯「基本再生數」）而定。

　　假設有一群人，對於某種特定疾病完全屬於易感者（就像十六世紀西班牙征服者抵達前的中美洲原住民），過去從未暴露在這種疾病之中。此時如果在這個群體中加入一位疾病帶原者，這個帶原者平均能夠感染的人數就稱為基本傳染數，常常寫成「R_0」。如果某種疾病的 R_0 值小於 1，代表每位感染者會傳染的人不到一個，疫情也就會迅速消散，爆發無以為繼。但如果 R_0 值大於 1，疫情爆發就會呈現指數成長。

　　以 SARS 為例，R_0 值是 2。第一位患者是零號病人，會將疾病傳給另外兩個人，這兩個人則再傳給另外兩個人，以此類推。圖 23 代表疫情初期呈現指數成長的狀況（就如我們在第 1 章所見），如果繼續這樣傳播，過了十代，就會有超過千人遭到感染。再過十代，總數將來到超過百萬。

　　雖然如此，但實際上正如迷因的病毒式瘋傳、金字塔型騙局的擴張、細菌菌落的成長，R_0 所預測的指數成長多半在幾代之後就無法再繼續。因為易感者與感染者的接觸頻率逐漸降

低，爆發最後總會達到高峰，接著就是下降。到最後，就算已經沒有剩下任何感染者，疫情正式結束，還是會有一些易感者從頭到尾未受感染。

　　早在 1920 年代，柯馬克與麥肯德里克就提出一項公式，用 R_0 來預測疫情爆發結束時還會剩下多少未受感染的易感者。他們假設：若 R_0 值為 1.5，在不採取干預措施的情況下，2013 年至 2016 年的伊波拉疫情將會感染 58% 的人口。相較之下，脊髓灰質炎（小兒麻痺）病毒的 R_0 值約為 6，如果根據他們的預測，在不採取干預措施的情況下，只會有不到 0.25% 的兒童能夠不受感染。

　　R_0 值之所以有助於描述疾病爆發的狀況，是因為只要一個數字，就包含了疾病傳播的各種關鍵特徵，包括人體內感染

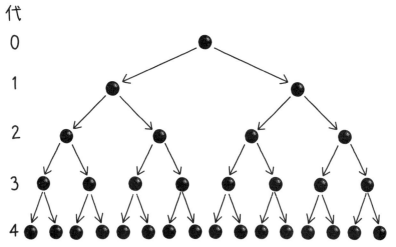

圖 23：R_0 值為 2 的疾病指數傳播情形。最初感染的個人稱為第 0 代，而發展到第 4 代時，有 16 人遭到新感染。

的發展、傳播的模式，甚至是傳播時所處的社會結構等等。根據這一個數字，就能讓我們判斷如何應對。

R_0 值通常包含三項因素：人口規模、易感者遭感染的速度（通常稱為感染力〔force of infection〕）、病患康復或死亡的速度。前兩者提升，R_0 值就會增加；康復速度提升則會讓 R_0 值減少。至於人口規模愈大、疾病傳播速度愈快，也就愈可能出現爆發。個體康復愈快，代表能夠將疾病傳給他人的時間愈短，疾病爆發的可能也就愈小。

對許多人類疾病來說，我們能夠控制的只有前兩項因素。雖然可能靠著抗生素或抗病毒藥物來縮短某些疾病的病程，但康復或致死率通常是由致病病原體本身的特性來決定。

另一項與 R_0 值密切相關的數字，則是「有效傳染數」R_e（effective reproduction number），指的是在疾病爆發過程的特定時點上，每位感染者平均造成的續發傳染（secondary infection）人數。如果透過醫療干預能將 R_e 值降到低於 1，疾病就終將消散。

雖然 R_0 值對疾病控制極為重要，卻不能告訴我們這項疾病對患者個人的影響有多嚴重。以麻疹這種傳染性極高的疾病為例（R_0 值高達 12 到 18），一般認為它造成的病情嚴重程度並不如伊波拉病毒（R_0 值約只有 1.5）。即使麻疹傳播迅速，但相較於病案死亡率（case fatality rate，簡稱病死率）高達 50% 至 70% 的伊波拉病毒，只能說是小巫見大巫。

有一點或許令人意想不到：病死率高的疾病通常傳染力比較低。因為疾病如果太快殺死病患，就會降低傳播的機會。既

能殺死多數感染者，又能有效傳播的疾病非常罕見，通常只有在災難片裡才看得到。雖然高病死率會大大提升對某疾病爆發的恐懼，但相較之下，R_0 值高、病死率低的疾病可能因為感染的人數更多，最後讓更多人死亡。

從數學看來，想控制某種疾病的時候，病死率實在算不上什麼有用的資訊，我們無法從中得知該如何降低傳播速率。相較之下，構成 R_0 的三項因素則具有重要意義，能讓我們知道該採取哪些重要干預措施，避免疾病一發不可收拾。

———————— 控制疫情 ————————

想要減少疾病傳播，最有效的選項之一就是疫苗接種。這能讓民眾跳過「感染者」的狀態，直接從「易感者」成為「排除者」，有效降低易感者的規模。然而疫苗接種通常屬於預防措施，目的是減少疾病爆發的可能。如果疾病已經全面爆發，想在有用的時間內完成有效的疫苗研發與測試，往往是天方夜譚。

另一種策略則是撲殺，它也能使 R_e 值有效下降，但目前是用來應對動物的傳染病。英國在 2001 年陷入口蹄疫風暴時，決定採取的就是撲殺策略：只要個體遭到感染就立刻撲殺，藉以讓傳染期從三週縮短到只剩幾天，大幅減低 R_e 值。但在該次疫情中，光是撲殺遭感染的動物還不足以控制疫情。難免有些感染的動物會找到漏洞，在附近其他地區造成感染。為此，政府採取了「環形範圍撲殺」（ring culling）的策略：只要有農

場遭到感染，在半徑三公里內的所有動物無論是否遭到感染，一律撲殺。

乍看之下，將未感染的動物也予以撲殺似乎毫無道理，但由於這能夠減少當地易感動物的數量（與 R_e 值相關的因素之一），從數學就知道這能夠減緩疾病的傳播。

如果是在未接種疫苗的人群裡爆發疾病，顯然無法採用撲殺的手段。然而，已經證明檢疫（quarantine）與隔離（isolation）是非常有效的辦法，能夠降低疾病傳播速率，也就能降低 R_e 值。將已感染者隔離，可以降低傳播速度；對健康個人實施檢疫，則可以減少易感者族群。因此兩者都能減少 R_e 值。

事實上，歐洲最後一次爆發天花疫情是在 1972 年的南斯拉夫。當時正是採用了極端的檢疫措施，使疫情迅速得到控制。政府特別徵用旅館，讓高達一萬名可能的感染者待在旅館檢疫，並由荷槍實彈的保全人員看守，一直到他們成為新病例的疑慮消除之後，才放出來。

至於在比較不那麼極端的案例裡，則是用數學模型來判斷感染者應接受多長時間的隔離。[130] 我們也能使用數學模型來衡量「將健康民眾做檢疫」與「爆發更大疫情」兩者的經濟成本，再判斷要不要將一定比例未感染的民眾做檢疫。

在某些情況下，出於後勤物流或是倫理因素，無法以實地研究掌握疾病進程，此時正好能使用這類的數學建模。舉例來說，在爆發疾病期間，如果只為了作研究，就剝奪一部分人接受醫療救命的權利，這種做法並不符合人道原則。同理，要在現實世界嘗試長時間、大規模要求民眾檢疫，也不切實際。

　　此時只要用數學模型來模擬，就無須再擔心。我們甚至可以測試各種不同的檢疫方式，瞭解讓每個人都檢疫、完全不檢疫、或是採取中間做法，效果各有何不同；這樣一來就能知道強迫隔離對經濟、對疾病進程的影響，進一步取得平衡點。

突破直覺上的盲點

　　數學流行病學真正美好的地方在於：我們能夠測試那些無法在現實世界中進行的做法，有時候還能發現一些叫人驚訝、違反直覺的結果。

　　舉例來說，數學模型告訴我們，對於像是水痘（chickenpox; varicella）這樣的疾病，隔離和檢疫可能是個錯誤的策略。對於這種一般認定只是相對輕症的疾病，如果要求必須將染病與未染病兒童互相隔離開來，將會嚴重影響上班上課天數。

　　數學模型還證明了更重要的一點，如果要求健康的孩子居家檢疫，將會讓他們在年紀更大的時候才感染水痘；但在年紀較大時才感染水痘，引起的併發症可能會嚴重得多。要不是用這種數學建模的方式，我們可能還一直以為隔離這類的策略看來十分合理，於是無法真正瞭解它的效果其實違反直覺。

　　隔離和檢疫除了會對某些疾病造成意想不到的後果，對於某些其他疾病更是毫無用處。疾病傳播的數學模型已經發現，隔離檢疫策略的成功與否，取決於傳染力達到高峰的時間。[131]如果疾病是在早期、患者無症狀時特別具有傳染力，那麼在隔離患者之前，疾病早就傳播給大多數接觸到的可能受害者了。

　　幸運的是，在伊波拉病毒的案例中，雖然有許多控制方式

無法執行，但多數傳染都是在患者出現症狀後才發生，所以將患者隔離這招還有作用。

實際上，伊波拉病毒的傳染期非常非常長，在病患死亡之後，身上的病毒量仍然極高，任何與屍體接觸的人都可能遭到感染。值得注意的是，在伊波拉爆發初期，其中一個主要引爆點正是獅子山某位巫醫的葬禮。

當時，隨著伊波拉病例在整個幾內亞迅速增加，民眾愈來愈感到絕望。幾位患者聽說這位知名巫醫法力高強，號稱有治療這項疾病的能力，不惜越過邊界來到獅子山向她求助。

不出意料，巫醫自己很快也染病身亡。她的葬禮在幾天內吸引了幾百人參加，所有人遵循著傳統的喪葬習俗為她送行，其中就包括清洗及撫摸屍體。這起事件直接導致超過三百五十例伊波拉致死案例，並推動疫情在獅子山全面爆發。

2014 年，約莫在伊波拉疫情的高峰期，一項數學研究得出結論：伊波拉的新增病例約有 22% 是因為已過世的伊波拉患者所造成。[132] 該研究還指出，如果能限制各種傳統儀式（包括葬禮），或許就可以讓 R_0 值降到疫情無法延續的程度。

於是，西非政府和當地的人道組織採取了各種重要措施，其中之一就是限制傳統的喪葬儀式，並保證所有因伊波拉而病故的受害者都能得到安全而有尊嚴的葬禮。他們還結合了教育活動，教導民眾以其他方式取代不安全的傳統習俗，甚至對看似健康的民眾祭出旅行禁令，最後終於制伏伊波拉疫情。到了 2016 年 6 月 9 日，埃米爾·烏瓦穆諾感染將近兩年半後，西非的伊波拉疫情終告結束。

────── 群體免疫 ──────

　　流行病數學模型除了能積極協助解決傳染病，還能協助我們理解各種疾病與眾不同的特徵。舉例來說，像是腮腺炎和德國麻疹之類的兒童疾病，就有許多耐人尋味的問題：為什麼這些疾病總會每隔一段時間就捲土重來，而且還只會影響孩子？是它們特別盯上了兒童某些難以捉摸的特質嗎？它們又為什麼在人類社會持續了這麼久？難不成它們會休眠好幾年養精蓄銳，等到我們最脆弱的時候再一次爆發？

　　兒童疾病之所以會出現典型的週期性爆發模式，原因在於 R_e 值會隨著易感者的族群大小而變動。每次疫情大爆發，就會有大批沒有抗體的兒童遭到感染。但在那之後，像猩紅熱這樣的兒童疾病並不會消失，而是持續在人群中存在，只不過 R_e 值大約是 1，也就是只能勉強維持下去。

　　隨著時間過去，原來的人群年紀增長，而新的、沒有抗體的孩子也出生了。當沒有抗體的人口比例慢慢增加，R_e 值也愈來愈高，於是爆發新疫情的可能性也愈來愈大。等到疫情真正爆發，感染者通常就是年齡較小、沒有抗體的年輕人，原因在於大多數年齡較大的民眾都曾經染病而產生抗體。就算是未曾在兒童時期染病的人，也因為比較不會與那些受感染的年齡族群往來，多少比較安全。

　　這種數學概念稱為「群體免疫」（herd immunity），指的是因為免疫群體夠大，足以減緩、甚至阻止疾病傳播，好比各種兒童疾病疫情爆發之間會出現休眠期一樣。這種群體效應有

個令人意外的特性：不需要每個人都對疾病免疫，就能讓所有人口都得到保護。只要讓 R_e 值小於 1，傳播鏈就會斷掉，使得疾病無法傳播。

關鍵的一點在於，達到群體免疫之後，即使是那些免疫系統太弱、無法接種疫苗的人（包括老年人、新生兒、孕婦、HIV 帶原者等等），仍然能得到保護。

群體究竟要有多少比例免疫，才可以讓那些易感者得到保護呢？這裡的門檻值會依疾病的傳染力不同而有高低之別。在此，R_0 值就是決定這個比例的關鍵。

舉例來說，假設有個人感染了一種致命的流感病毒。如果他在為期一週的傳染期內遇到二十個易感者，並傳染給其中四個人，這個流感的 R_0 值就是 4，R_e 值也是 4。每位易感者都有 1/5 的機率遭到感染。如果這位流感患者在為期一週的傳染期內只能遇到十位易感者（如圖 24 中圖），而感染的可能性維持不變，平均就只會傳染給兩個人，而使 R_e 值從 4 降到 2。這可以看出，R_e 值會因易感族群的大小而有所不同。

想減少易感者的族群大小，最有效的方式就是疫苗接種。究竟要讓多少人接種疫苗才能達到群體免疫，答案要看怎樣將 R_e 值降到不足 1。如果能讓 3/4 的族群接種疫苗（如圖 24 右圖），那麼在一週傳染期內接觸到流感患者的二十位民眾當中，只剩下 1/4（也就是五位）是易感者。平均而言，只剩一位會遭到感染。

對於 R_0 值為 4 的疾病，想要達到群體免疫，需要讓族群 3/4（也就是 1－1/4）以上的人接種疫苗。這個數字並非偶然，

一般而言，想達到群體免疫的門檻，未接種疫苗的人口比例不能超過 $1/R_0$，剩餘比例的人口（總人口的 $1 - 1/R_0$）則必須接種疫苗。

以天花為例，它的 R_0 值約為 4，代表可以有 1/4（25%）的人口不接種疫苗。在 1977 年，靠著讓易感者族群有 80% 接種了天花疫苗（做為保險，比 75% 這個免疫的臨界門檻還高出 5%），便足以達成人類史上數一數二的重大成就：將一種人類疾病從地球上清除。直至目前為止，人類再也沒能重現這

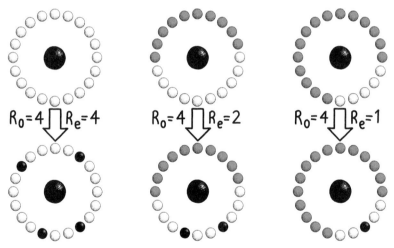

圖 24：在為期一週的傳染期當中，一位感染者（黑球）接觸到了二十位民眾，可能是易感者（白球），也可能是曾接種疫苗的排除者（灰球）。在沒有人曾接種疫苗的情況下（左圖），這一位感染者會傳染給其他四個人，也就代表 R_0 值為 4、R_e 值為 4。而在群體有一半曾接種疫苗的情況下（中圖），只有兩位易感者遭到感染，也就是 R_e 值降到 2。最後一種狀況（圖右）是有 3/4 的人曾接種疫苗，最後平均只會有一個人遭到感染，R_e 值降到了 1 這個臨界值。

樣的偉業。

對人類來說，感染天花的後果嚴重且危險，因此很適合將天花當做應該要根除的目標。而且，由於天花要達到群體免疫的門檻值較低，也讓根除天花成為相對容易的目標。但許多其他疾病傳播更為容易，要達到免疫也就較為困難。

根據估計，水痘的 R_0 值大約為 10，也就是必須讓 9/10 的人口免疫，才能讓剩下的人受到保護，徹底掃除這項疾病。至於麻疹，是目前全世界傳染力最高的人傳人疾病，R_0 值估計在 12 至 18 之間，也就是需要讓 92% 至 95% 的人口接種疫苗才行。

有項研究模擬了 2015 年迪士尼樂園爆發麻疹的傳播情形（莫比烏斯‧路普被感染的那次），發現當時暴露於麻診的人群當中，曾接種疫苗的比例可能只有 50% 那麼低，遠小於群體免疫所需的門檻值。[133]

--------------- **MMR 先生** ---------------

英國自 1988 年引入「麻疹、腮腺炎和德國麻疹混合疫苗」（MMR）之後，接種率一直穩定上升。1996 年，接種率達到創紀錄的 91.8%，已經接近根除麻疹所需的關鍵免疫門檻值。但 1998 年卻發生了一件事，讓疫苗接種的進程在接下來幾年備受阻撓。

這場公共衛生上的災難，起因並不是什麼帶病的動物，也不是什麼惡劣的衛生環境，更不是政府政策的失誤，而是一份

五頁的沉重報告。這份報告刊載在備受尊敬的醫學期刊《刺胳針》（*Lancet*）上，[134] 第一作者韋克菲爾德（Andrew Wakefield）認為 MMR 疫苗與自閉症有關。根據他自己的這項「發現」，韋克菲爾德發起了自己個人的反 MMR 運動，在記者會上表示「在問題解決之前，我無法支持繼續使用這種三合一疫苗。」面對這麼肥美的餌，多數的主流媒體根本無法抗拒。

《每日郵報》的相關報導頭條包括：「MMR 殺了我的女兒」、「對 MMR 的恐懼得到支持」，以及「MMR 安全？胡扯。這是一樁愈演愈烈的醜聞。」在韋克菲爾德發表該篇研究後的幾年內，整個事件如雪球般愈滾愈大，成了 2002 年英國最大的科學事件。

媒體在報導這起事件的時候，總是強調許多父母如何憂心忡忡，卻不太提到韋克菲爾德的研究對象只有十二個兒童，也不去質疑他怎麼可以用這麼少的受試者，來提出如此大規模的結論。雖然也有報導指出韋克菲爾德的研究方法可能有問題，但這樣的聲音都淹沒在多數新聞媒體震天價響的警告聲中。

於是，許多父母開始撤回讓孩子接種疫苗的同意書。自從《刺胳針》刊出那篇惡名昭彰的研究，MMR 的施打率在十年之間從高於 90% 降到不及 80%。至於麻疹的確診案例，則從 1998 年的五十例，增加到十年後的超過一千三百例。原本盛行率已經在 1990 年代降低的腮腺炎，病例也突然激增。

2004 年，由於麻疹、腮腺炎和德國麻疹的病例不斷增加，調查報導記者迪爾（Brian Deer）試圖揭露韋克菲爾德的研究涉嫌造假。迪爾在報導中指出，韋克菲爾德提出這份研究之前，

早就從一群律師那邊收了四十萬英鎊，而這群律師正想找到不利於疫苗製藥公司的證據。迪爾還指稱，在他發現的文件中，顯示韋克菲爾德申請了一項疫苗專利，要跟 MMR 競爭。

最為關鍵的一點在於，迪爾聲稱手中握有證據，可以證明韋克菲爾德的研究數據造假，刻意讓人誤以為疫苗與自閉症有關。根據迪爾所提出的證據，韋克菲爾德有科學造假行為及嚴重的利益衝突，最後讓《刺胳針》決定撤下那篇惹事生非的研究。2010 年，韋克菲爾德遭到英國醫療總會（General Medical Council）除名。

在韋克菲爾德那篇論文發表後的二十年間，至少曾有十四項綜合研究，對象涵蓋全球數十萬名兒童，都未發現 MMR 與自閉症之間有任何關連。

但可悲的是，韋克菲爾德造成的影響依然存在。

反疫苗活動

雖然英國的 MMR 接種已經恢復到恐慌前的水準，但在所有已開發國家中，疫苗接種率正在下降，而麻疹病例也正在增加。在歐洲，2018 年的麻疹病例超過六萬例，其中七十二例造成死亡，足足是前一年的兩倍。整體而言，這是反疫苗運動不斷成長的結果。世界衛生組織將這種情形稱為「疫苗猶豫」（vaccine hesitancy），列為 2019 年全球十大健康威脅之一。

對於反疫苗人士（anti-vaxxer）的崛起，《華盛頓郵報》等媒體直接將源頭指向韋克菲爾德，稱他為「現代反疫苗運動的創始者」。然而，反疫苗運動的信條早已不僅限於韋克菲爾德

被揭穿的那些假發現。他們目前的說法，從聲稱疫苗含有達到危險劑量的有毒化學物質，到指控疫苗其實會讓兒童染上那些原本該預防的疾病，不一而足。

事實上，雖然疫苗帶有微量有毒化學物質（例如甲醛），但人體自然代謝所產生的量其實更高。同樣的，只有在極為罕見的狀況下，才會發生疫苗致病的情形，而對那些沒有其他健康異常的個體來說，遇上這種事的機會更少。

儘管種種合理、有力的反駁擺在眼前，但反疫苗陣營的說詞在金凱瑞、查理辛、川普等名人的支持下，反倒聲勢大漲。到了 2018 年，還出現令人瞠目結舌、難以置信的轉折：韋克菲爾德開始和前超模麥克法森（Elle Macpherson）交往，自己也躋身名人之列。

除了名人活動分子的崛起，再加上新興的社群媒體，讓這些人得以遂行其意，直接向粉絲宣傳他們的觀點。隨著民眾對主流媒體的信賴逐漸削弱，也就愈來愈會在這些同溫層裡尋求溫暖與安心。

這些新興的另類平台，讓反疫苗運動得到發展空間，無須擔心受到以證據為基礎的科學挑戰或威脅。韋克菲爾德本人甚至曾說社群媒體的興起「演化得十分美麗」，或許是因為這正中他的下懷。

瞭解風險與後果

我們所做的許多選擇，都會影響自己感染各種傳染病的可能性：要不要到異國度假？孩子能跟誰一起玩？是否要搭乘擁

擠的大眾運輸工具？而在自己生病的時候，我們所做的選擇也會影響疾病傳染給他人的可能性：是否要取消期待已久的朋友聚會？孩子是不是應該待在家裡不去上課？咳嗽時是否要遮住口部？至於自己與家人要不要接種疫苗這種關鍵問題，則必須盡早決定。疫苗不僅會影響我們染病的機率，也會影響我們把疾病傳染給他人的機率。

這些決定有的幾乎不需要成本，根本沒什麼好猶豫。例如打噴嚏時用紙巾或手帕遮掩，只是舉手之勞，近乎免費。事實也證明，只要經常、仔細洗手，這個簡單的舉動就能讓流感之類的呼吸道疾病 R_0 值大幅減少 3/4。而對於某些疾病，更可能已經足以讓 R_0 值降到門檻值以下，使疾病無法爆發流行。

但也有一些決定，會給人造成兩難。例如我們總是希望孩子去上學，卻也知道這會增加染上傳染病的風險，以及提升傳染病流行的機率。所以，在做出選擇之前，應該要瞭解相關的風險與後果，這才是重點。

數學流行病學正提供了一種方法，讓我們理解這些決定，並加以評估。它能夠說明在自己生病的時候，為什麼不去上班上課對所有人都有好處；也能告訴我們，究竟是什麼原因與方式，讓洗手得以降低疾病的傳染力，進而避免疫情爆發。有時候我們也會得到與直覺相反的結果，發現那些我們覺得最恐怖的疾病，不見得一定是我們最該擔心的疾病。

從更廣泛的角度來看，數學流行病學能夠提出各種策略，不但讓我們得以應對疫情的爆發，也能採取各種預防措施。例如結合可靠的科學證據，數學流行病學能夠證明接種疫苗是個

理所當然、根本無須考慮的決定，不但可以讓人保護自己，更可以保護家人、朋友、鄰居和同事。

　　世界衛生組織的數據就顯示，疫苗每年拯救了數百萬人的生命，只要我們繼續改善全球的施打率，還能再多拯救幾百萬人。[135] 疫苗是預防致命疾病爆發的最佳方法，也是讓這些疾病永遠無法造成危害的唯一機會。

　　數學流行病學能為未來帶來一線希望，有了這把鑰匙，就能解開完成這些艱困任務所需的祕密。

結語

數學帶來的解放

　　人類的祖先贏了演化上的數學遊戲，而各種疾病又對人類進行過濾篩選，數學就這麼形塑出我們的歷史。單從人類的生物學，就能看出數學恆常不變的規則。與此同時，數學美學也出現變化，能夠反映出人類的生理情形；我們的數學思維與人類共同演化了幾百萬年，一起來到現在的狀態。

　　在今天的社會，幾乎每件事背後都有一套數學道理，深深影響著我們如何溝通、如何從 A 地到 B 地，也徹底改變了我們如何做買賣、如何工作、如何放鬆。不論是在法庭、病房、辦公室或家庭之中，都能感受到數學的影響。

　　現在，我們天天都會用上數學，完成一些過去難以想像的任務。靠著先進的數學演算法，我們只需幾秒，就能找出近乎全部問題的答案。也因為網際網路的數學能力，讓全球各地的人溝通沒有時差。至於司法正義的捍衛者也能用數學做武器，靠著法醫考古學來糾出罪犯。

　　但我們不能忘記，數學的使用結果是善或惡，端看使用的人是誰。畢竟，數學既能糾出造假畫家凡・米格倫，也能製造出原子彈。顯然，在我們時常運用著各種數學工具的時候，也該好好瞭解這些工具隱藏著怎樣的問題。有些功能你以為只是用來推薦朋友、量身打造廣告，但最後卻變成假新聞橫行、個人隱私遭到侵害。

　　隨著數學在日常生活日益普及，造成意外災難的機率也愈來愈高。雖然我們不斷看到數學完成各種難以想像的精采成就，但也不斷看到數學犯下錯誤造成的災難後果。

　　謹慎計算的數學，可以將人送上月球；粗心大意的數學，

則是毀了要價數百萬美元的火星探測者號。處理得當的數學，可以做為分析犯罪的有力工具；遭到黑心律師濫用的數學，則可能讓無辜的人身陷囹圄。徹底發揮數學最好的功能時，可以打造出挽救生命的尖端醫學科技，但在數學犯下最大錯誤時，劑量計算錯誤就可能奪人性命。

我們必須負起責任，從過去的數學錯誤中學習，避免未來再犯，或者更進一步，讓再犯的可能性完全消失。

保持冷靜，掌握數學

透過數學建模，可以讓我們一窺未來前景。數學模型不僅能透過現在的資料數據來描繪世界的現況，更能提供一定的預知能力。藉由數學流行病學，我們得以預見疾病的未來發展，能讓我們在事前主動積極預防，而不是在事後被動進行治療。利用最佳停止時機的概念，則能讓我們在無法事先瞭解所有選項的情況下，有最大的機會做出最好的選擇。至於個人基因組學的發展，則可能徹底改變我們對於未來疾病風險的理解，但還是得先符合前提：詮釋結果的方式必須標準化。

無論現在、過去或未來，數學都會在人類的各種事務下隱隱流動。但我們要小心，使用時不要超出合理的範疇。有些時候，數學絕不是解決問題的適當工具；也有些活動，無疑必須有人工監督判斷。就算已經可以把某些最複雜的心理任務外包給演算法，人心還是無法只化約成一套簡單的規則。無論怎樣的程式或方程式，都不可能真正模仿出人類的複雜。

然而，隨著社會愈來愈走向量化，如果能具備一些數學知

識，確實會讓自己更能掌握數字的威力。只要遵守一些簡單的規則，就能讓我們做出最佳的選擇、避免最嚴重的錯誤。在這個瞬息萬變的環境中，只要稍微調整觀點，就有助保持冷靜，或是適應這個不斷走向自動化的現實。如果能掌握關於人類行動、反應與互動的基本模型，就能讓自己為未來做好準備。

在我看來，各種關於他人經歷的故事，正是最簡單、但也最有力的模型，讓我們得以從前人的錯誤中吸取教訓，於是在進行任何數字遠征之前，能夠確保大家講著共通的語言、看著同樣的時間、油箱裡有著足夠的燃料。

想讓數學為自己賦權，一大重點在於必須勇敢質疑那些運用著這項武器的人，打破確定性的假象。只要我們能夠意識到絕對風險、相對風險、比率偏誤、不相等表達、抽樣偏誤，就會開始懷疑報紙頭條大刺刺寫著的統計數據、廣告裡講的「研究」、又或是政客嘴裡真假參半的訊息。當我們意識到生態謬誤、相依事件的概念，就能驅散眼前的迷霧，讓我們無論在法庭、教室或醫院診間，都更難被數學論點所欺騙。

我們必須學會，在看到表面的數字之後，應該要求檢視背後的數學原理，這樣才不會被驚人的數字給唬倒。此外，我們也該看穿許多的另類療法，瞭解它們表面上的療效只是均值回歸，別讓江湖郎中阻礙我們接受真正能夠救命的治療。而既然數學已經證明，疫苗能拯救脆弱的生命，讓疾病徹底消失，我們就絕不能被反疫苗人士影響，去質疑疫苗的功效。

我們現在該把權力重新抓回手中了，因為有些時候，數學確實就是這樣攸關貧富與生死的議題。

致謝

　　不論是本書的書名或主旨（也就是數學如何躲在暗處影響著日常生活的方方面面），都是我第一次見到經紀人威爾貝洛（Chris Wellbelove）的時候，兩人在酒吧裡喝醉所聊出的話題。威爾貝洛除了會看過我所有提案與章節的草稿，更在許多其他地方為我做了太多。他願意在我身上賭一把，並成功帶著我完成從提案到寫作第一本書的過程，為此我實在欠他太多。

　　從我與櫟樹出版社（Quercus）簽下書約的那天起，我的編輯福蘭（Katy Follain）就一直支持著我。她看過了本書無數的草稿，提出的建議更是讓本書大有改進。同樣的，本書美國版的編輯戈柏（Sarah Goldberg）也大大影響了本書的發展走向。她們兩人願意花時間一起討論、給我一致的建議，令我不勝感激。我要感謝她們，以及在櫟樹出版社與斯克里布納出版社（Scribner）的所有工作人員，是他們的努力不懈，才讓本書得以問世。

　　對於我在本書寫作過程曾經聯絡、並慷慨提供相關故事的人，我也要致上深深的感謝。各位談到關於數學的種種災難與勝利，正是本書的重要血肉。要不是各位願意投入時間心血，回答我那看似無關的長串問題，本書不可能寫成。

　　我要感謝巴斯大學數學創新研究所（Institute for Mathematical Innovation），願意讓我申請內部借調，讓我得以付出必要的心力，完成這本我想寫的書。而在更廣的層面上，在整所大學裡曾與我談過本書的許多同事，也讓我得到極大的鼓勵和支持。至於我的母校牛津大學薩默維爾學院（Somerville College），在我必須離家時提供了工作場所，對此我深深感激。

在寫作的一開始，我就發現需要有人提出批評，因此我找上以前的博士同儕與好友羅瑟（Gabriel Rosser）和史密斯（Aaron Smith），聽聽這些具有量化頭腦的人會有什麼意見。雖然我根本沒清楚告訴他們要做什麼，而且他們也都有自己的寶寶與生活難題要應付，但他們還是同意幫我看看本書的初期草稿。他們的回饋讓本書成品大有改進，我衷心感謝。

也要感謝我的好友兼同事蓋弗（Chris Guiver），在本書寫作的過程中，願意讓我有超過一年的時間每週借住一晚。他一直是我測試各種想法的絕佳對象，我們會一起討論這本書、討論科學、討論生活，直到深夜。蓋弗，你可能不知道自己的慷慨對我多麼重要。謝謝你。

在整個過程中，我的父母提姆（Tim）和瑪莉（Mary）一直是我最堅定的支持者。他們把這整本書讀了兩次。從他們那裡，我能夠瞭解非專業讀者聰明的想法。而他們除了提供深具見地的評論、仔細詳盡的校對，我這輩子的教育與價值觀也是拜他們所賜。是父母支持我走過高峰和低谷，我的感謝永遠不足。

是靠著我的姐姐露西（Lucy）協助，我才能把種種初期的想法編織成連貫一致的提案。我絕對可以說，要不是有她投入時間精力，清楚評論我寫作的問題，並讓我從一開始就走上正確的方向，這本書不可能寫成。

我或多或少也必須感謝整個家族，他們從未抱怨我；像是有次家族聚會，因為我前晚熬夜寫書，聚會才到一半就先離席去補眠了。這種忙碌中的小小喘息，對我來說其實十分重要。

　　最後，要感謝那些在本書寫作過程受苦最多的人：我的家人。太太凱洛琳（Caroline）一直非常支持這項寫作計畫，甚至也會在我同意下調整一些遺傳學的章節。她除了支持著一個羽翼未豐的作者，還是一位超猛的媽媽，以及全職的執行長。我對妳的欽佩堅定不移。

　　最後的最後，要謝謝我親愛的小孩。艾姆（Em）和威爾（Will），是你們讓我有腳踏實地的感覺。每次回到家，一切煩惱都會消失不見，腦中除了你們兩個，再也裝不下其他事。我知道，就算這本書一本都賣不出去，你們也絕對不會在意。

參考文獻

引言

[1] Pollock, K. H. (1991). Modeling capture, recapture, and removal statistics for estimation of demographic parameters for fish and wildlife populations: past, present, and future. *Journal of The American Statistical Association, 86*(413), 225. https://doi.org/10.2307/2289733

[2] Doscher, M. L., & Woodward, J. A. (1983). Estimating the size of subpopulations of heroin users: applications of log-linear models to capture/recapture sampling. *The International Journal of The Addictions, 18*(2), 167–82.

Hartnoll, R., Mitcheson, M., Lewis, R., & Bryer, S. (1985). Estimating the prevalence of opioid dependence. *Lancet, 325*(8422), 203–5. https://doi.org/10.1016/S0140-6736(85)92036-7

Woodward, J. A., Retka, R. L., & Ng, L. (1984). Construct validity of heroin abuse estimators. *International Journal of The Addictions, 19*(1), 93–117. https://doi.org/10.3109/10826088409055819

[3] Spagat, M. (2012). *Estimating The Human Costs of War: The Sample Survey Approach*. Oxford University Press. https://doi.org/10.1093/oxfordhb/9780195392777.013.0014

第 1 章

[4] Botina, S. G., Lysenko, A. M., & Sukhodolets, V. V. (2005). Elucidation of the taxonomic status of industrial strains of thermophilic lactic acid bacteria by sequencing of 16S rRNA genes. *Microbiology, 74*(4), 448–52. https://doi.org/10.1007/s11021-005-0087-7

[5] Cárdenas, A. M., Andreacchio, K. A., & Edelstein, P. H. (2014). Prevalence and detection of mixed-population enterococcal bacteremia. *Journal of Clinical Microbiology, 52*(7), 2604–8. https://doi.org/10.1128/JCM.00802-14

Lam, M. M. C., Seemann, T., Tobias, N. J., Chen, H., Haring, V., Moore, R. J., . . . Stinear, T. P. (2013). Comparative analysis of the complete genome of an epidemic hospital sequence type 203 clone of vancomycin-resistant

Enterococcus faecium. *BMC Genomics*, *14*, 595. https://doi.org/10.1186/1471-2164-14-595

6　Von Halban, H., Joliot, F., & Kowarski, L. (1939). Number of neutrons liberated in the nuclear fission of uranium. *Nature*, *143*(3625), 680. https://doi.org/10.1038/143680a0

7　Webb, J. (2003). Are the laws of nature changing with time? *Physics World*, *16*(4), 33–8. https://doi.org/10.1088/2058-7058/16/4/38

8　Bernstein, J. (2008). *Nuclear Weapons: What You Need to Know*. Cambridge University Press.

9　International Atomic Energy Agency. (1996). Ten years after Chernobyl: what do we really know? In *Proceedings of The IAEA/WHO/EC International Conference: One Decade after Chernobyl: Summing Up The Consequences*. Vienna: International Atomic Energy Agency.

10　Greenblatt, D. J. (1985). Elimination half-life of drugs: value and limitations. *Annual Review of Medicine*, *36*(1), 421–7. https://doi.org/10.1146/annurev.me.36.020185.002225

Hastings, I. M., Watkins, W. M., & White, N. J. (2002). The evolution of drug-resistant malaria: the role of drug elimination half-life. *Philosophical Transactions of The Royal Society of London. Series B: Biological Sciences*, *357*(1420), 505–19. https://doi.org/10.1098/rstb.2001.1036

11　Leike, A. (2002). Demonstration of the exponential decay law using beer froth. *European Journal of Physics*, *23*(1), 21–6. https://doi.org/10.1088/0143-0807/23/1/304

Fisher, N. (2004). The physics of your pint: head of beer exhibits exponential decay. *Physics Education*, *39*(1), 34–5. https://doi.org/10.1088/0031-9120/39/1/F11

12　Rutherford, E., & Soddy, F. (1902). LXIV. The cause and nature of radioactivity. Part II. *The London, Edinburgh, and Dublin Philosophical Magazine and Journal of Science*, *4*(23), 569–85. https://doi.org/10.1080/14786440209462881

Rutherford, E., & Soddy, F. (1902). XLI. The cause and nature of radioactivity. Part I. *The London, Edinburgh, and Dublin Philosophical Magazine and Journal of Science*, *4*(21), 370–96. https://doi.org/10.1080/14786440209462856

13　Bonani, G., Ivy, S., Wölfli, W., Broshi, M., Carmi, I., & Strugnell, J.(1992). Radiocarbon dating of Fourteen Dead Sea Scrolls. *Radiocarbon*, *34*(03), 843–9. https://doi.org/10.1017/S0033822200064158

Carmi, I. (2000). Radiocarbon dating of the Dead Sea Scrolls. In L. Schiffman, E. Tov, & J. VanderKam (eds.), *The Dead Sea Scrolls: Fifty Years After Their Discovery*. 1947–1997 (p. 881).

Bonani, G., Broshi, M., & Carmi, I. (1991). 14 Radiocarbon dating of the Dead Sea scrolls. *'Atiqot*, Israel Antiquities Authority.

[14] Starr, C., Taggart, R., Evers, C. A., & Starr, L. (2019). *Biology: The Unity and Diversity of Life*, Cengage Learning.

[15] Bonani, G., Ivy, S. D., Hajdas, I., Niklaus, T. R., & Suter, M. (1994). Ams 14C age determinations of tissue, bone and grass samples from the ötztal ice man. *Radiocarbon, 36*(02), 247–250. https://doi.org/10.1017/S0033822200040534

[16] Keisch, B., Feller, R. L., Levine, A. S., & Edwards, R. R. (1967). Dating and authenticating works of art by measurement of natural alpha emitters. *Science, 155*(3767), 1238–42. https://doi.org/10.1126/science.155.3767.1238

[17] Kenna, K. P., van Doormaal, P. T. C., Dekker, A. M., Ticozzi, N., Kenna, B. J., Diekstra, F. P., . . . Landers, J. E. (2016). NEK1 variants confer susceptibility to amyotrophic lateral sclerosis. *Nature Genetics, 48*(9), 1037–42. https://doi.org/10.1038/ng.3626

[18] Vinge, V. (1986). *Marooned in Realtime*. Bluejay Books/ St. Martin's Press.

Vinge, V. (1992). *A Fire Upon The Deep*. Tor Books.

Vinge, V. (1993). The coming technological singularity: how to survive in the post-human era. In *NASA. Lewis Research Center, Vision 21: Interdisciplinary Science and Engineering in The Era of Cyberspace* (pp. 11–22). Retrieved from https://ntrs.nasa.gov/search.jsp?R=19940022856

[19] Kurzweil, R. (1999). *The Age of Spiritual Machines: When Computers Exceed Human Intelligence*. Viking.

[20] Kurzweil, R. (2004). The law of accelerating returns. In *Alan Turing: Life and Legacy of a Great Thinker* (pp. 381–416). Springer Berlin Heidelberg. https://doi.org/10.1007/978-3-662-05642-4_16

[21] Gregory, S. G., Barlow, K. F., McLay, K. E., Kaul, R., Swarbreck, D., Dunham, A., . . . Bentley, D. R. (2006). The DNA sequence and biological annotation of human chromosome 1. *Nature, 441*(7091), 315–21. https://doi.org/10.1038/nature04727

International Human Genome Sequencing Consortium.(2001). Initial sequencing and analysis of the human genome. *Nature, 409*(6822), 860–921. https://doi.org/10.1038/35057062

Pennisi, E. (2001). The human genome. *Science, 291*(5507), 1177–80. https://doi.org/10.1126/SCIENCE.291.5507.1177

[22] Malthus, T. R. (2008). *An Essay on The Principle of Population*. (Ed. R. Thomas and G. Gilbert) Oxford University Press.

[23] McKendrick, A. G., & Pai, M. K. (1912). The rate of multiplication of micro-organisms: a mathematical study. *Proceedings of The Royal Society of*

Edinburgh, 31, 649–53. https://doi.org/10.1017/S0370164600025426

[24]　Davidson, J. (1938). On the ecology of the growth of the sheep population in South Australia. *Trans. Roy. Soc. S. A., 62*(1), 11–148.

Davidson, J. (1938). On the growth of the sheep population in Tasmania. *Trans. Roy. Soc. S. A., 62*(2), 342–6.

[25]　Jeffries, S., Huber, H., Calambokidis, J., & Laake, J. (2003). Trends and status of harbor seals in Washington State: 1978–1999. *The Journal of Wildlife Management, 67*(1), 207. https://doi.org/10.2307/3803076

[26]　Flynn, M. N., & Pereira, W. R. L. S. (2013). Ecotoxicology and environmental contamination. *Ecotoxicology and Environmental Contamination, 8*(1), 75–85.

[27]　Wilson, E. O. (2002). *The Future of Life* (1st ed.). Alfred A. Knopf.

[28]　Raftery, A. E., Alkema, L., & Gerland, P. (2014). Bayesian Population Projections for the United Nations. *Statistical Science: A Review Journal of The Institute of Mathematical Statistics, 29*(1), 58–68. https://doi.org/10.1214/13-STS419

Raftery, A. E., Li, N., Ševčíková, H., Gerland, P., & Heilig, G. K. (2012). Bayesian probabilistic population projections for all countries. *Proceedings of The National Academy of Sciences of The United States of America, 109*(35), 13915–21. https://doi.org/10.1073/pnas.1211452109

United Nations Department of Economic and Social Affairs Population Division. (2017). World population prospects: the 2017 revision, key findings and advance tables, E*SA/P/WP/2.*

[29]　Block, R. A., Zakay, D., & Hancock, P. A. (1999). Developmental changes in human duration judgments: a meta-analytic review. *Developmental Review, 19*(1), 183–211. https://doi.org/10.1006/DREV.1998.0475

[30]　Mangan, P., Bolinskey, P., & Rutherford, A. (1997). Underestimation of time during aging: the result of age-related dopaminergic changes. In *Annual Meeting of The Society for Neuro Science.*

[31]　Craik, F. I. M., & Hay, J. F. (1999). Aging and judgments of duration: Effects of task complexity and method of estimation. *Perception & Psychophysics, 61*(3), 549–60. https://doi.org/10.3758/BF03211972

[32]　Church, R. M. (1984). Properties of the Internal Clock. *Annals of The New York Academy of Sciences, 423*(1), 566–82. https://doi.org/10.1111/j.1749-6632.1984.tb23459.x

Craik, F. I. M., & Hay, J. F. (1999). Aging and judgments of duration: effects of task complexity and method of estimation. *Perception & Psychophysics, 61*(3), 549–60. https://doi.org/10.3758/BF03211972

Gibbon, J., Church, R. M., & Meck, W. H. (1984). Scalar timing in memory. *Annals of The New York Academy of Sciences, 423*(1 Timing and Ti), 52–77.

https://doi.org/10.1111/j.1749-6632.1984.tb23417.x

[33] Pennisi, E. (2001). The human genome. *Science, 291*(5507), 1177–80. https://doi.org/10.1126/SCIENCE.291.5507.1177

[34] Stetson, C., Fiesta, M. P., & Eagleman, D. M. (2007). Does time really slow down during a frightening event? *PLoS ONE, 2*(12), e1295. https://doi.org/10.1371/journal.pone.0001295

第 2 章

[35] Farrer, L. A., Cupples, L. A., Haines, J. L., Hyman, B., Kukull, W. A., Mayeux, R., . . . Duijn, C. M. van. (1997). Effects of age, sex, and ethnicity on the association between apolipoprotein E genotype and Alzheimer disease. *JAMA, 278*(16), 1349. https://doi.org/10.1001/jama.1997.03550160069041

Gaugler, J., James, B., Johnson, T., Scholz, K., & Weuve, J. (2016). 2016 Alzheimer's disease facts and figures. *Alzheimer's & Dementia, 12*(4), 459–509. https://doi.org/10.1016/J.JALZ.2016.03.001

Genin, E., Hannequin, D., Wallon, D., Sleegers, K., Hiltunen, M., Combarros, O., . . . Campion, D. (2011). APOE and Alzheimer disease: a major gene with semi-dominant inheritance. *Molecular Psychiatry, 16*(9), 903–7. https://doi.org/10.1038/mp.2011.52

Jewell, N. P. (2004). *Statistics for Epidemiology*. Chapman & Hall/CRC.

Macpherson, M., Naughton, B., Hsu, A. and Mountain, J. (2007). *Estimating Genotype-Specific Incidence for One or Several Loci*, 23andMe.

Risch, N. (1990). Linkage strategies for genetically complex traits. I. Multilocus models. *American Journal of Human Genetics, 46*(2), 222–8.

[36] Kalf, R. R. J., Mihaescu, R., Kundu, S., de Knijff, P., Green, R. C., & Janssens, A. C. J. W. (2014). Variations in predicted risks in personal genome testing for common complex diseases. *Genetics in Medicine, 16*(1), 85–91. https://doi.org/10.1038/gim.2013.80

[37] Quetelet, L. A. J. (1994). A treatise on man and the development of his faculties. *Obesity Research, 2*(1), 72–85. https://doi.org/10.1002/j.1550-8528.1994.tb00047.x

[38] Keys, A., Fidanza, F., Karvonen, M. J., Kimura, N., & Taylor, H. L. (1972). Indices of relative weight and obesity. *Journal of Chronic Diseases, 25*(6–7), 329–43. https://doi.org/10.1016/0021-9681(72)90027-6

[39] Tomiyama, A. J., Hunger, J. M., Nguyen-Cuu, J., & Wells, C. (2016). Misclassification of cardiometabolic health when using body mass index categories in NHANES 2005–2012. *International Journal of Obesity, 40*(5),

883–6. https://doi.org/10.1038/ijo.2016.17

[40] McCrea, R. L., Berger, Y. G., & King, M. B. (2012). Body mass index and common mental disorders: exploring the shape of the association and its moderation by age, gender and education. *International Journal of Obesity*, *36*(3), 414–21. https://doi.org/10.1038/ijo.2011.65

[41] Sendelbach, S., & Funk, M. (2013). Alarm fatigue: a patient safety concern. *AACN Advanced Critical Care*, *24*(4), 378–86; quiz 387-8. https://doi.org/10.1097/NCI.0b013e3182a903f9

Lawless, S. T. (1994). Crying wolf: false alarms in a pediatric intensive care unit. *Critical Care Medicine*, *22*(6), 981–85.

[42] Mäkivirta, A., Koski, E., Kari, A., & Sukuvaara, T. (1991). The median filter as a preprocessor for a patient monitor limit alarm system in intensive care. *Computer Methods and Programs in Biomedicine*, *34*(2–3), 139–44. https://doi.org/10.1016/0169-2607(91)90039-V

[43] Imhoff, M., Kuhls, S., Gather, U., & Fried, R. (2009). Smart alarms from medical devices in the OR and ICU. *Best Practice & Research Clinical Anaesthesiology*, *23*(1), 39–50. https://doi.org/10.1016/J.BPA.2008.07.008

[44] Hofvind, S., Geller, B. M., Skelly, J., & Vacek, P. M. (2012). Sensitivity and specificity of mammographic screening as practised in Vermont and Norway. *The British Journal of Radiology*, *85*(1020), e1226–32. https://doi.org/10.1259/bjr/15168178

[45] Gigerenzer, G., Gaissmaier, W., Kurz-Milcke, E., Schwartz, L. M., & Woloshin, S. (2007). Helping doctors and patients make sense of health statistics. *Psychological Science in The Public Interest*, *8*(2), 53–96. https://doi.org/10.1111/j.1539-6053.2008.00033.x

[46] Gray, J. A. M., Patnick, J., & Blanks, R. G. (2008). Maximising benefit and minimising harm of screening. *BMJ (Clinical Research Ed.)*, *336*(7642), 480–83. https://doi.org/10.1136/bmj.39470.643218.94

[47] Gigerenzer, G., Gaissmaier, W., Kurz-Milcke, E., Schwartz, L. M., & Woloshin, S. (2007). Helping doctors and patients make sense of health statistics. *Psychological Science in The Public Interest*, *8*(2), 53–96. https://doi.org/10.1111/j.1539-6053.2008.00033.x

[48] Cornett, J. K., & Kirn, T. J. (2013). Laboratory diagnosis of HIV in adults: a review of current methods. *Clinical Infectious Diseases*, *57*(5), 712–18. https://doi.org/10.1093/cid/cit281

[49] Bougard, D., Brandel, J.-P., Bélondrade, M., Béringue, V., Segarra, C., Fleury, H., . . . Coste, J. (2016). Detection of prions in the plasma of presymptomatic and symptomatic patients with variant Creutzfeldt-Jakob disease. *Science*

Translational Medicine, 8(370), 370ra182. https://doi.org/10.1126/scitranslmed.
aag1257

50　Sigel, C. S., & Grenache, D. G. (2007). Detection of unexpected isoforms of human chorionic gonadotropin by qualitative tests. *Clinical Chemistry, 53*(5), 989–90. https://doi.org/10.1373/clinchem.2007.085399

51　Daniilidis, A., Pantelis, A., Makris, V., Balaouras, D., & Vrachnis, N. (2014). A unique case of ruptured ectopic pregnancy in a patient with negative pregnancy test – a case report and brief review of the literature. *Hippokratia, 18*(3), 282–84.

第 3 章

52　Schneps, L., & Colmez, C. (2013). *Math on trial: how numbers get used and abused in The courtroom*, Basic Books (New York).

53　Jean Mawhin. (2005). Henri Poincaré.A life in the service of science. *Notices of The American Mathematical Society, 52*(9), 1036–44.

54　Ramseyer, J. M., & Rasmusen, E. B. (2001). Why is the Japanese conviction rate so high? *The Journal of Legal Studies, 30*(1), 53–88. https://doi.org/10.1086/468111

55　Meadow, R. (Ed.) (1989). *ABC of Child Abuse* (First edition). British Medical Journal Publishing Group.

56　Brugha, T., Cooper, S., McManus, S., Purdon, S., Smith, J., Scott, F., . . . Tyrer, F. (2012). *Estimating The Prevalence of Autism Spectrum Conditions in Adults – Extending The 2007 Adult Psychiatric Morbidity Survey – NHS Digital.*

57　Ehlers, S., & Gillberg, C. (1993). The Epidemiology of Asperger Syndrome. *Journal of Child Psychology and Psychiatry, 34*(8), 1327–50. https://doi.org/10.1111/j.1469-7610.1993.tb02094.x

58　Fleming, P. J., Blair, P. S. P., Bacon, C., & Berry, P. J. (2000). *Sudden unexpected deaths in infancy: The CESDI SUDI studies 1993–1996*. The Stationery Office.
Leach, C. E. A., Blair, P. S., Fleming, P. J., Smith, I. J., Platt, M. W., Berry, P. J., . . . Group, the C. S. R. (1999). Epidemiology of SIDS and explained sudden infant deaths. *Pediatrics, 104*(4), e43.

59　Summers, A. M., Summers, C. W., Drucker, D. B., Hajeer, A. H., Barson, A., & Hutchinson, I. V. (2000). Association of IL-10 genotype with sudden infant death syndrome. *Human Immunology, 61*(12), 1270–73. https://doi.org/10.1016/S0198-8859(00)00183-X

60　Brownstein, C. A., Poduri, A., Goldstein, R. D., & Holm, I. A. (2018). The genetics of Sudden Infant Death Syndrome. In *SIDS: Sudden Infant and Early*

Childhood Death: The Past, The Present and The Future.

Dashash, M., Pravica, V., Hutchinson, I. V., Barson, A. J., & Drucker, D. B. (2006). Association of Sudden Infant Death Syndrome with VEGF and IL-6 Gene polymorphisms. *Human Immunology*, *67*(8), 627–33. https://doi.org/10.1016/J.HUMIMM.2006.05.002

[61] Ma, Y. Z. (2015). Simpson's paradox in GDP and per capita GDP growths. *Empirical Economics*, *49*(4), 1301–15. https://doi.org/10.1007/s00181-015-0921-3

[62] Nurmi, H. (1998). Voting paradoxes and referenda. *Social Choice and Welfare*, *15*(3), 333–50. https://doi.org/10.1007/s003550050109

[63] Abramson, N. S., Kelsey, S. F., Safar, P., & Sutton-Tyrrell, K. (1992). Simpson's paradox and clinical trials: What you find is not necessarily what you prove. *Annals of Emergency Medicine*, *21*(12), 1480–82. https://doi.org/10.1016/S0196-0644(05)80066-6

[64] Yerushalmy, J. (1971). The relationship of parents' cigarette smoking to outcome of pregnancy – implications as to the problem of inferring causation from observed associations. *American Journal of Epidemiology*, *93*(6), 443–56. https://doi.org/10.1093/oxfordjournals.aje.a121278

[65] Wilcox, A. J. (2001). On the importance – and the unimportance – of birthweight. *International Journal of Epidemiology*, *30*(6), 1233–41. https://doi.org/10.1093/ije/30.6.1233

[66] Dawid, A. P. (2005). Bayes's theorem and weighing evidence by juries. In Richard Swinburne (ed.), *Bayes's Theorem*. British Academy. https://doi.org/10.5871/bacad/9780197263419.003.0004

Hill, R. (2004). Multiple sudden infant deaths – coincidence or beyond coincidence? *Paediatric and Perinatal Epidemiology*, *18*(5), 320–26. https://doi.org/10.1111/j.1365-3016.2004.00560.x

[67] Schneps, L., & Colmez, C. (2013). *Math on Trial: How Numbers Get Used and Abused in The Courtroom.*

[68] Jepson, R. G., Williams, G., & Craig, J. C. (2012). Cranberries for preventing urinary tract infections. *Cochrane Database of Systematic Reviews*, (10). https://doi.org/10.1002/14651858.CD001321.pub5

[69] Hemilä, H., Chalker, E., & Douglas, B. (2007). Vitamin C for preventing and treating the common cold. *Cochrane Database of Systematic Reviews*, (3). https://doi.org/10.1002/14651858.CD000980.pub3

第 4 章

[70] American Society of News Editors. (2019). ASNE Statement of Principles. Retrieved March 16, 2019, from https://www.asne.org/content. asp?pl=24&sl=171&contentid=171

International Federation of Journalists. (2019). Principles on Conduct of Journalism – IFJ. Retrieved March 16, 2019, from https://www.ifj.org/who/ rules-and-policy/principles-on-conduct-of-journalism.html

Associated Press Media Editors. (2019). Statement of Ethical Principles – APME. Retrieved March 16, 2019, from https://www.apme.com/page/EthicsStatement? &hhsearchterms=%22ethics%22

Society of Professional Journalists. (2019). SPJ Code of Ethics. Retrieved March 16, 2019, from https://www.spj.org/ethicscode.asp

[71] Troyer, K., Gilboy, T., & Koeneman, B. (2001). A nine STR locus match between two apparently unrelated individuals using AmpFlSTR® Profiler Plus and Cofiler. In *Genetic Identity Conference Proceedings, 12th International Symposium on Human Identification*. Retrieved from https://www.promega. com/~/media/files/resources/conference%20proceedings/ishi%2012/poster%20 abstracts/troyer.pdf

[72] Curran, J. (2010). Are DNA profiles as rare as we think? Or can we trust DNA statistics? *Significance*, *7*(2), 62–6. https://doi.org/10.1111/j.1740-9713.2010.00420.x

[73] Ramirez, E., Brill, J., Ohlhausen, M. K., Wright, J. D., Terrell, M., & Clark, D. S. (2014). In the matter of L'Oréal USA, Inc., a corporation. Docket No. C. Retrieved from https://www.ftc.gov/system/files/documents/ cases/140627lorealcmpt.pdf

[74] Squire, P. (1988). Why the 1936 *Literary Digest* poll failed. *Public Opinion Quarterly*, *52*(1), 125. https://doi.org/10.1086/269085

[75] Simon, J. L. (2003). *The Art of Empirical Investigation*. Transaction Publishers.

[76] Literary Digest. (1936). Landon, 1,293,669; Roosevelt, 972,897: Final Returns in 'The Digest's' Poll of Ten Million Voters. *Literary Digest*, *122*, 5–6.

[77] Cantril, H. (1937). How accurate were the polls? *Public Opinion Quarterly*, *1*(1), 97. https://doi.org/10.1086/265040

Lusinchi, D. (2012). 'President' Landon and the 1936 Literary Digest poll. *Social Science History*, *36*(01), 23–54. https://doi.org/10.1017/S014555320001035X

[78] Squire, P. (1988). Why the 1936 *Literary Digest* poll failed. *Public Opinion Quarterly*, *52*(1), 125. https://doi.org/10.1086/269085

[79] 'Rod Liddle said, "Do the math". So I did.' Blog post from polarizingthevacuum, 8

September 2016. Retrieved 21 March, 2019, from https://polarizingthevacuum. wordpress.com/2016/09/08/rod-liddle-said- do-the-math-so-i-did/#comments

[80] Federal Bureau of Investigation. (2015). *Crime in The United States: FBI — Expanded Homicide Data Table 6*. Retrieved from https://ucr.fbi.gov/crime-in-the-u.s/2015/crime-in-the-u.s.-2015/tables/expanded_homicide_data_table_6_ murder_race_and_sex_of_vicitm_by_race_and_sex_of_offender_2015.xls

[81] U.S. Census Bureau. (2015). *American FactFinder – Results*. Retrieved from https://factfinder.census.gov/bkmk/table/1.0/en/ACS/15_5YR/ DP05/0100000US

[82] Swaine, J., Laughland, O., Lartey, J., & McCarthy, C. (2016). The counted: people killed by police in the US. Retrieved from https://www. theguardian.com/us-news/series/counted-us-police-killings

[83] Tran, M. (2015, October 8). FBI chief: 'unacceptable' that *Guardian* has better data on police violence. *The Guardian*. Retrieved from https://www.theguardian. com/us-news/2015/oct/08/fbi-chief-says-ridiculous-guardian-washington-post-better-information-police-shootings

[84] Federal Bureau of Investigation. (2015). Crime in the United States: Full-time Law Enforcement Employees. Retrieved from https://ucr.fbi.gov/crime-in-the-u. s/2015/crime-in-the-u.s.-2015/tables/table-74

[85] World Cancer Research Fund, & American Institute for Cancer Research. (2007). Second Expert Report | World Cancer Research Fund International. http:// discovery.ucl.ac.uk/4841/1/4841.pdf

[86] Newton-Cheh, C., Larson, M. G., Vasan, R. S., Levy, D., Bloch, K. D., Surti, A., . . . Wang, T. J. (2009). Association of common variants in NPPA and NPPB with circulating natriuretic peptides and blood pressure. *Nature Genetics*, *41*(3), 348–53. https://doi.org/10.1038/ng.328

[87] Garcia-Retamero, R., & Galesic, M. (2010). How to reduce the effect of framing on messages about health. *Journal of General Internal Medicine*, *25*(12), 1323–29. https://doi.org/10.1007/s11606-010-1484-9

[88] Sedrakyan, A., & Shih, C. (2007). Improving depiction of benefits and harms. *Medical Care*, *45*(10 Suppl 2), S23–S28. https://doi.org/10.1097/ MLR.0b013e3180642f69

[89] Fisher, B., Costantino, J. P., Wickerham, D. L., Redmond, C. K., Kavanah, M., Cronin, W. M., . . . Wolmark, N. (1998). Tamoxifen for prevention of breast cancer: report of the National Surgical Adjuvant Breast and Bowel Project P-1 Study. *JNCI: Journal of The National Cancer Institute*, *90*(18), 1371–88. https://doi.org/10.1093/jnci/90.18.1371

[90] Passerini, G. and Macchi, L. and Bagassi, M. (2012). A methodological approach

to ratio bias. *Judgment and Decision Making, 7*(5).

[91] Denes-Raj, V., & Epstein, S. (1994). Conflict between intuitive and rational processing: When people behave against their better judgment. *Journal of Personality and Social Psychology, 66*(5), 819–29. https://doi.org/10.1037/0022-3514.66.5.819

[92] Faigel, H. C. (1991). The effect of beta blockade on stress-induced cognitive dysfunction in adolescents. *Clinical Pediatrics, 30*(7), 441–5. https://doi.org/10.1177/000992289103000706

[93] Hróbjartsson, A., & Gøtzsche, P. C. (2010). Placebo interventions for all clinical conditions. *Cochrane Database of Systematic Reviews*, (1). https://doi.org/10.1002/14651858.CD003974.pub3

[94] Lott, J. R. (2000). *More Guns, Less Crime: Understanding Crime and Gun Control Laws* (2nd edn). University of Chicago Press.

Lott, Jr., J. R., & Mustard, D. B. (1997). Crime, deterrence, and right-to-carry concealed handguns. *The Journal of Legal Studies, 26*(1), 1–68. https://doi.org/10.1086/467988

Plassmann, F., & Tideman, T. N. (2001). Does the right to carry concealed handguns deter countable crimes? Only a count analysis can say. *The Journal of Law and Economics, 44*(S2), 771–98. https://doi.org/10.1086/323311

Bartley, W. A., & Cohen, M. A. (1998). The effect of concealed weapons laws: an extreme bound analysis. *Economic Inquiry, 36*(2), 258–65. https://doi.org/10.1111/j.1465-7295.1998.tb01711.x

Moody, C. E. (2001). Testing for the effects of concealed weapons laws: specification errors and robustness. *The Journal of Law and Economics, 44*(S2), 799–813. https://doi.org/10.1086/323313

[95] Levitt, S. D. (2004). Understanding why crime fell in the 1990s: four factors that explain the decline and six that do not. *Journal of Economic Perspectives, 18*(1), 163–90. https://doi.org/10.1257/089533004773563485

[96] Grambsch, P. (2008). Regression to the mean, murder rates, and shall-issue laws. *The American Statistician, 62*(4), 289–95. https://doi.org/10.1198/000313008X362446

第 5 章

[97] Weber-Wulff, D. (1992). Rounding error changes parliament makeup. *The Risks Digest, 13*(37).

[98] McCullough, B. D., & Vinod, H. D. (1999). The numerical reliability of econometric software. *Journal of Economic Literature, 37*(2), 633–65. https://

doi.org/10.1257/jel.37.2.633

99　嚴格來說，美國習慣使用的單位還是與英制單位略有不同。但就這本書想說明的重點而言，這些差異並不重要，所以我們還是都稱為英制。

100　Wolpe, H. (1992). *Patriot missile defense: software problem led to system failure at Dhahran, Saudi Arabia*, United States General Accounting Office, Washington D.C. Retrieved from https://www.gao.gov/products/IMTEC-92-26

第 6 章

101　Jaffe, A. M. (2006).The millennium grand challenge in mathematics. *Notices of The AMS* 53.6.

102　Perelman, G. (2002). The entropy formula for the Ricci flow and its geometric applications. Retrieved from http://arxiv.org/abs/math/0211159

Perelman, G. (2003). Finite extinction time for the solutions to the Ricci flow on certain three-manifolds. Retrieved from http://arxiv.org/abs/math/0307245

Perelman, G. (2003). Ricci flow with surgery on three-manifolds. Retrieved from http://arxiv.org/abs/math/0303109

103　Cook, W. J. (2012). *In Pursuit of The Traveling Salesman: Mathematics at The Limits of Computation*. Princeton University Press.

104　Dijkstra, E. W. (1959). A note on two problems in connexion with graphs. *Numerische Mathematik, 1*(1), 269–71.

105　歐拉數起源於十七世紀，提出這項概念的是瑞士數學家雅各‧白努利（Jacob Bernoulli），當時他正在研究複利問題。（第 7 章曾談到一位數學生物學家丹尼爾‧白努利在流行病學上的成就，而雅各就是丹尼爾的伯伯。）我們曾在第 1 章談過複利的概念，也就是會把利息加回本金，以利滾利。雅各‧白努利想知道計息頻率會如何影響每年利息的總額。

　　為了計算簡單，假設我們在新年元旦將 1 英鎊存進銀行，年利率 100%。每經過固定期間，銀行就會將利息撥入帳戶，並轉為下一期的本金。在這個條件下，如果銀行決定一年計息一次，利息會有多少？到了年底，我們會收到 1 英鎊的利息，但已經沒有時間再以利滾利，所以最後結果就是 2 英鎊。但如果改成每六個月計息一次，在年中就會以 50% 的年利率計息一次，於是帳戶裡共有 1.5 英鎊。等到年底會再重複一次這個過程，於是帳戶裡的 1.5 英鎊再以 50% 的年利率計息一次，總額來到 2.25 英鎊。

　　計算複利的頻率愈高，帳戶到年底的總額就會愈高。舉例來說，如果是每季計息、共 4 次，最後將會有 2.44 英鎊；每月計息、共 12 次，最後將會有 2.61 英鎊。白努利指出，如果以持續複利計算（也就是讓計息期數頻率幾乎無窮高，但除以期數後的利率幾乎無窮低），年底帳戶能得到的最高值是 2.72 英鎊，也就是剛好有歐拉數「*e*」這麼多。

106　Ferguson, T. S. (1989). Who solved the secretary problem? *Statistical Science, 4*(3), 282–89. https://doi.org/10.1214/ss/1177012493

　　　Gilbert, J. P., & Mosteller, F. (1966). Recognizing the maximum of a sequence. *Journal of The American Statistical Association, 61*(313), 35. https://doi.org/10.2307/2283044

第 7 章

107　Fiebelkorn, A. P., Redd, S. B., Gastañaduy, P. A., Clemmons, N., Rota, P. A., Rota, J. S., . . . Wallace, G. S. (2017). A comparison of postelimination measles epidemiology in the United States, 2009–2014 versus 2001–2008. *Journal of The Pediatric Infectious Diseases Society, 6*(1), 40–48. https://doi.org/10.1093/jpids/piv080

108　Jenner, E. (1798). *An inquiry into The causes and effects of The variolae vaccinae, a disease discovered in some of The western counties of England, particularly Gloucestershire, and known by The name of The cow pox.* (Ed.S. Low).

109　Booth, J. (1977). A short history of blood pressure measurement. *Proceedings of The Royal Society of Medicine, 70*(11), 793–9.

110　Bernoulli, D., & Blower, S. (2004). An attempt at a new analysis of the mortality caused by smallpox and of the advantages of inoculation to prevent it. *Reviews in Medical Virology, 14*(5), 275–88. https://doi.org/10.1002/rmv.443

111　Hays, J. N. (2005). *Epidemics and Pandemics: Their Impacts on Human History.* ABC-CLIO.

　　　Watts, S. (1999). British development policies and malaria in India 1897–c.1929. *Past & Present, 165*(1), 141–81. https://doi.org/10.1093/past/165.1.141

　　　Harrison, M. (1998). 'Hot beds of disease': malaria and civilization in nineteenth-century British India. *Parassitologia, 40*(1–2), 11–18. Retrieved from http://www.ncbi.nlm.nih.gov/pubmed/9653727

　　　Mushtaq, M. U. (2009). Public health in British India: a brief account of the history of medical services and disease prevention in colonial India. *Indian Journal of Community Medicine: Official Publication of Indian Association of Preventive & Social Medicine, 34*(1), 6–14. https://doi.org/10.4103/0970-0218.45369

112　Simpson, W. J. (2010). *A Treatise on Plague Dealing with The Historical, Epidemiological, Clinical, Therapeutic and Preventive Aspects of The Disease.* Cambridge University Press. https://doi.org/10.1017/CBO9780511710773

113　Kermack, W. O., & McKendrick, A. G. (1927). A contribution to the mathematical theory of epidemics. *Proceedings of The Royal Society A: Mathematical, Physical and Engineering Sciences, 115*(772), 700–721. https://doi.org/10.1098/

rspa.1927.0118

[114] Hall, A. J., Wikswo, M. E., Pringle, K., Gould, L. H., Parashar, U. D. (2014). Vital signs: food-borne norovirus outbreaks – United States, 2009–2012. *MMWR. Morbidity and Mortality Weekly Report*, *63*(22), 491–5.

[115] Murray, J. D. (2002). *Mathematical Biology I: An Introduction.* Springer.

[116] Bosch, F. X., Manos, M. M., Muñoz, N., Sherman, M., Jansen, A. M., Peto, J., . . . Shah, K. V. (1995). Prevalence of human papillomavirus in cervical cancer: a worldwide perspective. International Biological Study on Cervical Cancer (IBSCC) Study Group. *Journal of The National Cancer Institute*, *87*(11), 796–802.

[117] Gavillon, N., Vervaet, H., Derniaux, E., Terrosi, P., Graesslin, O., & Quereux, C. (2010). Papillomavirus humain (HPV): comment ai-je attrapé ça ? *Gynécologie Obstétrique & Fertilité*, *38*(3), 199–204. https://doi.org/10.1016/ J.GYOBFE.2010.01.003

[118] Jit, M., Choi, Y. H., & Edmunds, W. J. (2008). Economic evaluation of human papillomavirus vaccination in the United Kingdom. *BMJ (Clinical Research Ed.)*, *337*, a769. https://doi.org/10.1136/bmj.a769

[119] Zechmeister, I., Blasio, B. F. de, Garnett, G., Neilson, A. R., & Siebert, U. (2009). Cost-effectiveness analysis of human papillomavirus-vaccination programs to prevent cervical cancer in Austria. *Vaccine*, *27*(37), 5133–41. https://doi. org/10.1016/J.VACCINE.2009.06.039

[120] Kohli, M., Ferko, N., Martin, A., Franco, E. L., Jenkins, D., Gallivan, S., . . . Drummond, M. (2007). Estimating the long-term impact of a prophylactic human papillomavirus 16/18 vaccine on the burden of cervical cancer in the UK. *British Journal of Cancer*, *96*(1), 143–50. https://doi.org/10.1038/ sj.bjc.6603501

Kulasingam, S. L., Benard, S., Barnabas, R. V, Largeron, N., & Myers, E. R. (2008). Adding a quadrivalent human papillomavirus vaccine to the UK cervical cancer screening programme: a cost-effectiveness analysis. *Cost Effectiveness and Resource Allocation*, *6*(1), 4. https://doi.org/10.1186/1478-7547-6-4

Dasbach, E., Insinga, R., & Elbasha, E. (2008). The epidemiological and economic impact of a quadrivalent human papillomavirus vaccine (6/11/16/18) in the UK. *BJOG: An International Journal of Obstetrics & Gynaecology*, *115*(8), 947–56. https://doi.org/10.1111/j.1471-0528.2008.01743.x

[121] Hibbitts, S. (2009). Should boys receive the human papillomavirus vaccine? Yes. *BMJ*, *339*, b4928. https://doi.org/10.1136/BMJ.B4928

Parkin, D. M., & Bray, F. (2006). Chapter 2: The burden of HPV- related cancers. *Vaccine*, *24*, S11–S25. https://doi.org/10.1016/J.VACCINE.2006.05.111

Watson, M., Saraiya, M., Ahmed, F., Cardinez, C. J., Reichman, M. E., Weir, H. K., & Richards, T. B. (2008). Using population-based cancer registry data to assess the burden of human papillomavirus-associated cancers in the United States: Overview of methods. *Cancer*, *113*(S10), 2841–54. https://doi.org/10.1002/cncr.23758

[122] Hibbitts, S. (2009). Should boys receive the human papillomavirus vaccine? Yes. *BMJ*, *339*, b4928. https://doi.org/10.1136/BMJ.B4928

ICO/IARC Information Centre on HPV and Cancer.(2018).United Kingdom Human Papillomavirus and Related Cancers, Fact Sheet 2018.

Watson, M., Saraiya, M., Ahmed, F., Cardinez, C. J., Reichman, M. E., Weir, H. K., & Richards, T. B. (2008). Using population-based cancer registry data to assess the burden of human papillomavirus-associated cancers in the United States: Overview of methods. *Cancer*, *113*(S10), 2841–2854. https://doi.org/10.1002/cncr.23758

[123] Yanofsky, V. R., Patel, R. V, & Goldenberg, G. (2012). Genital warts: a comprehensive review. *The Journal of Clinical and Aesthetic Dermatology*, *5*(6), 25–36.

[124] Hu, D., & Goldie, S. (2008). The economic burden of noncervical human papillomavirus disease in the United States. *American Journal of Obstetrics and Gynecology*, *198*(5), 500.e1–500.e7. https://doi.org/10.1016/J.AJOG.2008.03.064

[125] Gómez-Gardeñes, J., Latora, V., Moreno, Y., & Profumo, E. (2008). Spreading of sexually transmitted diseases in heterosexual populations. *Proceedings of The National Academy of Sciences of The United States of America*, *105*(5), 1399–404. https://doi.org/10.1073/pnas.0707332105

[126] Blas, M. M., Brown, B., Menacho, L., Alva, I. E., Silva-Santisteban, A., & Carcamo, C. (2015). HPV Prevalence in multiple anatomical sites among men who have sex with men in Peru. *PLOS ONE*, *10*(10), e0139524. https://doi.org/10.1371/journal.pone.0139524

McQuillan, G., Kruszon-Moran, D., Markowitz, L. E., Unger, E. R., & Paulose-Ram, R. (2017). Prevalence of HPV in Adults aged 18–69: United States, 2011–2014. *NCHS Data Brief*, (280), 1–8. Retrieved from http://www.ncbi.nlm.nih.gov/pubmed/28463105

[127] D'Souza, G., Wiley, D. J., Li, X., Chmiel, J. S., Margolick, J. B., Cranston, R. D., & Jacobson, L. P. (2008). Incidence and epidemiology of anal cancer in the multicenter AIDS cohort study. *Journal of Acquired Immune Deficiency Syndromes (1999)*, *48*(4), 491–99. https://doi.org/10.1097/QAI.0b013e31817aebfe

Johnson, L. G., Madeleine, M. M., Newcomer, L. M., Schwartz, S. M., & Daling, J. R. (2004). Anal cancer incidence and survival: the surveillance, epidemiology, and end results experience, 1973–2000. *Cancer, 101*(2), 281–8. https://doi. org/10.1002/cncr.20364

Qualters, J. R., Lee, N. C., Smith, R. A., & Aubert, R. E. (1987). Breast and cervical cancer surveillance, United States, 1973–1987. *Morbidity and Mortality Weekly Report: Surveillance Summaries.* Centers for Disease Control & Prevention (CDC).

U.S. Cancer Statistics Working Group.U.S. Cancer Statistics Data Visualizations Tool, based on November 2017 submission data (1999–2015): U.S. Department of Health and Human Services, Centers for Disease Control and Prevention and National Cancer Institute; www.cdc.gov/cancer/dataviz, June 2018.

Noone, A. M., Howlader, N., Krapcho, M., Miller, D., Brest, A., Yu, M., Ruhl, J., Tatalovich, Z., Mariotto, A., Lewis, D. R., Chen, H. S., Feuer, E. J., Cronin, K. A. (eds). SEER Cancer Statistics Review, 1975–2015, National Cancer Institute. Bethesda, MD, https://seer.cancer.gov/csr/1975_2015/, External based on November 2017 SEER data submission, posted to the SEER website, April 2018.

Chin-Hong, P. V., Vittinghoff, E., Cranston, R. D., Buchbinder, S., Cohen, D., Colfax, G., . . . Palefsky, J. M. (2004). Age-specific prevalence of anal human papillomavirus infection in HIV-negative sexually active men who have sex with men: The EXPLORE Study. *The Journal of Infectious Diseases, 190*(12), 2070–76. https://doi.org/10.1086/425906

[128] Brisson, M., Bénard, É., Drolet, M., Bogaards, J. A., Baussano, I., Vänskä, S., . . . Walsh, C. (2016). Population-level impact, herd immunity, and elimination after human papillomavirus vaccination: a systematic review and meta-analysis of predictions from transmission-dynamic models. *Lancet. Public Health, 1*(1), e8–e17. https://doi.org/10.1016/S2468- 2667(16)30001-9

Keeling, M. J., Broadfoot, K. A., & Datta, S. (2017). The impact of current infection levels on the cost-benefit of vaccination. *Epidemics, 21*, 56–62. https://doi.org/10.1016/J.EPIDEM.2017.06.004

Joint Committee on Vaccination and Immunisation. (2018). Statement on HPV vaccination. Retrieved from https://www.gov.uk/government/publications/jcvi-statement-extending-the-hpv-vaccination-programme-conclusions

Joint Committee on Vaccination and Immunisation. (2018). Interim statement on extending the HPV vaccination programme. Retrieved March 7, 2019, from https://www.gov.uk/government/publications/jcvi-statement-extending-the-hpv-vaccination-programme

[129] Mabey, D., Flasche, S., & Edmunds, W. J. (2014). Airport screening for Ebola. *BMJ (Clinical Research Ed.)*, 349, g6202. https://doi.org/10.1136/bmj. g6202

[130] Castillo-Chavez, C., Castillo-Garsow, C. W., & Yakubu, A.-A. (2003). Mathematical Models of Isolation and Quarantine. *JAMA: The Journal of The American Medical Association*, 290(21), 2876–77. https://doi.org/10.1001/jama.290.21.2876

[131] Day, T., Park, A., Madras, N., Gumel, A., & Wu, J. (2006). When is quarantine a useful control strategy for emerging infectious diseases? *American Journal of Epidemiology*, 163(5), 479–85. https://doi.org/10.1093/aje/kwj056

Peak, C. M., Childs, L. M., Grad, Y. H., & Buckee, C. O. (2017). Comparing nonpharmaceutical interventions for containing emerging epidemics. *Proceedings of The National Academy of Sciences of The United States of America*, 114(15), 4023–8. https://doi.org/10.1073/pnas.1616438114

[132] Agusto, F. B., Teboh-Ewungkem, M. I., & Gumel, A. B. (2015). Mathematical assessment of the effect of traditional beliefs and customs on the transmission dynamics of the 2014 Ebola outbreaks. *BMC Medicine*, 13(1), 96. https://doi.org/10.1186/s12916-015-0318-3

[133] Majumder, M. S., Cohn, E. L., Mekaru, S. R., Huston, J. E., & Brownstein, J. S. (2015). Substandard vaccination compliance and the 2015 measles outbreak. *JAMA Pediatrics*, 169(5), 494. https://doi.org/10.1001/jamapediatrics.2015.0384

[134] Wakefield, A., Murch, S., Anthony, A., Linnell, J., Casson, D., Malik, M., . . . Walker-Smith, J. (1998). RETRACTED: Ileal-lymphoid-nodular hyperplasia, non-specific colitis, and pervasive developmental disorder in children. *Lancet*, 351(9103), 637–41. https://doi.org/10.1016/S0140-6736(97)11096-0

[135] World Health Organisation: strategic advisory group of experts on immunization. (2018). *SAGE DoV GVAP Assessment report 2018. WHO.* World Health Organization. Retrieved from https://www.who.Int/immunization/global_vaccine_action_plan/sage_assessment_reports/en/

科學文化 196

攸關貧富與生死的數學
The Maths of Life and Death: Why Maths Is (Almost) Everything

原　　著 —— 葉茲（Kit Yates）
譯　　者 —— 林俊宏
科學叢書顧問 —— 林和（總策畫）、牟中原、李國偉、周成功

總 編 輯 —— 吳佩穎
編輯顧問 —— 林榮崧
責任編輯 —— 吳育燐
美術設計暨封面設計 —— 葉佳怡

出 版 者 —— 遠見天下文化出版股份有限公司
創 辦 人 —— 高希均、王力行
遠見・天下文化・事業群　董事長 —— 高希均
事業群發行人／CEO —— 王力行
天下文化社長 —— 林天來
天下文化總經理 —— 林芳燕
國際事務開發部兼版權中心總監 —— 潘欣
法律顧問 —— 理律法律事務所陳長文律師
著作權顧問 —— 魏啟翔律師
社　　址 —— 台北市 104 松江路 93 巷 1 號 2 樓
讀者服務專線 —— 02-2662-0012　傳真 —— 02-2662-0007；02-2662-0009
電子信箱 —— cwpc@cwgv.com.tw
直接郵撥帳號 —— 1326703-6 號　遠見天下文化出版股份有限公司

電腦排版 —— 蕭伊寂
製 版 廠 —— 東豪印刷事業有限公司
印 刷 廠 —— 祥峰印刷事業有限公司
裝 訂 廠 —— 中原造像股份有限公司
登 記 證 —— 局版台業字第 2517 號
總 經 銷 —— 大和書報圖書股份有限公司　電話 —— 02-8990-2588
出版日期 —— 2020 年 08 月 26 日第一版第 1 次印行

國家圖書館出版品預行編目 (CIP) 資料

攸關貧富與生死的數學 / 葉茲 (Kit Yates) 原著；
　林俊宏譯 . -- 第一版 . -- 臺北市 : 遠見天下文
　化 , 2020.08
　　面；　公分 . -- (科學文化 ; 196)
　譯自 : The maths of life and death : why
　maths is (almost) everything.
　ISBN 978-986-5535-58-2(平裝)

　1. 數學 2. 通俗作品

310　　　　　　　　　　　　　　109012058

定價 —— NT450 元
書號 —— BCS196
ISBN —— 978-986-5535-58-2（英文版 ISBN：9781787475427）

天下文化官網 —— bookzone.cwgv.com.tw

本書如有缺頁、破損、裝訂錯誤，請寄回本公司調換。
本書僅代表作者言論，不代表本社立場。

天下文化
BELIEVE IN READING